女人 40 如金

40岁女人进退取舍的人生博弈

罗爱聪◎编著

生命是一次旅行，也是一场博弈。在这场40岁女人与生活之间的博弈中，虽然女人留不住火热的青春，留不住年轻的容颜，但是女人可以留住永久的魅力，可以留住对生活的从容和淡定，可以留住历经生活磨炼而得来的坚强和睿智！

Nüren Sishi Rujin
40Sui Nüren Jintui Qushe De Rensheng Boyi

当代世界出版社

图书在版编目(CIP)数据

女人40如金：40岁女人进退取舍的人生博弈 / 罗爱聪编著. —北京：当代世界出版社，2012.1
ISBN 978-7-5090-0791-4

Ⅰ.①女… Ⅱ.①罗… Ⅲ.①女性—人生哲学—通俗读物 Ⅳ.①B821-49

中国版本图书馆 CIP 数据核字(2011)第 274226 号

出版发行：	当代世界出版社
地　　址：	北京市复兴路4号（100860）
网　　址：	http://www.worldpress.com.cn
编务电话：	(010) 83908400
发行电话：	(010) 83908410（传真）
	(010) 83908408
	(010) 83908409
经　　销：	全国新华书店
印　　刷：	北京绿谷春印刷有限公司印刷
开　　本：	710×1000 毫米　1/16
印　　张：	22.75
字　　数：	285 千字
版　　次：	2012年4月第1版
印　　次：	2012年4月第1次
印　　数：	1-8000 册
书　　号：	ISBN 978-7-5090-0791-4
定　　价：	32.80 元

女人30如银40如金

生命是一次旅行，也是一场博弈。在这场40岁女人与生活之间的博弈中，虽然女人留不住火热的青春，留不住年轻的容颜，但是女人可以留住永久的魅力，可以留住对生活的从容和淡定，可以留住历经生活磨练而得来的坚强和睿智！

对你而言，40岁以前的生活已经成为过去，不管你那时做得如何，过去的就让它过去，活出精彩的40岁才是最现实最重要的。

如果你已经到了40岁，那么请你明白"女人30如银40如金"这个道理，让"女人40豆腐渣"那些谎言见鬼去吧，让"开创女人的二次黄金时代"成为你的40岁宣言！

40岁是你一生中的二次黄金时代，你的成熟，你的沉稳，你的内敛，你的优雅，你的从容，都是30岁的女人无法企及的。岁月的沉淀，给予了你别样的风情和韵味。

40岁的你，经历过了30岁那段奋斗努力的时期，练就了豁达的心胸和成熟的心态，人格趋于完美，思想变得含蓄。

40岁的你，不会再像30岁那样沉迷于浪漫和幻想，你在女人的感性中加入了理性的智慧，你知道哪些是现实的，哪些是不切实际的，因此你的选择会更从容。

40岁的你，真正懂得了生活，懂得了家庭，懂得了社会，懂得了自己的人生价值。虽然你的心已不再像30岁那样狂热，但并不代表着你的美已走向衰老，而是预示着一种美向另外一种美的轮回与过渡。

40岁的你，宛如秋天里淡淡的流云，那若有若无的淡妆，从容优雅的举止，自然而然地流露出一种飘逸、一种旷远的优美。

40岁的你，拥有的是端庄和成熟，是由内而外的美，是一种永恒、持久的美。你的端庄仪表就构成了生活的一道亮丽风景线。

40岁的你，不再像30岁那样特留恋外在的容颜，你无意争宠于百花齐放、争香斗艳的环境，你低调地走进秋天，你的心情是绿色的，感受是金黄色的，你的步履不再像30岁那样匆忙，你的谈吐不再像30岁那样锋芒毕露和咄咄逼人。

40岁是你的又一个黄金时代，所以，收起你对青春易逝的哀叹，收起你对红颜易老的悲伤，在从容和坦然中活出40岁的精彩吧！

如果你到了40岁，那么请你记住一个道理：岁月给予了你很多经验和感悟，你要利用这些智慧，合理地对人生进行取舍，理性地把握人生的进退。

你到了40岁，人生最艰难的那段时光已经过去，你有了相对稳定的经济基础，你们的房贷已经还完，孩子已经长大不再需要你太操心，老公的事业有了起色，这个时候你应该花点时间，考虑一下自己，清理一下生活了。

首先，女人到了40岁要放下30几岁的匆忙，放慢自己的脚步，让自己歇一歇。在喧闹的世界中，让自己能在静思中，发现自己的浮躁，在聆听中查找自己的不足，在静心放松的瞬间，学会去觉察和观看自己的内心。

其次，女人到了40岁要放下清高，低调做人。因为40岁已不应是处处张扬和炫耀的年纪了。四十不惑，人到中年，你要淡然、平和、包容地面对人生的起伏，你不要刻意地去逃避，也不要过度地自我，你要站在别人的角度，去看待事物，去体味生活的乐趣，不要再与某件事或某个人较劲了，你要用一副圆融的眼光去看待周

围的一切，并用一份不慌不忙的心态品味40岁以后的人生。

最后，女人40要心静。心静对40岁女人而言是非常重要的。心静是40岁的珍宝，它来自于长期的自我控制，心静意味着一种成熟的经历以及对于事物规律的洞察。女人40，你要放下包袱，轻松前行；女人40，你要放下诱惑，把握好外在世界与内心的平衡点！

女人40，对人生二次黄金时代微笑吧！

张永生

于北京大学博雅堂

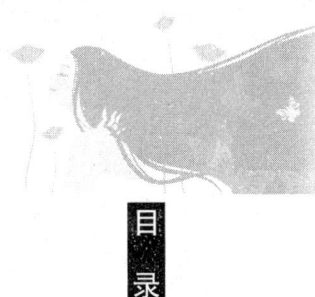

目 录

第一章 放下浮躁，成就 40 岁的成熟——女人 30 如银 40 如金

三十而立，四十不惑。一个女人只有到 40 岁才能感觉到成熟的意义，因为这时的你真正懂得了生活，懂得了家庭，懂得了社会，懂得了自己的人生价值。虽然你的心已不再像 30 岁那样浮躁，但这并不代表着你的美已走向衰老，而是预示着你将从一种美走向另外一种美。

40 岁是女人的二次黄金时代 ………………………………… 2
40 岁开始，担当最重要的角色 ……………………………… 5
做一个别具风韵的 40 岁女人 ………………………………… 8
别再像 30 几岁那样较真了 …………………………………… 10
修炼你的 40 岁成熟韵味 ……………………………………… 14
女人 40，做最真实的自己 …………………………………… 17
做一个自信坚强的成熟女人 …………………………………… 21
40 岁女人醒悟之后的明智选择 ……………………………… 24

第二章 放下烦恼，成就 40 岁的快乐——女人 40 快乐从心开始

40 岁不是女人的衰老，而是女人人生的二次黄金时代的开始，是花的一种状态与另一种状态之间的转换与轮回，是一种生活状态与另一种生活状态的过渡。40 岁的你可以更加自主，可以更加无拘无束，可以有更多的"营养"来浸润心灵。

别再像30几岁那样折磨自己了 ··· 30
微笑着面对40岁以后的人生 ··· 34
让自己停下来喘喘气 ··· 37
不能改变事情就改变心情 ·· 39
女人40，活出快乐最重要 ·· 43
40岁女人的心灵保鲜法 ·· 45
想开一点，窝心就会变开心 ·· 47

第三章 放下计较，成就40岁的宽容——女人40要学会原谅别人

女人到了40岁，必须要懂得宽容，不要再延续二三十岁时的小气了。在家庭生活中，宽容是吸引对方持续爱情的最终力量，它不是美貌，不是浪漫，甚至也可能不是什么伟大的成就，而是一个人性格的明亮。这种明亮是一个女人最吸引人的个性，而这种个性的底蕴在于，你懂得去原谅别人。

别再像30岁时那样使小性子了 ······································ 52
女人40修炼一个宽广的胸襟 ·· 54
做一个心胸如海的40岁女人 ·· 57
别陷入"越生气越唠叨"的怪圈 ····································· 59
女人40，为人处世要大气 ··· 62
少一点较劲，多一份幸福 ·· 64
婚姻幸福的密码在于"求同存异" ·································· 67
女人40，要懂得原谅别人 ··· 69

第四章 放下功利，成就40岁的淡定——女人40心如一泓碧水

40岁的女人心境平和，不以物喜，不以己悲，处事泰然，四季轮回所催生的花朵及祸福临至所不惊的平静，都不是一天两天所能

形成的。40岁的女人面对秋天时是淡定的，因为她们知道，青春不是体现在年龄上，而是永远蕴含在生命里。女人要从40岁开始放松紧张的神经，让心回归人生之初的淡定。40岁女人的心应该像一泓碧水，清澈明亮。

女人40，进退取舍皆从容 ·················· 74
40岁时的心应该像一泓碧水 ·················· 77
从容面对40岁生理与心理的蜕变 ·················· 81
人到40在平淡中享受幸福 ·················· 84
40岁女人如何摆脱虚荣心 ·················· 86
人到中年，活得越简单越好 ·················· 90
40岁女人要有一颗平常心 ·················· 93
在不惑之年要把名利看淡一些 ·················· 96

第五章 放下诱惑，成就40岁的心静——女人40要懂得知足常乐

40岁女人容易满足是一种幸福，心中没有烦恼是一种幸福，拥有一双可爱听话的儿女是一种幸福，过着平淡舒适的生活是一种幸福，看着熟睡中的丈夫是一种幸福，与亲人的相聚是一种幸福。常言道，平平淡淡才是真，付出了真心就是幸福。

做一个优雅淡泊的40岁女人 ·················· 100
改变完全可以从40岁开始 ·················· 103
懂得知足，40岁才不会困惑 ·················· 108
少一些攀比，就多一些幸福 ·················· 112
女人40要笑对人生中的缺憾 ·················· 116
女人40要静心，莫让诱惑毁了你 ·················· 119
40如金，活出真我的色彩 ·················· 121
做一个从容、和平、泰然的40岁女人 ·················· 123

第六章　放下幻想，成就40岁的理性——女人40头脑要保持清醒

40岁的女人不再是天空的游云，不再是七月的晚风。人生是一次苦旅，40岁的时候才了解了生活，才多了一份成熟和理性。于是，牵肠挂肚的顾盼，迎来送往的繁文缛节，就显得格外地亲切和真实。打破二三十岁时的梦幻，40岁女人才懂得如何去经营自己的人生。

女人40，征服婚姻的瓶颈 …………………………………… 128
学会妥协，必要时"举手投降" ……………………………… 131
30岁做准备，40岁才会不孤独 ……………………………… 134
40岁女人的爱情成熟而理性 ………………………………… 136
最可靠的靠山就是你自己 …………………………………… 138
女人40千万不要当怨妇 ……………………………………… 141
从40岁开始把享受天伦之乐作为重点 ……………………… 143

第七章　放下包袱，成就40岁的自在——女人40清除杂念轻松前行

40岁之前，你曾经为了某一个目标而不辞辛劳地耕耘，期待着未来的某一天的收获，但是到了40岁，你突然发现自己的收获竟那么微乎其微，为什么付出了那么多却得到这么少？因为你自己忘记了人生真正的收获是什么。你偏重于物质利益，一味地追求物质与浮华，却忽视了生命的意义。所以，你需要将40岁以前的包袱进行一次清理，然后你才可以轻松走在40岁以后的人生道路上。

40岁卸掉包袱，轻松前行 …………………………………… 150
女人40要学会遗忘，懂得放下 ……………………………… 152
轻松快乐地过好你的40岁 …………………………………… 156

女人40，有些事你不必太在乎 ······ 159
人到中年必须让自己喘口气 ······ 161
40岁不要再为了钱辛苦地活着 ······ 167
女人40遇事要退一步想 ······ 169
女人40岁要懂得及时放手 ······ 171

第八章　放下顾虑，成就40岁的惬意——女人40该为自己做点事了

　　40岁之前的女人或许有很多辛苦劳累的理由，为了家庭的稳定，为了孩子的将来，为了支持老公的事业，但是在这种牺牲的背后，你是不是隐隐觉得自己活得很累很辛苦，也很无奈呢？但是到了40岁，你拥有了更多为自己而活的资本，你完全可以从现在开始描绘自己的精彩人生，你无需再为了支持老公的事业而中断自己为之奋斗的理想，无需为了照顾孩子而停止自己前进的脚步……

女人40要懂得为自己而活 ······ 176
40岁，该为自己做一点事了 ······ 179
做一个"贵族"式中年女性 ······ 184
累了的时候，不妨让自己"偷偷懒" ······ 188
在繁忙之余不忘休闲娱乐 ······ 190
宠爱自己，幸福才会向你靠近 ······ 194
女人40，爱家庭更要爱自己 ······ 197

第九章　放下俗气，成就40岁的优雅——女人40修炼高贵优雅的气质

　　女人40，衣着可以不雍容华贵，却不能不干净清爽；女人40，可以不施粉黛，但举手投足间仿佛有盈袖暗香。女人40，可以穿家常布衫，脑后挽一个松松的髻，挥汗如雨地做家务。这就是40岁女

人独有的魅力！走进40岁的女人，没有太多的埋怨，因为她已经获得了岁月最宝贵的礼物：一种阅历洗练出的沉静，一种秋天一般的深邃……

40岁女性的独有气质——优雅 ………………………………… 202
只要心不老，女人就不会老 ………………………………… 205
女人40像一首诗 ……………………………………………… 208
40岁女人绚丽多彩的魅力 …………………………………… 211
你可以不漂亮，但不能没魅力 ……………………………… 214
中年女性着装的独特风韵 …………………………………… 216
女人40，与岁月握手言欢吧 ………………………………… 218

第十章 放下高傲，成就40岁的人缘——女人40不寂寞

40岁女人经历了生活中的大彻大悟后，变得有自信，变得积极乐观，满足安详，从容镇定，变得谦逊善良……总之，40岁女人给人的感觉就是由心灵深处自然萌生的一种亲切和温暖，让人愉悦却不留痕迹。

敞开心扉，女人40不寂寞 …………………………………… 222
女人40岁要有自己的朋友圈 ………………………………… 224
选择与40岁身份相符的交友方式 …………………………… 228
40岁女人拉拢人情的心机 …………………………………… 230
女人40靠亲和力影响他人 …………………………………… 233
微笑是一种魅力，也是一种面具 …………………………… 237

第十一章 放下冲动，成就40岁的情商——女人40要控制好自己的情绪

岁月催人老，女人40，红颜已逝，难免有失落和彷徨，总是无缘无故地烦恼，总是莫名其妙地发火，这种生活状态只会使女人更

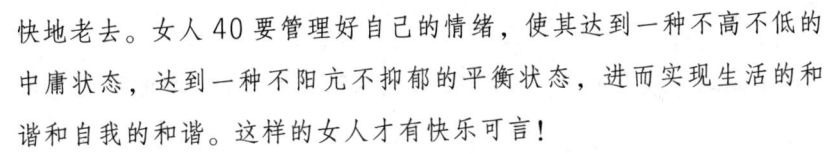

快地老去。女人40要管理好自己的情绪，使其达到一种不高不低的中庸状态，达到一种不阳亢不抑郁的平衡状态，进而实现生活的和谐和自我的和谐。这样的女人才有快乐可言！

40岁女人，你可以不生气 ………………………………… 242

爱护身体，保持内心的平静 ……………………………… 244

40岁，收起你的脾气和眼泪吧 …………………………… 247

女人40不再为吵架而吵架 ………………………………… 250

懂得欣赏，生活才会更幸福 ……………………………… 253

让爱充满你40岁的生活 …………………………………… 256

40岁女人应对婆家与娘家的经验 ………………………… 258

第十二章 放下清高，成就40岁的低调——女人40要高调生存低调做人

在生活中，有些40岁的女人很低调，在与人交往的时候，她们懂得宽容，懂得绕弯说话，懂得给别人留面子，懂得如何赢得人心，这种女人是魅力与智慧的结合体，她们洗去了20几岁的单纯与幼稚，磨去了30几岁的棱角与清高，她们拥有的是洞穿世间万象的明智。女人40要让自己低调一点，其实，这也是适应现实生活的需要，也是一种心态上的成熟。

女人40，要适当世俗一点 ………………………………… 262

40岁不是搬弄是非的年纪 ………………………………… 264

女人40要懂得"示弱"的艺术 …………………………… 266

女人到了40岁更要懂得保护自己 ………………………… 269

40岁女人，说话办事要给人留面子 ……………………… 271

办事要稳重，说话要谨慎 ………………………………… 274

40岁女人要懂得隐藏自己 ………………………………… 276

放下30几岁时的自命不凡 ………………………………… 278

第十三章 放下烦躁，成就40岁的从容——于从容中绽放40岁的精彩

女人迈过了40的门槛，开始慢慢告别热烈、灿烂的青春季节，岁月不只是刻在你的脸上，更沉淀在你的心里。这时的你，被一种淡然、从容、柔和的氛围所包围，淡淡的风，淡淡的云伴随的是淡淡的梦。从容的女人总是笑看人生，只有经历岁月的沉淀，女人才会从容地拥有选择权。

在从容中品味幸福的味道 …… 284
女人40，要从容淡定地面对生活 …… 287
人到中年，你的理想不用太高 …… 289
"40智慧"——大彻大悟之后的坦然 …… 293
不惑之年，要学会坦然地面对一切 …… 295
女人40要静心，宁静是幸福的极致 …… 298
钝化自己，有些事你不必太在意 …… 301
女人40，把握当下最重要 …… 303

第十四章 放下劳碌，成就40岁的享受——女人40学会宠爱自己享受生活

40岁之前，你总是以为自己在创造幸福，总是不辞辛苦地奔波和忙碌。在这种奔波中，你送走了青春火热的20几岁，送走了热情奔放的30几岁，却渐渐地忘记了自己。一直到40岁这一天到来的时候，你才突然意识到该要享受生活、享受幸福的时候，你都已经错过了最好的机会。对于40岁的你来说，丈夫固然重要，孩子固然重要，房子也很重要，但最重要的还是过好你当下的生活，学会享受眼下这一刻的生活！

醉在咖啡里的40岁女人 …… 310

从 40 岁开始享受生活 ·················· 313
40 岁的生活应该是多姿多彩的 ············ 317
每天留下 10 分钟给自己 ················ 320
从 40 岁开始,要"滋润"地活着 ············ 322
拥抱人生的秋天,女人 40 而不惑 ··········· 325
女人 40 不要亏待了自己 ················ 327

第十五章 放下懵懂,成就 40 岁的睿智——女人 40 要懂人情世故

女人 40 应该以成熟的处世方式对待身边的人和事情,你应该抹去二三十岁时的锐气,要顺应人情世故的规则——女人 40,要掌握委婉含蓄的说话艺术;女人 40,要懂得弹性做人,该坚持原则时,绝不动摇,需要变通时,也能灵活处理。

丢掉 30 岁的羞涩,敢于说"不" ············ 332
必要时要懂得"兜圈子" ················ 334
听人说话要听"弦外之音" ··············· 337
人到中年要懂得"弹性"做人 ·············· 340
善于为你周围的人打圆场 ················ 342
女人 40 要学点"变色龙"的本领 ············ 344
女人 40,说话应酬游刃有余 ·············· 346

第一章

放下浮躁，成就40岁的成熟
——女人30如银40如金

三十而立，四十不惑。一个女人只有到40岁才能感觉到成熟的意义，因为这时的你真正懂得了生活，懂得了家庭，懂得了社会，懂得了自己的人生价值。虽然你的心已不再像30岁那样浮躁，但这并不代表着你的美已走向衰老，而是预示着你将从一种美走向另外一种美。

40岁是女人的二次黄金时代

尽管女性具有独特的思维，天生富于幻想，但经过岁月的淘洗和磨练，40岁的女人渐渐褪去了30岁的纯情天真和焦躁不安，慢慢平添了40岁的细腻、善良、宽容。

有关40岁女人有很多比喻，例如："女人如水，40岁的女人则如浩瀚的大江，宽博而激流奔涌"；"女人如酒，40岁的女人如醇厚的佳酿，入口浓烈而回味悠长"……总之，40岁的女人是多彩多姿的。

有人说，40岁的女人是一杯醇酒，不张扬，却越品越有味道。你心智成熟，富有魅力，是这个都市里最有层次的魅力源泉。的确，在青春亮丽的过去，在才华横溢的30岁，在所有可以彰显个人魅力的30岁，你也曾荣耀过、闪光过，也曾被重视、被培养、被欣赏过，走过了这一段路程，体会了光环过后归于平静的心情，40岁女人看淡了许多，也看清了自己。于是，你不慌不忙地积淀着生活中的点点滴滴，汇聚成浓而不烈，芳香而不刺鼻，醇美而不变味的陈年佳酿。

女人如茶，40岁的女人则如茶中精品，初品甚苦，然苦后生香；品茶似乎是男人世界的雅兴，喝茶上瘾的越喝越想喝，越喝越懂得品茶。40岁女人就是那种非常耐人寻味的苦茶，细品才知其甘苦。所以，人们常说当你跟一个40岁女人交往时，千万不要以一面之识断定以后能否来往，40岁女人不会一下子让人有摄魂入魄的感觉，但久了的时候，她的茶香会深入心扉。

女人40，如熟透的浆果，掩映枝头，芳甜扑鼻。既然是熟透了的浆果，非常诱人地挂在枝头，没有人能控制得了摘下来放在自己手上的愿望，这是一种无法阻挡的诱惑，男、女、老、少、大人、孩子都无法面对这诱惑而无动于衷。摘下来后，各人的想法不一，有些人想即刻吃掉，那样似乎完全属于自己；有些人放在手里仔细观赏，似乎要看其入骨髓；有些人想把它带回家中，带给自己的亲人享用；有些人拿到手中，又用力地将它抛到河中，看河中溅起的水波，总之，没有人对熟透了的浆果无动于衷，只是拿到自己手里时是什么样的一种欣赏方式不同而已。

女人40如花，其实，女人的一生就是缤纷多彩的花，只不过到了40岁，她从玫瑰的艳丽争宠演变到百合的清香和淡雅，艳丽是一种诱惑，它实实在在的存在，而淡雅和清香也是一种诱惑，它无时不侵蚀你的心灵。所以，40岁女人不用担心，不同的花自有不同的赏花人，既然还在开放，就会有清香扑鼻，就会有路人欣赏，就会被置入室内，就会靠近生活，尽现风情。

从另一个层面说，40岁是女人的二次黄金时代，这完全取决于她是否懂得人生的艺术。生活的艺术是一切艺术中最杰出最尖端的艺术，如果她曾端起过满满的生活酒杯，里面漾着一层又一层各色的醇酒，她畅快地品味着酒的各种滋味，在她生活过的季节里没有空白，那么她以后的日子就没有遗憾，没有躁动也没有骚乱。这时，她会将生命猛然地拓展开来，燃烧起新的热情，或将事业推向辉煌，或者重新开始学习一种实在的技能。长命百岁为的是享受人生，生活得更从容，更坦荡，能细细地品味。如果女人过了40，就要失去健康身体和建立在这健康身体之上的高质量生活，是不是太悲哀？40岁的女人是人生光彩夺目的一道风景，只要坦然地面对人生，就能生活得快乐和幸福。工作着是美丽的，奋斗着的女人不会老，试想，有丰收的营养，有成功的滋润，40岁的女人怎么会老会丑？不老不丑又聪明智慧的女人怎会没有作为？

40岁的女人忽然多了几只眼睛，一只审视自己，一只观察外界，一只回顾过去，一只展望未来。40岁的女人能通达情理善待万物，懂得尊重人尊重历史，她们拥有一种理解世间万象人生苦乐的胸怀。40岁的女人流出的眼泪如小溪般平和，却能冲刷掉石头般坚硬的棱角，她们认为性应包括生理的、心理的、社会的、人格的等各个方面，并非单纯一个字，一种行为。40岁的女人对生命有了紧迫感，不在匆匆的足音中等待，而是加快脚步充实和丰富自己。40岁的女人成熟、稳健、自信，她们不再人云亦云，被人左右，她们最易识破谎言。有人说，女人40就像一块沉甸甸的毯子，厚重结实；也有人说，40岁的女人成熟而典雅，风采犹存。是啊，厚重结实是因为经历的积累形成了财富，这是奉献于社会所得到的最真实的回馈，虽然这其中也不乏沉重、失落和沮丧的心理，但经验本身永远不可能与那些悲观的内容没有联系。

许多40岁女人经历过了奋斗和努力的时期，练就了豁达的心胸和成熟的心态，人格趋于完美，思维变得含蓄，个人形象气质所展现出一种媚气，依旧动人，虽然动人之处不同于年轻时候。女人40，宛如秋天里淡淡的流云，那若有若无的淡妆，从容优雅的举止，自然而然地流露出一种飘逸、一种旷远的优美。这是一种更含蓄的说法。40岁女人不是那种特别渴望春天的人，她们无意争宠于百花齐放、争香斗艳的环境，她们也惧怕夏天和炎热，怕烈日伤了皮肤和心情，她们低调地走进秋天，在瑟瑟的秋风中温文尔雅地缓步出宫，心情是绿色的，感受是金黄色的，那种期望中的生活仍然是红色的，她步履不再那么匆忙，她谈吐不再那么锋芒毕露和咄咄逼人，她和风细雨，任你是钢铁也会有熔化的可能，这就是40岁女人。

40岁的女人不会再像30多岁的女人一样被人关爱和怜惜，但你要懂得争取生活的赏赐，你往往不再对生活充满幻想和等待，你要懂得如何去面对生活，如何去实现自身的价值，你需要安定的工作和稳定的家庭。40岁的女人，只要生活中有所牵挂，你对事业的追求也会告一段落，把取得成就的喜悦转化为对家人的关怀，这一切足以让你体味到平淡生活中的感动与富足。40岁的女人即使红颜已褪，清纯不再，但只要拥有一个平衡的心态，淡泊名利，随遇而安，善待他人，善待自己，你所感受到的来自生活的幸福和快乐一点也不会比30岁的时候少。

40岁开始，担当最重要的角色

女人到了40岁，岁月把30岁的锐气磨得圆滑了，也理顺了成熟过程中不顺的枝条。成长的儿女，日渐衰老的父母，在外打拼的丈夫以及莫测难料的世事，使40岁女人过早地显露沧桑已属自然。但是只要你拥有一颗年轻的心，你就不会老。

40岁的女人宛如一杯刚上市的春茶，虽经历风霜，多了些稳重，但仍素雅恬静，清新如初。那种饱尝过艰辛与风雨之后所显露出的成熟与自信，平静地面对成功与失败的温厚贤惠，聪明干练，有着30岁女人所不及的品位和风格。

在追求成功，营造幸福的同时，你要留一点时间给自己，留一

女人40如金——40岁女人进退取舍的人生博弈

点心情给自己，做自己喜欢做的事，做能够滋生信念的工作，哪怕是写一篇日记，你的心都能回到那充满幻想的年轻时代，要是回到从前，决不会那样过了，你面对长大了的自己，才说得出如此简单又有心情的话语。人生几何，爱人爱己，珍爱生活，珍爱自我。只有40岁女人才会有如此深刻的体会。

"女人40豆腐渣"的说法，使一些人错误地认为40岁的女人没戏了。其实经历了40个风雨春秋的女人，才最有女人味。比如靳羽西、比如撒切尔夫人，她们不但令男人们仰慕，女人们也为之倾倒。40岁的女人成熟、大方、富有母性，神情里已带着慈爱，就连发福的体态都给人舒适的印象，再拥有得体端庄的外表和一身适宜的衣装，谁见了不心生敬意？这时候的女人，家庭虽有一大堆责任，却也不需要太多的牵挂，开始有时间关注自己，也开始着意打扮自己，开始活出女人滋味。生命的花朵此时最成熟、最光辉，就好像人生如戏，40岁的女人此时将戏演到了高潮，别人所扮演的每一个角色都是配角，今天才正式的宣布自己走上了人生舞台，开始担当最重要的角色。令观众赏心悦目，流连忘返的是你的表演才能。话又说回来，在30岁时，如果不开始修炼自己的方方面面，不注意修养和知识更新，就难免落入豆腐渣的行列，为了避免成为豆腐渣，请40岁女人向周围年轻的姐妹们说声抓紧修炼，赢得时间。

30岁时早做准备，40岁的女人不做豆腐渣。如果不做豆腐渣，就得学会欣赏，40岁女人懂得欣赏别人也应该让别人欣赏自己。不一定只为悦己者容，完全可以为己悦而容啊！少年时代不懂得美或没有条件为自己扮美，青年时代美在表面，美得浮浅而少内涵，稀里糊涂到了中年，应该美了，把年轻时的积累再深挖一步，就变成了一种成熟富有韵味的美。漂亮是一种心情，不但让自己耳目一新，也能给别人带来生气，坐在梳妆台前，精心地梳妆自己的过程，其实是个很享受的过程。每天单独给自己涂一涂、抹一抹、拍两下、喷三次，把自己收拾得光彩照人，又有淡淡的香气，一整天都会有个好心情。

女人40，是充满希望的年龄，是你经过40年历练了思想狂飙的激情时代。40岁的女人没有30岁的轻狂和兴奋，却多了一份冷静的总结和驾驭知识的能力。40岁的女人心智成熟而富有魅力，大气睿智富有责任感，经验丰富但不古板。40岁的女人直接经验和间接经验都十分丰富，对待工作最认真，对待单位最忠诚。40岁的女人家庭生活已经定型，知识储备精良，心理状态稳定。所以，40岁的你对待任何事情、对待任何意外都很冷静。所以女人40岁是人生的"第二春"，是女人一生最宝贵的年龄段。

王丽40岁不到的年龄就创办了三个企业，虽然其中也有合伙人的功劳，但她确实是企业的顶梁柱。她凭着成熟和智慧，与实践中练就了学识和魄力，处事果断干练，工作游刃有余，在事业上她不输给须眉，在形象上洒脱干练又时常有十足的女人味，这种女人是容易成功的女人。聪明的女人多半不懒惰，她们很勤奋，职场上风风火火，让男人望尘莫及，她们用事业作心灵的化妆剂，创造了可以支撑和滋养生命、延缓衰老的美容良方。奋斗使女人的智慧永不衰竭，奋斗让女人焕发青春的容颜，越是想拥有成就的女人越珍惜自己的心灵健康。如果美貌使女人光芒万丈，那么才华会令一个女人魅力四射，如果奋斗让女人保持年轻，那么女人就会更妩媚、更可爱。虽然岁月的风霜会粗糙女人的肌肤、发福女人的腰肢、丑陋女人的步态、枯萎女人的心泉，但快乐和乐观却是最好的"青春霜"。

做一个别具风韵的 40 岁女人

　　30 岁以前，你想要的是成熟；30 岁以后，你害怕成长；40 岁一过，一年老似一年。所以，很多女人不得不设法挽留住这即将消逝的青春，开始在美容方面多下工夫。但你要知道，世上最倾倒众生的不是外表漂亮的女人，而是气质高雅的女人。

　　有人说看一个女人就看她的品位，品位是一种生活态度，品位与物质贫富无关，一个身着布衣的女子也可以穿出不同的风韵，一个家住土楼的女子也可以活出不同的风采，一个有良好、温和、优雅性格的女人，就是在贫乏的环境中也能怡然自得，一个人的生活态度很重要。一个真正优雅的女人不一定需要有非常多的金钱或者时间作为后盾，只要拥有了一定的才学资本，优雅便会无处不在。一个眼神、一句话、一个动作、一抹微笑，无不让 40 岁女人优雅万分。

　　如果你是一个聪明的 40 岁女人，那么从现在开始就培养自己优雅的气质吧，因为这样你不仅能够找回自信，更能找回青春，找回一些青春中不存在的东西。

　　成熟不是一种标志，也没有明确的标准，但它无疑标示着一个人的个性和思想。所以，不要因为你进入 40 岁而放弃一切努力，而是要努力修炼自己的魅力，尽快让自己成熟起来！

　　一个女人的命运如何，生活是否幸福美满，事业是否通达顺畅，乃至悲欢离合的遭遇，都是因为其个性的完善成熟或缺憾。

善良、宽容、大度、体贴，这是一个成熟女人的首要条件。善良的女人，赋有净化灵魂的使命，能使身边的每一个人感受到她的友善，她会像一曲久经锤炼的乐曲一样让周围的人感受到心灵的净化。

40岁女人必定是智慧的、坚强的、勤劳的、有才学的。智慧是成熟女人身上的贴身软甲，她是不凡阅历、勇气和常识的结合体，智慧的女人是无往不胜的；坚强的女人，能把贫困的生活演绎得充满乐趣，能把迷茫的感情把握得不偏离轨道；勤劳的女人是可亲可敬的，她用自己的纤纤玉手为社会编织出纯洁的童话和美丽的世界；有才学的女人既好学又聪明绝顶，她有灵气，能品味和欣赏人生，她知道只有不断地学习才能完善自己，有才学的女人才能称得上完美的女人。

40岁女人当然还应该是美丽的、和谐的、温柔的、持久的。美丽的女人，不光有漂亮的脸蛋儿、匀称的身材、滋润的皮肤，还拥有美好的精神状态和积极乐观的人生态度，无论走到哪里，都会放射出夺目的光彩；和谐的女人，不只是能让人赏心悦目，更能体现出造物主的恩赐，让世界因你而美丽；温柔是与生俱来的美德，温柔的女人就像清风一样，走过来都会带来一丝爽意，温柔的女人才算得上真正的女人；持久的女人，是美德的化身，它不是一朝一夕形成的，而是通过岁月精心培养形成的，无论是高尚的品德还是崇高的素质都是通过持久把握的。

40岁女人是有魅力的女人。你要懂得幽默、爱浪漫、喜欢刺激及冒险外，还要懂得留有一份神秘感，这样才有吸引力。你要懂点艺术，懂点书法、美术、乐器，并要懂得思考的艺术。可爱、有品位、有文化，不单纯地讲时髦、讲格调、自我格式化，活出自我风采的女人才有吸引力。

女人40,矜持、自尊自爱,懂得把握自我,懂得把握分寸。女人40岁,相信温暖、美丽、信任、尊严、坚强,不要颓废、空虚、迷茫,不要糟蹋自己、伤害别人,不因为自己的生活一团糟和一时的不如意,就怀疑整个世界都是阴暗的,人心都是邪恶的,社会是不公平的。40岁女人一定要自尊自爱和矜持,不要放纵自己的感情,一定要懂得节制自己的感情,不要任何人都想要,任何事情都想尝试,这不是体验生活,更不是放逐自己的个性。放纵自己,它有时候会毁了自己,让自己无意间堕落和丧失了长期守候的尊严。

女人40,你还应该是有品位的贤妻良母型女人。俗话说,漂亮的女人不如可爱的女人,可爱的女人不如有品位的女人。有品位的女人不一定有多漂亮,但她一定是个有内涵的女人。尽管很多40岁女人事业有成,还是要在家里相夫教子,她不仅仅富有爱心和社会责任感,而且还应该有家庭的责任感和归宿感,她应该爱丈夫、爱孩子、爱家人,发扬传统女性的美德,这种现代贤妻良母不仅仅是个好女人,而且还是社会和谐、家庭幸福美满的纽带,她也是伟大的女人。

别再像30几岁那样较真了

大多数40岁女人的生活和事业已经基本稳定,已经洗去了30岁的浮华与鲁莽,沉淀下来的是稳重和成熟。女人40是成熟的开始,是人生的又一个"黄金时代"。

《圣经》里有这样一句话："是你自己眼睛里先有了梁木，你却对别人说：让我拔掉你眼中的那根刺吧！"女人要想拔掉别人身上的刺，必须先拔掉自己眼中的刺。女人在30岁的时候，之所以生活得这样辛苦，就是因为凡事太过于较真了，对待事情有一种病态的敏感和苛刻，而这些敏感和苛刻让她们的心情永远无法安宁下来。所以，40岁的你不要再像30岁那样事事较真了。

在生活中，有些事情是说不清楚的，你越是想说清楚，越说不清楚，反而让你身上更多了一份嫌疑，倒不如糊涂一点，不要太较真。糊涂的学问，对女人而言，是不容易学到的。大多数的女人喜欢充当智者，不愿意装傻，更不愿意让别人说自己是个糊涂虫。事实上，所谓真聪明，是一种"大智若愚"的聪明，明察秋毫却含而不露，遇事当糊涂时糊涂，当明白时明白。如果你要做个真聪明的40岁女人就一定要学"糊涂"，偶尔的糊涂、暂时的保守，不仅可以省去许多的烦心事，更可以省去不少时间，让自己尽情享受生活。

女人40要懂得对生活感恩。学会感恩，就会懂得尊重他人，发现自我价值。懂得感恩，就少了歧视，就会以平等的眼光看待每一个生命，重新看待我们身边的每一个人，尊重每一份平凡普通的劳动，也更加尊重自己。在现代社会分工越来越明确，合作越来越密切，每一个人都有自己的职责、自己的价值，每个人有意无意间都在为他人付出。当我们感谢他人的善言善行时，第一个反应常常是今后自己应该怎样做，怎样做得更好。也许，这只是一种非常单纯的回报心理，然而于整个社会，则是非常有意义的良性循环。

女人40要懂得知恩，因为只有懂得知恩，才会懂得感恩。人生到了40岁的时候，你应该懂得父母的养育之恩、师长的教导之恩、朋友的帮助之恩以及社会的关怀之恩，要明白在自己极度困难需要帮助时，是别人的无私奉献给了你前进的力量。

其次，40岁女人要学会报恩。报恩是一种心情，不需要拿出什么，但当受到他人恩惠时，也许一声发自内心的谢谢就足够了。

感恩是一种处世哲学，人生不会一帆风顺，种种失败和无奈都需要我们勇敢地面对。这时，是一味地埋怨生活，从此变得消沉和委靡不振呢，还是对生活满怀感恩，跌倒了再爬起来？英国作家萨克雷说："生活就是一面镜子，你笑，它也笑；你哭，它也哭。"你感恩生活，生活将赐予你灿烂的阳光；你不感恩，只知一味地怨天尤人，最终可能一无所有。成功时，感恩的理由固然能找到许多；失败时，不感恩的借口却只需一个。殊不知，当你失败或不幸时更应该感恩生活。

感恩使你在失败时看到差距，在不幸时得到慰藉，获得温暖，激发你挑战困难的勇气，进而获取前进的动力。女人到了40岁，谁都会多少经历一些人生的坎坷，所以，你不妨换一种角度去看待人生的失意与不幸，对生活时时怀一份感恩的心情，则能使自己永远保持健康的心态、完美的人格和进取的信念。感恩不是纯粹的一种心理安慰，也不是对现实的逃避，更不是阿Q的精神胜利法。感恩是一种歌唱生活的方式，它来自对生活的爱与希望。

一个女人如果有了一颗感恩的心，那么，她就是一个幸福的人。看到明媚的阳光，你会感恩；一顿丰盛的午餐，你会感恩；收到朋友的祝福，你会感恩；受到父母的鼓励，你会感恩。感恩的心随处都在，幸福也自然无所不在。

怀着如此的一颗感恩的心，你学会了付出，学会了给予，学会了把快乐带给每一个与你擦肩而过的人，让他们怀着同样的一颗感恩的心去寻找幸福的真谛。

感恩是一种生活态度，每一个40岁女人应该学会感恩，学会珍惜自己的幸福，学会感谢身边的一切。因为珍惜才会拥有，感恩才能天长地久……体味成熟的美丽中年女性，可以说已经走过人生的大半，你已不再是纯情女孩或者美丽少妇，懂得了人言可畏、世态炎凉、人际交往的艰辛，体会到了上扶老下携小，一家人的衣、食、住、行及锅、碗、瓢、盆等生活的艰辛，感觉到了职务升迁、职称评聘、薪水多寡、评价优劣等诸多功利场上的钩心斗角。在经历了太多的人生坎坷和感情的风风雨雨后，40岁的你要以平和的心态体味生活，以豁达的心态为人处世。

　　女人40岁，应该更懂得以修养悦人，以思想悦己。你要不断地为自己这棵树培土、浇水、除虫、打杈，你要在自己的岗位上尽职尽责、尽心尽力地工作，也会穿时装、化淡妆、学知识，绝不活丢了自己。丰厚的文化底蕴和生活沉积，使你趋于成熟，从而具有一种特别的内在气质美，再加上得体的"装潢"，更是仪态万方，风采别具。那份恬静，犹如清澈河水般静谧；那种深沉，宛如夏夜荷塘月色般温柔宁静。

　　女人到了40岁，你要试着丢掉30几岁时的劳累而享受生活。你可以让你一直抑制着的情感充分表露出来——放声大笑，痛哭流泪，兴高采烈，或悲伤忧愁。你可以试探这些具有创造力的冲动，不要再像30岁那样因为"重要"的事情而被挤到旁边了。让你身上所具有的艺术家、音乐家的才能冲出隐藏处而崭露头角，这种才能肯定隐藏在每一个40岁女人的身上。

　　女人40，保持30岁时的朝气是很重要的。但是，40岁的你不要过分强调身体外貌，而是要保持整洁，吃相要洒脱，要修饰得干净利落，然后继续前进，走向你的家庭，把你经过艰苦努力得到的智慧传授给年轻一代；在你的家庭里，在你的职业圈子里，显示你领导他人的才干，或者甚至在政治舞台上倡导你所珍视的社会价值观。

修炼你的40岁成熟韵味

　　女人40岁以后要学会包容与大度，你要改变30几岁时的盛气凌人，要多几分欣赏与赞美，少一些妒忌与挑剔，40岁女人就像珍藏了恰到好处的酒，汲取岁月的精髓不断沉淀，让人闻之即醉，因为人生的感悟都精粹成了透明的清冽，醇香无比。

　　女人40，岁月会在你的脸上留下刻痕，青春的逝去带走的只是你外表的艳丽，却无法将成熟的美感带走。女人40，拥有的是端庄和成熟，是由内而外的美，是一种永恒、持久的美。徜徉街头，40岁女人的端庄仪表就构成了现代都市女性的一道亮丽风景线。

　　40岁女人比30岁女人更具韵味，更动人。爱美是女人的天性，无论什么女人，无论在什么情况下，女人总是愿意尽量地把自己的美丽展示给别人。年龄大了并不意味着不美，只是"秀外"部分会因年岁的增长而相应减弱，而"慧中"部分则随智慧的积累而增长。40岁以后的女性美是一股从内散发出的令人欣赏、赞叹、隐性的吸引力，正如一句经典的广告词所说的那样——40岁女人的美丽，由内而外，外形美是一种会凋谢的美，内在美才是永恒、持久的美。成熟的女人，首先显现在其服饰装扮，由艳丽变为素雅。徜徉街头，成熟女人的端庄仪表构成了现代都市女性的一道亮丽风景线。

　　30而立，40不惑，女人也是一样。一个女人只有到40岁才感觉成熟，因为这时的她真正懂得了生活，懂得了家庭，懂得了社会，懂得了自己的人生价值。虽然她的心已不再像30岁那样狂热，但并不代表着她的美已走向衰老，而是预示着女人将从一种美走向另外一种美。40岁的女人，不应只是以老公、孩子为中心，整日奔波忙碌，而要多去郊外游览，到大自然中去吸取灵气，这样会变得更活泼、更年轻、更有朝气。也要时常给自己充电，让自己永远保持着那份成熟和豁达。

也许，岁月会在你的脸上留下刻痕，但它无法将这些美感带走。40岁的女人不可或缺的是信心，保持内心的青春活力是非常重要的。当你对自己说，今天我很美丽，也许你就漂亮了起来。岁月的累积只会给皮肤留下皱纹，但若失去自信与兴趣，则会在心灵上留下皱纹。如果再失掉热情、活力，那才是真正的衰老。

春兰秋菊，各有芬芳，学会赞美自己，更全面地认识自己，也就会更加深刻地挖掘自己的内在潜力。这是一种含蓄的美，也是40岁女人独有的美。

女人40如金。成熟是40岁女人最宝贵的财富。随着岁月的流逝，即使再好的保养，40岁的女人也难以再保持30岁时的靓丽容颜，于是"女人40豆腐渣"的说法也就应运而生。但是，对于40岁女人来说，虽然30岁的美好年华已经不在，却有着30岁女人所没有的气质和内涵，有30岁女人所没有的成熟。

40岁是女人的黄金年龄段，也是社会的宝贵财富，经历了人生的多变和洗礼，无论是精神的还是物质的，事业之基已稳固，都是年轻女孩无法比拟的。

女人40岁，在经历了半生的磨炼之后，已有了相当的工作经验，成熟已融入生活、工作的一言一行里。单位里，她们义不容辞地处于中坚，熟悉大小一摊子事，而且样样事都力求做到尽善尽美。尽管常常处于复杂的人际圈子，有时也危机四伏，但凭着明智的处

女人40如金——40岁女人进退取舍的人生博弈

事态度和豁达的心胸，总能坦然地对待荣辱利害，处理好周围的关系。

女人40岁，在人生的道路上也许还很彷徨，因为虽然你已经走过了40年最灿烂的季节，在未来的几十年，你面临的是更为残酷的淘汰赛，无论是哪方面都很残酷。但是，虽然残酷，也没有必要过分悲哀，因为40岁的你各方面已经成熟，知道怎样去迎接即将到来的暴风雨。

女人40岁的时候，心情是复杂而宁静的，40岁的你不再是天空的游云，不再是七月的晚风。人生是一次苦旅，40岁的时候才了解了生活，才体会自己为人妻、为人母的自豪。于是，日日夜夜那份徒生惶惑，牵肠挂肚的顾盼，迎来送往的繁文缛节，就显得格外地珍贵和亲切。

只有智慧女人才真正懂得什么是爱，什么是情，什么是人间最珍贵的情怀，什么是自然最美的风景。而智慧总让40岁女人，真正戴上女人的桂冠，登上真正女人的宝座，而母仪天下的威严却在爱、笑和一举一动间，也在轻启温柔的唇中，展示着真女人不可比拟的、绵绵不绝的韵味和温润的光芒。

40岁女人，要名，但不再为名所累。需情，但不再为情所困。求爱，但不再为爱所迷。欲利，但不再为利所毁。因为40岁女人是成熟而又理智的。

40岁女人是世界上最美丽的女人，她经历了少女的纯真，但仍旧保留着少女的纯真，只不过比少女更加成熟和感人。她经历了30岁女人的火热，但仍旧保留着30岁女人的火热，只不过比30岁女人更加理智和诱人。她经历了初为人母的喜悦，但仍旧延续着初为人母的喜悦，只不过比初为人母时更加博大和怡人。40岁女人抛却雕刻，却是神韵不绝。

女人40，要学会忘记你的年龄。

小时候，你盼望着长大，因为长大了有漂亮的裙子穿；等到真正长大了，还没有享受够青春年华，时间便像飞一样的从眼前划过。于是，你便在不情不愿中迎来了30岁，这是一个动荡的年龄，也是一个复杂的年龄，你没有很好地去品味它，它便从你的生命中流走了，接着你便迎来了40岁，在没有真切体会到的时候很希望它到来，可当它真正来到的时候，你却有点害怕了，这是属于你自己的年龄，然而，你却没有勇气去迎接它的到来，因为你害怕夕阳落下去，在一片灰暗中等待黎明的到来。

　　著名歌手蔡琴，大家再熟悉不过了，每当听到她那低沉的声音，人们的心里就会感到很平静，很坦然。她曾对40岁的女人说过：一、生活要有阳光。打开心灵的一扇窗，投下满地的阳光；二、生活要有爱，沉静宽厚的歌声里充满感恩的泪水。有了阳光，有了爱，人世的一切快乐和忧伤便都希望它的降临，所有的担子也都愿意来承受。

　　40岁是女人人生的一个里程碑，一个转折点。40岁，你要告别30岁时的一切繁冗，迎来你新的起点！

女人40，做最真实的自己

　　40岁女人永远不要放弃30岁时的梦想。每当你的生命中出现一点机会或一丝光亮的时候，请一定要记住，你要依着光亮去找路，要去找寻新的出路和新的机会。

女人40如金——40岁女人进退取舍的人生博弈

在心理咨询的过程中,许多求助者面临的问题都围绕以下几个方面,他们往往被自己是一个怎样的人、自己身处在哪里、自己最看重什么以及什么才是此生中对自己真正重要的等问题困惑着。

"我是一个怎样的人?"这是一个看似简单的问题,但是在现实生活中,一个人要做到全面认识自我,却不是一件容易的事情。

人的一生中,许多的事情和周边的环境都是我们不能去选择的。这包括我们的出生环境、家庭背景、亲人以及曾经接受过的教育,这些都是我们不需要与他人去进行比较的。但是我们需要清楚地认识自己是怎样的人,自己的优势是什么?自己的弱点有哪些?我们心中怀有怎样的梦想?哪些方面都是可以通过我们自己的努力去改变的。女人到了40岁,这些问题是必须要想清楚的。

每个女人的生命中都会经历一些失败,会有一些不幸,甚至在面对缺憾时会产生一些自卑感,这些不愉快只是你人生旅程中体验的一段过程,如同爬过的一道沟壑,蹚过的一条河流,不足以影响你心中拥有的那份梦想。在面对坎坷和波折时你可以容许自己出现一时的动摇和起伏,你接纳自己,做真实的自己。但是当你顿悟之后,依然会重新拾起心中的梦想,继续你40岁以后的生活。

40岁的雅茹神情中还带着少女的清纯,素面朝天的脸上一双哀怨遗憾的眼睛在告诉着人们她的不快乐。婚后六年内,丈夫不希望她上班。作为人力资源专业研究生的她,如今对自己的未来感到一片迷茫,对婚姻的失望,对自己没信心,抑郁和焦虑的心情笼罩着雅茹,使她感觉不到生活的快乐,整日在恍惚中幽怨。

"我是什么样的人?"当雅茹在心理咨询师的提问和引导下,描述了自己如今的生活状况、自己的心理状态,也描述了自己曾经对未来的设想以及渴望的生活模式,在重新认识自己的过程中,雅茹找到了自己目前存在的问题,心情抑郁的原因,对生活也重新建立了信心。

在随后几次的咨询中，雅茹的脸上开始泛起笑容，银铃一般的笑声也不断地响起，心态的转变，使雅茹与丈夫之间的关系也更融洽。几天前雅茹在电话里说："我有了自己喜欢的工作，我现在很开心。我的体会就是一个人一定要看清自己的价值，做真实的自己，才能获得实实在在的幸福。"

当一个女人不知道自己是怎样的人时，就会在自尊和自卑这两种心态中游移。自尊的女人总是内心充满着希望和抱负，一直坚定地向成功的目标冲击，无论路途多么艰辛，始终坚定不移。而自卑的女人则是瞻前顾后，总是对自己缺乏信心，怀疑自我，并无端地削弱自己的自信心。

"我在哪里？"一个人在哪里也许并不重要，重要的是哪一块土壤更适合你的生存和发展，你能够去做的选择是什么，如何去寻找到更适合自己的位置。

也许只是30岁的一个梦想，或许是30岁曾期望过的一件事、崇拜过的一个偶像，却成为你心目中一个永恒的目标、一个崇尚的榜样。这个目标不会受到地域和时间的限制，只要你想去做，无论你在哪里，你都能找到适合你的地方，你都可以去兑现心中那个梦想。

在生命的成长过程中，我们都会有一个自己心中的"楷模"，但是人最终要做的不是"像谁"或者去"模仿谁"，而是要找到属于你发展生存的土壤，驻扎在更适合你生长和价值升值的位置上。

许多40岁女人都渴望拥有这样的人生：有一个爱自己的丈夫，有一份称心如意的工作，有一个健康的身体，有一个聪明可爱的孩子，有一个快乐的心情，一群好朋友，还有自己期望的薪水、梦寐以求的职务、受人尊重的社会地位，还需要有自己中意的车子、漂亮的别墅，最好还能拥有一副永远不会衰老的面孔……

梦想总是美好的，可是回归到现实生活中，梦想与现实总是不

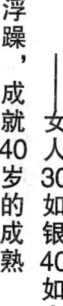

第一章 放下浮躁，成就40岁的成熟——女人30如银40如金

断撞击着我们的身心。当一个女人充分地了解自己，认定自己的价值之后，才会清楚自己那份无价的独特性。女人40，做你生命中最真实的自己，就是要在内心认真地珍爱自己。

在生活中，又有多少人会认真思考这个问题呢？正如俗话所说的：你越不想要什么东西它越会自己找上门来。许多人往往知道自己不想要什么，但是他们很少知道自己到底想要什么。

一位女士求助心理咨询师说："为什么我总是感觉到心里郁闷，总是对自己目前的状况很不满意，觉得活着很迷茫，没有什么意思，我不想要这个，我不想要那个……"她一想到不如意的事情有那么多，心里就特别焦虑。当心理咨询师问她："你不满意现在的状况，那么你到底想要什么呢？"这位女士想了想回答道："其实我也不清楚我到底想要什么？"

如果一个女人不知道自己真正想要什么，这其实就是她郁闷和没有生活乐趣、没有激情的根源。

有不少女人就是这样，往往潜意识中会努力去逃避她不想要的事物，而不是努力去追求她想要的事物。如果一个女人能够把逃避自己不想要的事物的那一份努力，转变为一种正面的行动，去推动自己找到自己真正想要的东西，那么她的迷茫和困惑也就会迎刃而解。所以为了过上一个真正幸福的、有乐趣的人生，认真花点时间去搞清楚自己到底想要什么，这可是你人生中一项值得去做的大任务。

女人40，你要给自己留出一点时间，留出一点宁静空间，来提醒自己人生的重点、前进的方向和那些快要忘却的计划与决心。怎样做，才是真实负责地对待自己？

当你自己内心的呼声与你在现实中正在做的事情有冲突的时候，正确的选择就是要听从自己内心的呼声。但是在现实生活中，这样的决策往往很难，因为我们有各种得失的考虑在牵扯着我们。

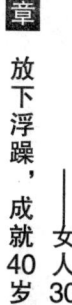

其实真正的幸福就是来自于顺从自己的内心呼声，并依照它去行事。有人说这会很难，是的，因为从来没有谁说过追求真正的幸福是一件容易的事情，但无论如何，幸福的真谛就在于听从自己内心的呼声，这就是真实对待自己的含义。

只有明白一生中什么对自己真正是最重要的，才能掌控自己的人生，此生才有可能过得幸福。

40岁女人，你一路颠簸，走过山山水水，经历的每一件事，结识的每一个人，欣赏的每一道风景线，甚至还有你流淌过的那些伤感的眼泪，都在为你的人生绘制了一幅五彩的画卷。

女人40，你需要清楚地认识到每个人在离开这个世界的时候，并不能带走什么，但是每个人活着的时候却可以给这个世界留下一点东西。

做一个自信坚强的成熟女人

40岁女人有一颗坚定的心，因为生活的压力和人生坎坷，使你对困难，对生活的艰辛有了一个真实的体验和认识，你不再像30岁那样娇嫩得像棵小草了，生活让你变得更坚强，更能扛事。其实，这是你内心的真正成熟。

一位心理学家对他的朋友讲述自己曾经做过的一个实验。将两只大白鼠丢入一个装满了水的器皿中，它们会拼命地挣扎求生，一般维持的时间是8分钟左右，然后他在同样的器皿中放入另外两只

女人40如金——40岁女人进退取舍的人生博弈

大白鼠,在它们挣扎了5分钟左右的时候,放入一个可以让它们爬出器皿的跳板。结果这两只大白鼠得以活下来。若干天后,再将这对大难不死的大白鼠放入同样的器皿中,结果真的令人心惊:两只大白鼠竟然可以坚持24分钟,3倍于一般情况下能够坚持的时间。

这位心理学家总结说:"前面的两只大白鼠因为没有逃生的经验,它们只能凭自己本来的体力挣扎求生;而有过逃生经验的大白鼠却多了一种精神的力量,它们相信在某个时候,一个跳板会救它们出去。这使得它们能够坚持更长的时间,这种精神的力量就是积极的心态,或者说是内心对一个好的结果心存希望。

希望是一种力量,在很多情形下希望的力量甚至比知识的力量更强大。因为只有在有希望的背景下,知识才能被更好地利用。女人40岁时,即使一无所有,只要你有希望,你就可能拥有一切;女人40岁,即使你拥有一切,却没有拥有希望,那就可能会丧失你所拥有的一切。

有一首用闽南语演唱的《爱拼才会赢》:"一时失志不免怨叹,一时落魄不免胆寒,三分天注定七分靠打拼,爱拼才会赢。"这首歌展示的就是一种积极的心态,也感动了很多人。当一个女人已经下定决心努力拼搏的时候,她肯定就能拥有战胜困难、摆脱绝境的力量。当一个女人出现心理危机的时候,与其丧失积极向上的心态力量有极大的关系。丧失希望的人身上会缺少一根"拼搏"的筋、一种奋斗的信念。许多获得成功的女人,并不是光靠自己的聪明才智脱颖而出的,而且靠"爱拼才会赢"的积极向上的心态,克服随时都有可能袭来的消极心态,才取得了最后的成功。

法国作家蒙田在他的《随笔集》中写道:"一个人若是没有确定航行的目的港,任何风向对他来说都不是顺风。"每一个正常的女人,她的智力都足够使自己成为一个充满希望的人。一个内心真正认识自己、满怀希望的女人,才会拥有一条光明的前途。

有一个农村妇女掉到河里去了，水流湍急，她被水冲得流向下游。她拼命地在水中想要抓住什么东西来救自己一命，但是手里抓的除了水，连水草都没有！她心想："这下完了，没救了！"正这样想着，她马上就没有力气了，停止了挣扎，慢慢地向水下沉去。

忽然，她想起在不远处的河岸边有一棵树，树枝一直伸到河水里面，她可以抱住那棵树……希望又在她心中重新燃起，于是她使出浑身力气挣扎到那棵树那里。可是伸到河里的那一截树枝早已枯死了，她刚拽到树枝，就听到"咔嚓"一声，树枝断了，就在这时，救援的人及时赶到，将她从河中救了上来。事后她说："要不是心中想着那截枯树枝，我根本等不到救援人员来！"

"逢绝境时能让人们重新崛起的勇气就是希望。"有希望的女人很少去抱怨生活，她们相信自己，也相信别人，永远相信这个世界是美好的；有希望的女人永远都不会轻易放弃希望，因为她们坚信：只要我们还有生命，生存就没有绝境。

长期以来，积极心理学家一直针对"创伤后的应激障碍"在进行研究。心理学家们在针对身处不同逆境的丧失爱子、伴侣和父母的女性，还有那些癌症患者、被其他疾病折磨的女性，以及那些遭受攻击和其他灾难的受害女性的研究结果中发现，创伤、危机和悲剧发生的形式有几千几百种，但是她们可以从中获益的方式主要能分为三大类。

第一种，一旦你能挺身面对人生的挑战，便可以激发自己原本潜藏的能力，而这些能力会改变原本自己所秉持的观念。

有一位女士诉说自己当年离婚时的心情："当丈夫提出离婚时，只感觉自己是万念俱灰，这么多年来已将丈夫与自己的生命紧紧联结在一起，一直认为如果失去了丈夫，自己肯定会活不下去，后来真的失去丈夫的时候，才发现自己的心脏依然在跳，自己还是要面对这个世界，面对自己的孩子、工作和身旁的一切。"

没有人会真正知道自己心身到底能够承受多大的压力。当人们在失去所爱或经历严重创伤的时候，人的情绪意识是会有所改变，但是人的躯体还在继续运转，人依然还要活着，人们的躯体是不会受人的意志所控制的。

第二种，表现在人际关系上。因为在逆境中不仅让女人知道谁是酒肉朋友，谁是可以患难与共的好友，还可强化人际关系，让女人打开心扉，在处理人际关系时不再那么势利，不再那么争强好胜。

第三种，创伤能够促使她们充实地过好当下的每一天。特别是癌症患者，更能悟到患病只是人生的一个转折点，她们开始懂得珍惜生命，彻底改变过去把钱看得比人更重要的观念。

经历创伤后的女人往往会发现，其实，每个女人比自己以为得要更坚强、更有耐力，而这份认知会给她们带来信心，能使她们更从容地面对未来的压力和挑战，这是人格意义上的一种成熟！

40岁女人醒悟之后的明智选择

谁说人到40万事休？40岁的女人完全可以重新开始新的人生！只要你拥有一颗年轻的心，即便是你到了50岁、60岁，你依然可以重新开始！

刘洁33岁的时候，幸运地走进一家拥有1.8亿资产的公司，成为公司的副总。这是刘洁曾经的阶段性目标。刘洁满怀欣喜又有点不安地来到了这个工作岗位，迎接其中的困难和挑战。外表上刘洁是个典型的淑女，讲话不多，戴一副体现斯文和学识的眼镜。

可实际上，她个性刚强而又自信，对工作和所从事的事业非常专注。因为以前一直是处在部门经理的岗位，所以多少有些担心，短期内适应这个角色和适应公司可能出现的障碍充斥着她的脑海。刘洁以前所在的公司管理是比较成型的，有着很详细的分工与合作，可是，这里是一个家族企业，原有的管理方法和管理手段能否行得通，对她来说也是一个考验。由于公司里一直没有副总，所以，对副总岗位的认同都是一个艰难的过程，如何坐稳这个位置并做出成绩成为当前的重大问题。而因为年轻缺乏自信也是刘洁的弱势所在，她自然成了公司里的焦点人物，并且负责财务与融资，责任重大，后期又兼管市场业务。

由于先后在两个上市公司从事过营销管理和财务管理工作，对正规管理还是积累了一些经验。所以，除了觉得有点累之外，其他方面还好。从专业知识和综合实力来讲，刘洁有长处，也有不足，但胜任工作还是没有问题。只是最困扰的是周边的人际关系，这是非常头疼的事。

女人通常都是细腻的，很感性地处理问题。刘洁从父母那里继承了一点文才，在企业里倒还够用。公司里的男人们开始觉得刘洁阻碍了他们发展。她开始在人际关系方面遇到麻烦。同时，由于她是女性，不可避免地遇到了一些流言攻击。她像一只不知疲倦的钟，一刻不停地旋转着，在公司面对巨大资金压力的时候，拼命地想办法抢时间，以省一分钱等于卖一亿元产品的理念和心态对待工作，不知道什么叫休息，累了，睡一会儿，起来忙着搜集资料，忙着整理文件，在下属人员素质不到位的情况下，有时也要亲历亲为。劳累、辛苦自不必说，但效果并不好，毕竟那时的刘洁欠缺成熟，一点不懂企业政治。

企业缺的是人才，缺的是中流砥柱，企业里最不能亏待的也是

女人40如金——40岁女人进退取舍的人生博弈

人才。人才是企业最大的利润来源，刘洁坚信自己是人才，她有从事财务管理工作的高级职称，有在大型股份制企业规范管理和应对危机的经验和教训，她了解金融环境，熟悉产品和服务市场基本运作规程。努力做事，但她心态不成熟，处理事情不能够考虑得很周全，所以常有"高处不胜寒"的凄凉之意，背后的指指点点也隐隐地存在。

在公司生存面临困境的情况下，刘洁接手市场营销工作时，她的压力很大。这时，公司已有四个月没有销售，产品进入市场是一片空白。刘洁组织培训，找客户关系，10天后，她靠着以往的客户关系，签下了第一单业务，也是一个永久的客户。公司的产品正式进入了湛江机场，至此，公司产品营销全面启动。刘洁的心踏实了许多。当时公司从湖南请了一位营销方面的专业人员，他对刘洁说：
"你有这么好的客户关系，自己又有这么好的条件，还有你这么年轻，为什么不自己做事，还要给别人打工呢？"刘洁说："我给自己的定位就是如此。自己做事，我还欠缺许多，也许我到了40岁才会自己做事吧。"当时刘洁真的是那样想的。因为她那时是不很成熟的。她想，自己有今天的准备和积累，40岁时，自己做事，一定会成功的。对方似乎不赞同刘洁的想法，但也没说什么。后来，因为其他的原因，刘洁离开了公司，望着熟悉的一切和亲手操办起的营销业务，失落感曾占据了她的脑海。但这段时间的经历，对她一生的成长非常关键。

刘洁明白了，自强的女人不痛苦，奋斗的女人不寂寞，智慧的女人永远闪着年轻的灵光。直到现在，投入事业仍然是她人生的习惯和乐趣，没想到，30几岁的努力是为40岁的到来和自强不息做了铺垫。

在知识更新速度较快的今天，刘洁认为只有不断学习和充电，紧紧跟随时代的节拍才能保持实力和信心，她热爱专业又有诚信，善良地为人。她努力进取凭实力，她有什么可担心呢？她在困境中生存，许多排斥性的力量也一度让她感到沮丧，但想到自己的目标和努力，想到自己的天分，就告诫自己无论遇到什么情况都没有放弃的理由。直到现在，刘洁经历了困顿的时期，抛却了一些幼稚的想法，领悟了许多人生哲理，年龄在长，也在成熟。上帝没有给刘洁一个漂亮的外表，却给了她一份高贵的气质，她的一生都在学以致用。从文化知识到美容常识，从心理素质教育到生理保健等等。的确刘洁是经过修炼的女人，那种自信是来自于内在的，是积淀下来的精神食粮。遇到多难的事情，她都没想到放弃。

许多人觉得上了40岁一切都晚了，其实任何时候都不晚。美国总统卡特63岁学会滑冰，这个岁数学这项运动是很冒险的；一位女作家53岁才学英语并开始出访。没有人会轻视你，除非你自己，而且，像刘洁一样在三十几岁开始做高层管理的女人，在40岁时将有更深刻的体会。感情和事业都需要再充电，充电是女性时尚的必需品；当今社会竞争激烈，而年近不惑的职业女性同样面临着更新知识的问题。许多中年职业女性都有一份挺不错的职业，一个温馨的家庭，重返课堂，是出于一种更深的考虑。

陈心怡在一家国有公司担任财务主管工作，财务专业大学毕业的她本来完全可以安享家庭的温馨，事业成功的快乐。但是，最近她却自费掏腰包参加了计算机培训班。她的家人不支持她："你都40岁了，还学什么？"可她的解释是："现在是高科技的信息社会，需要复合型人才，不学习就会被社会淘汰，而我不愿很快被淘汰。不懂计算机就和不懂开车一样，总是欠缺了许多，再说，信息这么发达，你还不懂在互联网上浏览世界，那一定落后于现在的年轻人几十年！不懂触网，其实很可怜，更何况会计电算化已成为最基础的工作，不懂哪行呢？"想要读书，总得牺牲一些东西。过几年回过头再看，肯定值得！"

女人 40 如金
——40 岁女人进退取舍的人生博弈

刘霞自己开了个商务管理公司，这是常识性的工作，只需关系确立和招揽客户，然而要发展壮大，她认为她大学时学的那些知识虽有用，但欠缺现代性。于是，在 40 岁时，她报名参加"清华远程教育研究生班"学习，接触了一些在其他公司从事管理工作的高级人才。她不但学到了书本上、社会上的知识，也建立了新的人力资源网络，拓宽了视野，为日后自己事业的发展创造了良好的条件。

其实，许多 40 岁女性重返课堂，往往还有一种更实惠的想法：人到 40，孩子已抚养长大，不用费太多的心思，再有，何必一定要为家庭牺牲自己的事业？于是，她们便想抓住青春的尾巴，将重心转移到自身上，寻求独立的人格。还有一些 40 岁女人没有考虑什么年龄，是属于很上进的那种类型。她们希望达到自己的一个目标而去读书。这种由知识女性带动的重返课堂的风气，正在扩展到更大范围的女性。40 岁的女性走进课堂更要用心领悟所学的知识，更在意同学这份真情实感。这是一种进步，是女性醒悟之后的明智选择，从中折射了当代女性的独立意识。谁说人到 40 万事休？40 岁的女人完全可以重新开始新的人生！

第二章

放下烦恼,成就 40 岁的快乐
——女人 40 快乐从心开始

40 岁不是女人的衰老,而是女人人生的二次黄金时代的开始,是花的一种状态与另一种状态之间的转换与轮回,是一种生活状态与另一种生活状态的过渡。40 岁的你可以更加自主,可以更加无拘无束,可以有更多的"营养"来漫润心灵。

别再像30几岁那样折磨自己了

"过好每一天"应当成为40岁女人生活中的一个口号,同时也是40岁女人应有的一种生活原则。

回头想想30的你,面临着家庭责任和社会竞争的压力,心中的愿望能得到满足的时候不多,害怕失去,所以常有忧虑的心理。在现今的社会里,每个人都生活得不容易,每天在工作岗位、家庭、社会交往中难免要遇到种种不开心的事,但是,你现在已经40岁了,你要以一颗成熟的心面对这些事情,别再像30岁那样折磨自己了,你应该坚定不移地过好每一天,这是保证生活质量的一个原则。

女人40,你必须要承认每一个人在竞争十分激烈的社会环境里生存都不容易,都有许多烦恼、困惑甚至个别灾难性的东西要去面对。作为40岁的女人就更不容易了。不管未来能给予你什么,你要时刻保持一种在创造中寻求,在创造中等待的心境去生活,才能坦然地实现过好每一天的愿望。

40岁的柳萍在1992年来到海南岛闯世界,曾自己创办过公司,从事着与所学专业毫不相干的工作,之后发生了很多事情,事业失去了,感情屡受挫折,经济上也一贫如洗,快乐的公主变回了灰姑娘,对她的打击是可想而知的。可是,她对过去像叙述一件平常事情那样自然,没有修饰的语言,也没有过多祥林嫂般的哀怨。40岁的她毅然选择了保险,是保险事业激发了她的自信和潜能,那种归零的心理让她知道许多人都有从零开始的可能。她走过来了，走过来的时候，虽然万般无奈，有那么多苦痛和不得已，她却把痛留给了过去。不管她心中有多少感伤，埋葬了多少往事，她都不再唠叨。她从骑单车到骑摩托车到开自己的汽车，又回到骑着单车的状态。这样一个轮回，也没有打败她。她敬业执著，也是她痛过之后的思考，让她的心胸变得豁达。她凭保险人的热心和造福于人的职责努力地工作着，与周围的人友好相处。她40岁了，经历了许多不顺，也有了新生的喜悦和体会。今年她已连续5个月在她所在的公司里保持第一名的业绩，她向朋友诉说她的喜悦，虽有波折和愁绪的生活并没有让她消沉。她的心态依然年轻。40岁的女性朋友，重头再来虽然很辛苦，但它的确可以改变你的许多想法。

其实，我们可以想一下，竞争、退休、下岗都存在的话，女人也比男人有优势。更何况，40年人生积累，总有一些社会经验积累下来，纵然学识方面跟不上年轻人，但经验这种财富也是大有用场的。现在，有多少女人你不让她离开工作岗位，她还自己选择离开呢，早九晚五的约束她不习惯。因为女人可以选择缝纫、手工，有文化的女性还在电脑上打字自由自在地做粉领。风吹不着、雨淋不着，又不影响做家务，衣食不愁，当然会过得开心了。越来越多的适合女性的工作动摇了男人的社会和家庭地位。女人们温柔也好、勇敢也罢，总之她们也同样拥有家庭生活的圆融、事业上的辉煌、年轻的体态和个人修养的高品位，具有这些特质的女人，就是简单快乐的女人。

40女人是精致的女人，是珍惜生命的女人，是懂得价值创造和懂得享受事业的女人，是女人中的精品。过好每一天是热爱生命的体现，是挑战男性、挑战自我的人生信念，是从容地面对挫败的乐观心态。过好每一天是她们的口号，也是她们的宣言。

日常生活中，人人都有心理上、情绪上的低落和波动，这不仅

女人40如金——40岁女人进退取舍的人生博弈

与个人性格、生理周期、内分泌状态等固有因素有关，而且非常容易受工作压力、事业坎坷、爱情挫折和家庭不和等外界因素的影响，所以，有难处，也需要化解。当抱定乐观的心态时，苦累和烦恼也随之减少。

保持经久快乐，须谨记心理学家的16字箴言：振奋精神，自得其乐，广泛爱好，乐于交往。如果你感到不快乐，那么你要找到快乐的方法，那就是振奋精神。女人40要懂得常为自己所有而高兴，为自己所得而庆祝。不为自己所无而忧虑，就是自得其乐的主要方法。培养多种业余爱好，可以陶冶情操，增加乐趣。广泛交友更是保持心境快乐必不可少的环节。适当的奖励自己，为一件小事，为一份良好的沟通，都应该有奖励自己的心情，奖励自己真的是一种快乐。

张帆，43岁，一家内衣专卖店老板。她有这样一段自述："我是一个普通的年过40的女人，处于生活的重压下，我也曾有过一段令人困惑、徘徊的艰难心路历程。我在单位里每天按部就班地干着熟悉的工作。1995年丈夫辞去国有企业副厂长的职务，应聘去了一家股份制公司。随着丈夫的升职，同事邻里善意的提醒、恶意的嘲讽时刻围绕着我！我一边支持他的选择，一边在心理上就做了最悲观、最坏的准备，我已年近40岁，若厂里效益不行了，若离开了丈夫，我还有起码的生存能力吗？我觉得不能靠老公生存。于是我决定自己闯荡天下，去做女性内衣产品省代理。迎接我的所有目光集中在这样几个焦点上：疑惑、惊讶和嘲讽。40岁女人出去能干什么呢？是的，对于一个40岁的女人，机会已不太多了。我没有十分的把握，只有十分的心情。我必须以自己的工作能力来赢得别人的尊重，事实证明，我的这种选择是正确的。内衣是女性们越来越重视的内容，我在传播美的观念的同时也获得了美的享受。在与女性朋友分享的同时，我的经营思想及观念都有了很大程度的提升，原来我只是个厂里效益还过得去的工人，一个工人所创造的价值既缺乏积极主动，又极其局限；现在我不仅赢得了自己，也赢得了大家对美的享受，心情是不一样的。三年之内，我开了两个店，我认为自己的选择是成功的。"

张帆的经历充分说明：成败与年龄无关，选择什么样的生活状态，以什么样的心态来面对现实才是最重要的。

刘颖也曾经有过失意和不满，也曾努力调整自己却没有效果。后来，刘颖在心境最苦的时候又去读书充电，尽管一天的工作已经很劳累，每当走进由成年人组成的课堂时，精神立时振作起来，一身的疲惫也悄然散去。看看那些与自己年龄相仿的同学和老师，刘颖有一种愉悦的心情。她想，即使从早到晚，都有许多烦心的事缠绕，但晚上坐在教室里，听老师讲沟通、讲创新，或者解析某一个案例，心境和感觉便截然不同了。刘颖明白所谓的过好每一天，并不都是笑容和鲜花相伴，而是有鲜花，也有荆棘，只要走过来了，只要有心了，就达到目的了。直到现在，刘颖的生活方式和生活内容还保持着某种个性，比如她几乎不看电视，有空暇的时候，看书、上网，也喜欢与朋友聊天，总之，她觉得随情随性又有所追求的生活过得很充实，也很惬意。在以前，刘颖从来没有读报、上网的习惯和雅兴，只是上班下班看电视，做饭，收拾家务，过着平实的但缺乏质量和品位的生活。谁能想到，一个决定改写了一个40岁人生呢？

其实，也许并非一定要投入事业才是过好每一天的标准，过好每一天最重要的是心情的享受，但40岁女人如果没有独立、自我，总是处于依附的状态，为别人的成功鼓掌、喝彩，永远不能走到前面来。成为默默的奉献和支持者，那只是传统女人，而现代40岁女人是首先爱护自己，将自己的聪明才智发挥到工作、生活及其他方面能够在某种程度上实现自我的人，只有实现自我，才能产生服务

第二章 放下烦恼，成就40岁的快乐——女人40快乐从心开始

33

于他人更好的愿望,只有这样,才能书写每一天带有色彩的内容!

微笑着面对 40 岁以后的人生

面对人生的种种突发事件,当你措手不及时,首先要静下心来,摆正自己的心态,乐观地面对一切。再苦、再累,你也要保持微笑。笑一笑,40 岁的人生会更美好!

经常听很多 40 岁女人说,自己活得很累,过得很不快乐。其实,人只要生活在这个世界上,就难免会遇到诸多烦恼。如果 40 岁的你不能战胜痛苦,就会成为痛苦的俘虏。生活的担子既然已经挑在了肩上,40 岁女人就没有任何退路可以选择,笑着也是挑,哭着也是挑,那何不选择前者?再不顺的生活,微笑着撑过去了,就是胜利。

所以,当苦难、挫折摆在你眼前时,不妨笑着告诉自己:暂时的困难不过是黎明前的黑暗,事实远没有想象中那么糟糕,一切都会好起来的。当你站在乐观的角度去审视所发生的一切时,你会发现美好的未来已经在不远的前方向你招手!

有时候,态度决定了你一生的高度;你认为自己不幸,那么你的一生将会在颓废失意中度过;如果你认为所有的不幸都是暂时的,那么生活一定会在不远的将来呈现出幸福的景象,只要你积极、主动地改变现时的窘境,你的生活就会向好的方向发展。乐观的心态决定了我们生活的质量,有什么样的心态,就有什么样的人生。

第二章 放下烦恼，成就40岁的快乐——女人40快乐从心开始

有这样一个故事：玛丽打开门时，发现一个持刀的男人正恶狠狠地看着自己。玛丽灵机一动，微笑着说："朋友，你真会开玩笑，是推销菜刀的吧？我喜欢，我要一把……"玛丽边说边让男人进屋，接着说："你很像我过去一位好心的邻居，看到你真的好高兴，你要咖啡还是茶……"本来脸带杀气的歹徒渐渐腼腆起来。他有点儿结巴地说："谢谢，哦，谢谢。"最后，玛丽真的"买"下那把明晃晃的菜刀，陌生男人拿着钱迟疑了一会儿，真走了，在转身离去的时候，他说："小姐，你将改变我的一生。"

有时候，笑着面对往往会使困境获得峰回路转的改变。一个微笑那么渺小而又那么伟大，它拯救了玛丽的生命，它也拯救了一个即将堕落的灵魂。人生原本就充满变数，不可能没有苦难，没有挫折，没有沧桑。因此，女人到了40岁，应该对人生有一深刻的了解了，所以，你不要奢望生活可以永恒圆满，生活的四季不可能只有春天，每个人的一生都注定要经历失去、伤害、背叛、痛苦……所以要学会笑着去品尝苦涩与无奈，经历挫折与失意。

女人40，要学会笑对生活。你笑，全世界都会跟你笑；你哭，全世界也会和你一起哭！所以，你要从现在开始，微笑着面对生活，不要抱怨生活给了你太多的艰辛，不要抱怨生活中充满无尽的曲折，不要抱怨生活中隐藏的伤害。当你走过世间的繁华与喧嚣，历经世事，你会恍然明白：人生不会太圆满，再苦也要笑一笑！

女人40，要保持乐观的心态。学会乐观，这样人生就会更加美好。人生总会有挫折和失败。你要想生活得平坦一些，首先就应该用微笑来清除内心的障碍。

一个40岁女士得知老公有了外遇后悲恸欲绝，在角落里暗自垂泪。一位老先生走来，看她如此伤心，便问道："你为何哭泣？"这位女士回答说："我和老公结婚10年了，我本以为我们的感情很牢固，没想到他居然喜欢上了别人，10年的感情啊，竟然是这样不堪

一击，我好难受。"

不料这位老先生却哈哈大笑，并说："这是好事啊！你还哭，真笨！"这位女士便很生气地说："你怎么这样，我遭受这么大的打击，都不想活了。你不安慰我就算了，居然还指责我！"

老先生回答说："傻瓜，这根本就不用难过啊，真正应该难过的是他。因为你只是失去了一个不爱你的人，而他却是失去了一个爱他的人。"

这位女士听后，痛苦的心结即刻被打开，当内心的障碍排除后，快乐便有了立足之地，于是她的嘴角扬起一丝笑容。

由此可见，快乐只是个角度的问题，找对那个角度，就可以笑着面对一切。

不论你的生活如何卑微，你都得面对与度过，不要逃避，也不要以恶言相加。"宠辱不惊，闲看庭前花开花落；去留无意，漫随天外云卷云舒。"活到了40岁，面对痛苦时，你如果还能让心中充满快乐，是一种成熟，更是一种智慧。

女人40，要微笑着面对生活，做一个始终勇于迎接一切挑战而且面带淡定微笑的女人吧。不管你是快乐还是不快乐，一年四季依旧会不断交替出现；不管你是快乐还是不快乐，时光荏苒照样不停地向前奔涌；不管你是快乐还是不快乐，都无法阻止青春如白驹过隙般流逝；不管你是快乐还是不快乐，该来的你挡都挡不住，该走的你留也留不下。既然上帝冥冥中安排了一切，何不让自己保持快乐的心态，微笑着面对生活？以微笑去应对周围的一切，你会有不同于以往的收获。

圆满也一生，颓废也一生，为什么不选择圆满呢？快乐是一生，悲伤也是一生，为什么不选择快乐呢？如果你希望在40以后的人生中得到快乐，就必须用笑容诠释生活。幸福快乐与否完全取决于你看待事情的角度，你想幸福快乐，你随时都可以幸福快乐，没有人能够阻拦得了你。

让自己停下来喘喘气

再苦再难的日子都过去了，别再把那些小小的烦恼放在心里了，40岁以后，你应该享受时光，人到中年，你为什么不让自己停下来喘喘气呢？

一天，40岁的李女士站在窗前，不经意的随手推开一扇窗户，这时一股新鲜的空气扑面而来，心情顿时觉得清新，精神为之一振，之前的丝丝烦闷如缺了氧的火苗已经熄灭，轻轻的微风缓缓地拂过，真有着一种说不出的舒服。李女士猛然间醒悟，为何不打开心灵的窗户透透气呢？

最近因为工作的事，再加上丈夫的"不理解"，李女士变得异常烦躁，突然感到身心俱疲。李女士希望生活能过得更好一点，多赚些钱来改善家人的生活质量，所以就不断给自己加压，可是心太急了，总觉得没有达到既定的目标，以至于一时之间心情很糟糕，李女士无力调适心中的挫败感，烦啊闷啊在逐渐地扩大，充满了整个心里，而这时她的丈夫却一点也没有发现她的不正常。

也许女人的心思都喜欢让男人来猜，李女士也不例外，她不是很直爽地什么都和丈夫说，心想，既然他们能走到一起，那李女士的所思所想，他也应该明白。李女士特别喜欢那种心有灵犀一点通的感觉，可木讷的丈夫偏偏不懂她的心，日子久了，李女士内心总会莫名地烦躁，不停地发脾气，而粗心的丈夫幽默地说："看，看看，更年期的女人就是可怕。"那时，李女士心里突然有一种痛痛的感觉，觉得丈夫原来并不了解自己。她伤心，她郁闷，终于有一天，所有的不快都聚集在一起，像山洪一样暴发了，丈夫的忍耐也到了极限，于是家庭战争不可避免地来了。李女士心里则觉得更委屈，丈夫不来关心她，不来安慰她倒罢了，还和她一起发脾气。当时李女士只有一种感觉，那就是他不爱自己了，他外面肯定有别人了。儿子在外面看着爸妈的"战争"一触即发，就把爸爸叫出去了。过了一会儿，不知道他们两个说什么了，反正进来时丈夫一脸的平静，就好像刚才他们没有发生过任何争执似的。他温柔地坐在李女士旁边，轻轻地拭去她脸上的泪水，说了一大堆宽慰的话，让她原谅他的粗心，问她最近是不是有什么事不开心。李女士听了哭得更来劲了，不过那是一种幸福的泪水。丈夫后来对她说，是儿子观察到母亲近来有点反常！开始没在意，当看到爸妈发生冲突时，他想应该和李女士的反常有关吧，于是就告诉了他爸，让他问问妈妈是怎么了，心里在想什么。李女士听了丈夫的话，很感欣慰，原来儿子早就发现妈妈的不对劲了，看来儿子真的长大了。

通过这件事，李女士想开了，夫妻俩有什么不能说的，何必让他来猜测？本来生活的压力就很大，作为男人他不可能也没有时间去揣摩女人的心思，所以理智的女人还是应该说出来的好。

有一天，李女士看到了这样一个故事：一天，一个富翁去海边度假。他看到一个渔夫躺在沙滩上晒太阳，于是就要他去多打些鱼，慢慢地再积累一些钱，买一条大点的船，然后再努力攒上一大笔钱，到那时就可以无忧无虑地在海边享受阳光了。渔夫听了说："我已经在晒太阳了，为何还要去做那些无用的事情呢？"李女士想：是啊，已经在享受着美好的生活了，还要什么呢？人的欲望是无止境的，现在不是过得很好吗？我什么还为自己增添多余的烦恼呢？李女士是这么想的，也就这么做了，她的心情慢慢放松了。回想过去的几十年，虽然辛苦，但耐人寻味，和丈夫一起携手跨过了那些个沟沟坎坎，有时候想着想着，那些美好的甜蜜就会突然一下子涌出来，李女士细细地品味，静静地思索，生活至此足矣！

紧闭的心灵就如没有窗户的房子，阴晦昏暗，灰尘遍布，没有生机。若你打开心灵之窗，拂去满堂的尘灰，换入朝阳的温暖，重新点燃青春的火焰，你便会再现活力。

打开你的心灵之窗，让他呼吸到更新鲜的空气；打开你的心灵之窗，让他把烦恼尽情释放；打开你的心灵之窗，说出你想说出的话，释放出你想表达的情。生活虽然会有风霜雪雨，那也挡不住你势不可挡的释放，你用睿智和聪颖织成一张灵慧而精致的网，将生活的不快统统滤去，只留下生活的真善美，让人与人的交往更透明，自己的心灵更纯洁，让40岁的心变得更年轻。

人这一生，30岁也罢，40岁也罢，只有架起心灵的天线，你才能接收到外界的电波，感受到生活的真谛。那你还在犹豫什么，赶快打开心灵的窗户去感受生命的阳光吧！

不能改变事情就改变心情

女人到了不惑之年，你也许不能去左右身边的许多事情，但你至少可以去调整自己的心情。

一位心理学家说："女人往往把抱怨作为与人开始交流的最有

效手段。她们之所以喜欢从负面角度切入话题，是因为这个角度比从正面更能引起大家的共鸣，并拉近彼此之间的距离。"

喜欢抱怨似乎是女性的一种习惯。在现实生活中，几个女伴相聚，总是喜欢向别人倾诉自己的委屈，彼此间很快就能为一些不相干的事情互诉，抱怨似乎已经成为女人的专利。在相互倾诉和抱怨的发泄中，女人们之间获得极大的安慰，满足了一时的口欲发泄，可是心里真正的问题依然没有解决。

相互倾诉、抱怨心结是女性释放心理郁结的一种方式。但40岁女人要明白这个心理学规律：这种方式容易传递不良情绪及传染抑郁情绪。

在家庭生活中，彼此为付出与得到的不公平，而相互产生抱怨的夫妻还真不少。婚姻中的矛盾往往产生在向对方要求太多，甚至过分在意自己的付出。曾有一对夫妻，结婚后天天闹矛盾，最后他们去找大名鼎鼎的心理学家艾立克森医生进行心理咨询。见到艾立克森心理医生后，夫妻俩把对方说成了一个体无完肤的人。听了双方相互抱怨和指责后，艾立克森没有评价对错，只说了一句话："你们当初结婚的目的就是为了这无休止的争吵抱怨吗？"那对夫妻听了顿时无语。

生活中喜欢抱怨的人也很多，有些人在单位工作时会对同事抱怨："我为什么做这么多的工作？为什么我的收入还比他们的少？"在家中会抱怨家人："我为这个家付出这么多，为什么得不到回报呢？"在生活中抱怨朋友："我帮助某某人做某某事，他还不领情。"这样的人有时候看身边所有的人都觉得不顺眼，都会觉得不如自己的心愿。

或许有人会说："身边不公平的事情大多，我不抱怨不行呀。"但是你别忘了还有这样一个哲理，如果你被疯狗咬了，难道你也要反咬一口侵犯你的疯狗吗？

古代曾经发生的一场战争就是因为一位樵夫的抱怨而引起的。这个故事是说一位樵夫总觉得自己需辛苦工作才能有收入，心里非常不平衡，有一天，他越想越气，便在吃中午饭时对着妻子大大地埋怨一番，弄得妻子的心情也不好，并迁怒于正在厨房里做菜的女儿，女儿也很火，盛怒之下，煮饭时一不小心，多放了一匙盐，这下子，樵夫吃了更火了，觉得自己的人生已经够悲惨，居然连一顿好饭也没得吃。于是，饭后他气冲冲地回到山上去砍柴，一边砍，一边气急地对其他的樵夫诉说着自己那"倒霉的人生"，他越讲越气。砍柴时一不小心，斧头脱手飞了出去，打中了一个路人，那路人不是别人，正是路经此地的邻国王子，邻国国王气得派兵大举进攻，一场战争就此爆发了。

其实引起抱怨的根源就是比预期得到的少，造成了心理的不平衡。喜欢抱怨的女人，往往会认为自己付出了，理所当然就应该得到回报，并且还希望能受到对方的关注和尊重。但生活的目的并不只是为了求得回报，任何人都不应该对别人有过分的要求，哪怕是对自己最亲近的人。有些女人总是愁眉苦脸地盯在那些让自己不快乐的事情上，总是抱怨生活不公平，抱怨自己没有好机会。抱怨的女性会让自己心灵背着沉重的负面情绪，在抱怨中会失去友情和亲情的支持。

人的情绪障碍是由人们的不合理信念所造成的。也就是说，你的感觉主要来源于你的想法。

许多时候抱怨与愤怒的情绪问题主要是来自于人们的一些不合理的信念。例如"我必须在生活中得到所有重要人的爱或赞同"、"我必须出色完成这些重要的任务"、"我希望他人能公平地对待我，他们就必须这样做"、"如果我得不到我想要的东西，那结果就太可怕了"等。

这些不合理的信念在经过你的大脑思考消化后，就会导致你的情绪障碍，让你总是以"别人会怎样看我"而引起你的不快乐。

一位40岁离婚的女士抱怨说："我对丈夫这么好，他却对我不忠诚，对我伤害如此之深，我不明白他为什么要这样对我？"其实一桩婚姻的解体，绝不是一个人的错误，在面对婚姻完结时，妻子需要做的就是要去完全放弃过去，重新开始一份新的快乐生活。如果你能获得合理的信念，你的情绪就会舒缓，就不再那么郁闷和愤怒，就不会再去抱怨丈夫，也会慢慢远离过去的问题。

一位竞争上岗落选的女士私下抱怨："这次竞争上岗我没有被选上，某某的理论成绩还不如我高，反而上任了，你说这事情是不是太不公平了！我实在太生气了。"其实这位女士可以重新建立合理的信念，分析这次失败的原因，寻找自己不完善的地方，放弃失望和遗憾，找出改善问题的方法，争取下次机会。有了合理信念，对同事的情绪就不会那么激动，对自己就会重新抱有信心。

一位40岁下岗女工抱怨说："招聘单位的条件太苛刻了，工作实在太难找了。"如果这位下岗女工能够客观地认识自己，不失去自信心，继续坚持再去寻找新的工作机会，相信她一定能找到适合自己的工作岗位。

当一个40岁女人把快乐的信念放在他人身上的时候，其实就是在放弃对情绪的自我掌控权，就等于让别人把控她的情绪。这时抱怨与愤怒就会成为唯一的选择，快乐也会离她而去。

人生在世，每一个人也许不能去左右身边的许多事情，但你至少可以去调整自己的心情。许多时候，你真的没有必要总是那么在乎他人的看法，你需要经常拿起乐观的小熨斗，来烫平你心中那些不合理信念的皱褶，用你的双手来掌控属于自己的快乐钥匙。

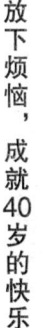

女人40，活出快乐最重要

40岁女人经历了许多生活中的困苦，也磨砺了自己的个性，所以，即使你现在还有不如意的事情，你也别把这些当回事，而要自得其乐。因为女人40，活出好心情才是最重要的。

女人40可以借助化妆给自己一个好心情。如果你休息了一个晚上，舒缓了疲惫的身体，释放了一天的纷乱，如果又不小心做了一个美好的梦的话，就格外地有精神。

早上的第一件事就是打扮自己。化妆是对别人的尊重，也是对自己的尊重，不仅有光彩体面的效果，还会让自己更有信心。清清爽爽的打扮和浓妆给人的感觉是不一样的。化妆是女人生活的细节，不管你如何用心，上天给的那一份"原创"是无论如何也不能改变太多，所以稍加修饰，略施粉黛，是女性化妆的唯美原则，化过浓过重的妆会给人一种不真实的感觉。40岁的女人都化过妆，但不一定都会化妆。张女士年愈40，还不能掌握化妆的技巧，眉毛修得特别的细，眼影描得过黑，脸上涂脂抹粉比较厚重，试图掩盖的内容在这样一幅画面下，显得更为难堪。并且，从某种意义上说，如果还一副本来面目，或许还有质朴和真实的成分，而在她煞费苦心的导演下，一张原本应该有些丰富和成熟的面容被错误的经营成做作。

这种情形就和很多女人一样，20多岁的时候，素面朝天，30岁时才开始学习，因为缺乏基本的常识性知识和审美，经常会弄得很粗糙。到了40岁多了一些经验，加之可选择的化妆品品牌多，质量也越来越好，关于此类的广告、画报，还有书籍、电视，都会提供这方面的相关指导，但化妆真的不是一件很简单的事。女人40，化妆要有自己的风格。

就社会常识来说，女人40，不化浓妆为宜。你可以按照自己选定的美容顾问的指导，选取价位适宜又符合自己基本情况的化妆品。清洗面部后，轻轻地搽一点化妆水，用一种护肤霜，如果在夏季，还需要擦防晒霜。秋季、冬季一定要多用补充水分的护肤品。如果你肤色不太好，可以用点遮盖霜。你可以在办公室里放一些备用的，以防有应酬时急需或因为特殊情况妆容不整时用。为防止眼部皱纹和休息不好而出现的黑眼圈，还可用眼霜，这种产品价位适中，效果也还不错。

虽然一个人的生理面容和许多因素有关，但化妆还是女人生活中必不可少的内容。岁月沧桑的痕迹是一种自然，所以不要用力遮掩，40岁女人美在气质和成熟而不仅仅是面容。企图完美无缺更是不现实的。如果当真能够做到素面朝天也好，做不到的话多多少少要研究一点美学常识，有那么多的专业顾问，可以请她们进行指导和帮忙，这样，你就可以避免粗制滥造的妆容，自我的感觉要和公众的审美结合起来，才能形成最佳的效果。女人40，无论何种场合，都不宜化浓妆。

好心情来自周围的环境，最好的心情是平和，来自于自己的努力和创造。尽管你是一个不大会制造气氛的人，但仍要为自己寻找快乐动动脑筋，想点办法。

有很长一段时间，40岁的王女士常常会到花市挑选几束花，回来插放在花瓶里，房间里增添了许多生气，人也感觉很好。有时，王女士也会将疯狂购物作为某种情绪的宣泄方式，当然，这时候的情绪大多都是处在某种兴奋点上。时下还有一种较为流行的说法：健康的心理做粉底，高雅文化当胭脂。心理健康可以使人的容貌姣妍，爱情美容会使你的皮肤细润光滑，尤其是两性之间的两情相悦，可以使你精神焕发，神采飞扬；文化美容可以使你思想深邃，有度量、修养和高尚的情操。

其实，平和的心情也来自于历练。当40岁女人遇到很头痛的问题时，你难免要冲动，难免要发火。可是，当你处理完矛盾和冲突的时候，最终的落脚点仍旧是平和，平和才是好的心境。平和会形成一种独特的气质，这种气质美，是人美丽的最高境界。

40岁女人的心灵保鲜法

女人的一生总有几个不同寻常的年龄关口：10几岁要对付初潮来袭，30岁要准备孕育新生命，到了40岁，新的困惑又油然而生——眼看自己青春渐逝，是否还能坚守住美丽和爱情？40岁女人的心，经历了太多人情世故的磨砺，但你一定要保持它的新鲜！

40岁女人应该读一读下面这个故事：明朝的一位大师曾因得罪当朝，在监牢里被关了一段时日。有许多人同情他的遭遇，就慰问他说："监牢中罪犯这么多，大师在里面一定感到很可怕，也受了很多苦吧？"只见那位大师神情愉悦地回答："不会呀，我遇到的都是大菩萨啊！我在监牢里不但可以讲说佛法，指导大家打坐，自己又能够安静修行，不受干扰。实在是快乐得很呢！"

由此可见，不过是一念之差，人对于所处的情境就有截然不同的感受。可见，如果你的心能够安稳、自在，不依赖外境，不依靠别人的价值判断来定位自己，即使遇到挫折，仍能够甘之如饴。

当你回忆起整个晃晃悠悠的大学时代，或许依然历历在目：郊游跳舞打牌傻笑谈恋爱应付考试……梦里梦外，却已是20年相隔。昔日室友早已在美国、欧洲"遍地开花"，然而回忆再美好也拉不近与现实的差距，毕竟已40岁了。你或许也曾得过"年龄恐慌症"，如祥林嫂一般不停地叨叨"老了老了"。可是，要渐渐地发现上苍在刻画脸上皱纹的同时，更要赋予心灵自由。

40岁不是女人的结束，而是女人的开始，是花的一种状态与另一种状态之间的转换与轮回，是一种生活状态与另一种生活状态的过渡。40岁的女人，可以更加自主，更加无拘无束，可以有更多的"营养精油"来浸润心灵：茶艺、钢琴、瑜伽、油画、调酒……都是心灵自己的选择，不需要成名成家，不需要计算收益，你只为了完善自己的生命——这样的女人，不是聪明，是睿智，因为你懂得通过心灵保鲜来延长花开的时间。

生命是快乐的，是享受的，而不是用来交换高薪和美差。还好，40岁尚来得及"行乐"：去室内滑雪场滑雪，桌球房打撞球，网上搜索一个度假地，就当你按揭购房多贷了些时日，休息一天，趁先生上班，孩子上托儿所赖在床上看《哈利·波特》，就当从自己这儿"偷"了一天的快乐光阴。

30岁的你，喜欢呼朋唤友，东游西逛，仿佛只有从别人的眼睛里，你才能看到自己。而40岁的你往往会深切地体会到"质量"远比"数量"重要。于是淡淡然然守护着君子之谊，通个电话，抱怨一下昨晚和先生呕的气，发个邮件，询问一下小孩发烧的注意事项，等等。

46

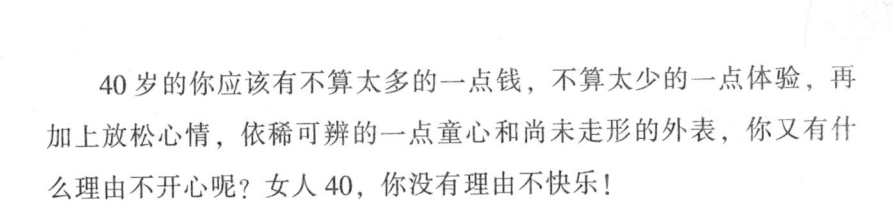

40岁的你应该有不算太多的一点钱，不算太少的一点体验，再加上放松心情，依稀可辨的一点童心和尚未走形的外表，你又有什么理由不开心呢？女人40，你没有理由不快乐！

想开一点，窝心就会变开心

女人到了40岁，要学会自己安慰自己，要懂得凡事多往好处想，这样你才会少生烦恼、苦闷，而多有喜乐、平安。

任何事情都是由"好"与"坏"两个对立面构成。当它反射到你心灵镜面上的时候，由于夹杂了许多你的主观臆想，"好"与"坏"往往会有一些偏差或谬误。所以说事情的"好"与"坏"多数情况下取决于你看待它的角度，背对阳光看到的只能是你的影子。

中国有一位著名的国画家俞仲林擅长画牡丹。有一次某人慕名买了一幅他亲手所绘的牡丹，回去以后，很高兴地挂在客厅。此人的一位朋友看到了，大呼不吉利，因为这朵花没有画完全，缺了一部分，而牡丹代表富贵，缺了一角，岂不是"富贵不全"吗？此人一看也大为吃惊，认为牡丹缺了一边总是不妥，拿回去预备请俞仲林先生重画一幅。俞仲林先生听了他的理由，灵机一动，告诉这个买主，牡丹代表富贵，所以缺了一边，不就是"富贵无边"吗？那人听了俞仲林先生的解释，高高兴兴地捧着画回去了。

同样一件事情，但因角度不同、看法不同，就会产生不同的认知。即使是在同样的境遇，同样的环境中成长的女人，有女人幸福，有女人则不幸。为什么？所谓幸与不幸，其实都是人的看法而已。你觉得她很可怜，可是她本人却觉得很幸福也说不定。总之，幸与不幸其实只是想法上的问题。一般说来，感到幸福的女人，通常都以一种乐观的态度来面对事物。相对的，感到不幸的女人通常都抱着悲观的态度。

为什么有些女人就是没办法把事情往好的方面想呢？只要你把想法稍微转换一下，人生就会是一片海阔天空。

一位心理医生曾遇到这样一件事。他接待了一位40岁的女患者，这是一名地产商，干这一行许多年，为城市的摩天大楼出了不少力。但是，她却没有任何成就感，相反，她恨自己，有时甚至想从建筑工地的高楼上跳下去一死了之。

为了帮助她，医生询问她过去的生活。她说，她这一生总有摆脱不了的烦恼。小时候上学，老师说她傻，说她就是个傻丫头。她忘不了那句话，从那以后，她一直恨自己。学习成绩一落千丈，好几门功课不及格，最后终于逃学了。从此，她认为自己就是失败者。

确切地说，这是矛盾的，因为她取得了很大的成就。她在地产业萧条的时候依然做起了地产行业，而且干了好长一段时间。她当过士兵，后来结了婚，现在有五个孩子。她的长女在上大学，曾向她介绍过这位医生写的书。她因此来找这位医生，希望能得到帮助。

医生说："你应该这样对待自己，你失败过，但你现在很成功啊？为什么还要让过去的失败折磨自己呢？现在你已成为一个有用的人，也结了婚，有了五个孩子。五个孩子快长大成人了。女儿又上了大学，你用自己的辛勤劳动支持她，看到她成长，你的人生很丰富啊！"她脸上掠过一丝微笑，她说："我从来没那么想过。"

这位医生说："别再依依不舍这些失败了。你已经成功了，想想这些成功吧。这样，你就会知道什么叫享受，你就会笑得更多。"

在现实生活中，那些影响你心情的担忧多数情况下是多余的。一位职业妇女，因为自己的鼻子有些缺陷，所以她对于喜欢的异性，一直无法表达出真正的感觉。有一天她下定决心，决定去做整容手术。从此她一扫过去灰暗的形象，变得开朗，并且还经常受到男士们的瞩目，终于她找到了理想的对象并且结了婚。

婚后她告诉先生她曾去动过整容手术，可是令人感到惊讶的是，老公根本就没有把她的鼻子当过一回事，于是她就追问，为什么在她动过手术之后他才来和她交往呢？而她所得到的答案是，因为她变开朗了，所以就让人感到容易亲近。

在这个例子当中，女主角一直认为自己交不到男朋友是因为她鼻子的关系，然而事实上别人根本就没有注意到她鼻子的缺陷。

如果你对自己有心理障碍，其实就像这位女主角一样，一切都是因为想得太多了。因为你自以为是问题的地方，对别人而言可能根本就不是问题。

所以，女人40，要学会看得开一点，30岁时，也许你对一些事情看不开，但是到了40岁这个年纪，无论如何你要放得开一点，看得开一点，因为你的人生容不得你再浪费了。

也许你会觉得要改变自己的性格并不是那么简单。这时候你不妨从模仿你所羡慕的人开始，也就是以套公式的方法来改变自己的性格。当然套公式只不过是一个开始而已，最终目的还是要你打破那个框框，走出属于自己的风格来。如果你能够做到这一点，那就太好了。那些在工作上表现得相当杰出的上班族，其实有一大半都是这类型的人。

两个水桶一同被吊在井口上。其中一个对另一个说："你看起来似乎闷闷不乐，有什么不愉快的事吗？"另一个回答："唉，我常在想，这真是一场徒劳，好没意思。常常是这样，才重新装满，随即又空着下来。"第一个水桶说："啊，原来是这样。我倒不觉得如

女人40如金

——40岁女人进退取舍的人生博弈

此。我一直是这样想：我们空空的来，装得满满的回去！"很多事情，你站在不同的角度，便会有不同的看法。与其愁苦自怨，生气不已，倒不如换个角度，转变一下心情，尤其是你到了40岁的时候。

第三章

放下计较，成就40岁的宽容
——女人40要学会原谅别人

女人到了40岁，必须要懂得宽容，不要再延续二三十岁时的小气了。在家庭生活中，宽容是吸引对方持续爱情的最终力量，它不是美貌，不是浪漫，甚至也可能不是什么伟大的成就，而是一个人性格的明亮。这种明亮是一个女人最吸引人的个性，而这种个性的底蕴在于，你懂得去原谅别人。

别再像 30 岁时那样使小性子了

　　结婚了，成家了，有孩子了，生活不像以前 30 几岁那样自由自在了，你或许有过放弃的念头，也有过逃离的准备，但是你一定要宽容地接纳生活中的琐碎和烦恼，迎接你 40 岁以后的人生。

　　人无完人，谁都会犯错。生活是美好的，但也是现实的，丈夫的爱，无可厚非，丈夫的了解，也没有其他人能比得上，但他也终会有疏忽的时候；孩子很听话，也很懂事，但他在一天天长大，他也会渐渐有他自己的想法；父母的爱是无私的，父母的关怀也是无微不至的，但他们也有忘记的时候；自己对家庭贡献，认为付出的再多也是值得的，那也有累或烦的时候。生活不会尽如人意，也许会平淡而无味，当遇到被丈夫疏忽，孩子又不听话，家人也遗忘了你的存在的时候，你也不用去抱怨和责备，试着用一颗宽容的心去谅解他们的种种，同时也要宽容自己对生活的无奈。

　　20 岁时两个人恋爱时，是两个人不同生活的相互吸引，彼此都能从中发现许多美丽新奇的东西，童年的乐趣，动听的经历，所以在一起相处的日子异常甜美和快乐。到了 30 岁，随着岁月的流逝，相互吸引的东西越来越少，彼此暴露了真实的自己，而女人总是感性的，恋爱时期，看到的都是美好的，结婚后在一起时间长了，那些美好已经被岁月一点一点磨掉了，于是就有了，以前怎么没有发现，你还有这个臭毛病，或你以前不是这样的之类的话，若男人再回敬一句，我一直都这样，只是你没看到罢了，这时的女人只有哑巴吃黄连，有苦说不出，一场冷战一触即发，家里从此更少了甜蜜，多了埋怨。女人在30岁过得很烦恼，原因就在于此。而如今，40岁的你还要这样活吗？

女人40要明白，生活是一门艺术，而宽容则是它的灵魂。女人生来多愁善感，生活容不得任何的幻想，爱人就是爱人，既然爱他，就要爱他的全部，对于优点要适当赞美，对于缺点多多鼓励，因为男人的自尊心很容易被伤害，要用一颗温柔的心去呵护它。你不要总是把爱不爱的挂在嘴上，要用心去感受，"无声胜有声"，时间长了你就会感到丈夫对你的爱从来都没有少过，而且在逐渐地涨满他的整个心田。婚姻也是现实的，40岁女人再也不能像30岁时那样使小性子了，动不动就生气摆脸色，容忍不了生活中的不满意了。从40岁开始，你要放下面具，做回自己，你会觉得生活原来如此轻松。

爱美是人的天性，女人如此，男人也一样。当在街上看到一位气色绝佳的丽人时，女人都会禁不住回头望一望，更别说男人了。这时千万别和她争风吃醋，丈夫心里只有你一个，要不他也不会耐着性子陪你在街上逛。当你问他刚才看到的女人漂亮吗？他会不假思索地回答，就那样，没你漂亮。这时你明知他是在撒谎，却也没有必要戳穿他这小小的伎俩，因为他是在乎你，才编了这样一个美丽的谎言。男人是撒谎的天才，所以更不必要因这小小的谎言而大动干戈，发起家庭战争，要知道生活中也需要一点美丽的谎言来做"调味品"的。

男人和女人走到一起，就如捆在一起的两根绳子。刚刚开始，能很轻松地承受生活的重担，但日子久了，绳子慢慢细了，就需要彼此用宽容来增添新的力量，生活才能继续。

第三章 放下计较，成就40岁的宽容——女人40要学会原谅别人说了这么多，就是希望40岁女人，不要被繁琐的家务和日益增大的负担所累，影响每一天的心情。婚前的期待和婚后的现实本来就相差得很远，爱情在慢慢地从浪漫转变到现实，而宽容是很好的过渡，有了它，夫妻双方不会感到生活的疲惫，有了它，婚姻也有了一个坚实的保障，不会再让生活的风浪吹得伤痕累累。

生活像海洋，宽容像导航。有了导航，家庭之舵才不会迷失方向，才会驶出40岁人生的亮丽航线。

女人40修炼一个宽广的胸襟

宽容是一种修养，是一种境界，是一种美德，更是一种非凡的气度。女人40，宽容别人，其实就是宽容我们自己。

有一位40岁女士，不论其容貌、财富、地位、能力都无人能及，但她却郁郁寡欢，连个谈心的人也没有。于是她就去请教无德禅师，如何才能赢得别人的喜欢。

无德禅师告诉她道："你能随时随地和各种人合作，并具有和佛一样的慈悲胸怀，讲些禅话，听些禅音，做些禅事，用些禅心，那你就能成为有魅力的人。"

女士听后问道："大师此话怎么讲？"

无德禅师说："禅话，就是说欢喜的话，说真实的话，说谦虚的话，说利人的话；禅音就是化一切声音为微妙的声音，把辱骂的声音转为慈悲的声音，把诋毁诽谤的声音转为帮助的声音；禅事就是慈善的事、合乎礼法的事；禅心就是你我一样的心、平凡平等的心、包容一切的心、普度众生的心。"

女士听后，一改30岁时的霸气，不再因为自己的财富和美丽而凡事都争强好胜了。对人总是谦恭有礼，宽容大度，不久就赢得了所有人的认同，拥有了很多知心的朋友！

宽容是一种修养，一种境界，一种美德，更是一种非凡的气度。女人在30岁的时候，也许很娇贵，也许很单纯，也许很浪漫，但拥有一颗宽容之心，才是女人最可爱的地方。然而30岁女人中很少有能够懂得宽容的真正含义的，更难以真正做到宽容。因为宽容需要漫长的岁月来沉淀，那是一种博爱，一种看透人生的淡定。

女人到了40岁，必须要懂得宽容，不要再延续30岁时斤斤计较的习惯了。在家庭生活中，宽容是吸引对方持续爱情的最终的力量，它不是美貌，不是浪漫，甚至也可能不是什么伟大的成就，而是一个人性格的明亮。这种明亮是一个女人最吸引人的个性，而这种个性的底蕴在于，你懂得去原谅别人。

当然，宽容也不是没有界线的。因为，宽容不是妥协，尽管宽容有时需要妥协；宽容不是忍让，尽管宽容有时需要忍让；宽容不是迁就，尽管宽容有时需要迁就。

宽容更多的是爱，在相爱中，爱人应该是我们的一部分。在这个前提下，甚至于婚姻的错误有时也会成为一种营养，它的意义不是教会我们如何谴责，而是教会我们学会如何宽容。即便无法避免爱情的悲剧，最终到了各奔东西的时候，宽容的40岁女人也不会忘了说声"夜深天凉，快去多穿一件衣服"。因为一个犯了错的人，他也许正在他的内心谴责着他自己；而且，在这句话中，你不但在给自己机会，同时也在给别人机会。

女人40如金——40岁女人进退取舍的人生博弈

现实生活中常常发生这样一类事情：丈夫在生意场上爱上了一合作伙伴，那是个腰缠万贯的独身女人，且年轻貌美，聪明能干。妻子知晓后无法接受这一事实：大吵大闹，寻死觅活。"祥林嫂"一般的见人就哭诉："都十几年的夫妻了，他居然这样。我要离婚！"那男人看起来居然很委屈的样子，说："本来不想闹大，是她不依不饶，让我觉得没有办法在家里住下去了。"后来，丈夫坚决要离婚，理由就是妻子太小气。

妻子此时也冷静下来了，分析了一下目前自己的处境后，她对丈夫说："我给你3个月的时间，让你去和她过日子。如果你们真的难舍难分，我成全你们；如果过不下去，你还是回来，我们好好过日子。"

丈夫带着壮士一去不复返的豪迈走进了独身女人的家。两个月零七天后，丈夫回来了，说："我们好好过日子，我离不开你和女儿。"妻子微笑着接纳了丈夫……

我们先不谈论在这件事情上女人受了多大的委屈，单看其结果，也足以说明：学会了宽容，最大的受益人是女人自己。

章含之的《跨过厚厚的大红门》中有这样一段话："有一次，别人看到乔冠华从一瓶子里倒出各种颜色的药片一下往口里倒很奇怪，问他吃的是什么药。乔冠华对着章含之说：'不知道，含之装的，她给我吃毒药，我也吞！'"这是一种爱的表达。乔冠华是何等人物，他对爱的理解是如此之深。其实每一个深深爱着的女人，都会心甘情愿地献出自己的一切，去悉心地照料、庇护她所爱的人。男人在女人面前永远是长不大的孩子，生活中他们有着太多的不可爱，如果女人不宽容他们，他们又有何幸福可言呢？

宽容能体现出一个女人良好的修养，高雅的风度。宽容是仁慈的表现、超凡脱俗的象征，任何的荣誉、财富都比不上宽容高贵。女人40，宽容别人，其实就是宽容我们自己。

做一个心胸如海的 40 岁女人

作为一个女人，尤其是正处在一个转变期的 40 岁女人，乐观豁达的性格对你来说有着不可或缺的作用。

女人的心本来就很敏感，如果面对生活中的种种不如意而斤斤计较的话，会活得很累，未老先衰对一个女人而言是最可怕的事情。

有这样一个女人，她总是把生活中的不如意藏在心里，久而久之，积郁成疾，落下了一身的毛病。诸如：丈夫今天为什么不高兴了，孩子怎么总不听话，自己家里怎么永远都这么多事情，这类生活中的一些小事情，她都会抱怨，时间长了，就在心理形成了一种模式似的，对任何事情都总是持一种态度——刻薄。她希望什么事情都如自己所想的那样，如果稍有一点差别，便会不高兴，便会向家人发脾气，本来其乐融融的家庭生活，经这么一折腾，完全没有了生气。

生活本来就很繁杂多变，尽如人意的事情是少之又少，这就需要女人具有博大的胸怀和豁达的气度，以君子坦荡荡，不忧也不惧的姿态，去容纳它，宽容面对现实生活中的困难和纷扰，这就是智者。

一位女影星因车祸毁容，丈夫绝情而去，她却说："一切都过去了，我何必要恨他，将他的阴影留在心里，让他伤害我今后的人生呢？毕竟生活还要继续。"这是忘记与宽恕。

女人40如金——40岁女人进退取舍的人生博弈

一位白发苍苍的女精神科医生，曾多次遭受精神病患者的殴打，但她却还在为他们的康复而尽心竭力，她说："他们是需要帮助的病人，我不能和他们计较。"这还是宽恕。

一位45岁的女士，有一个20岁的儿子，她非常疼爱儿子，但是上天却给了这位女士一个致命的打击——20岁的儿子被一个酒后驾车的年轻人撞死了。在得知自己的独子被撞死后，这位女士心中充满痛楚、伤心和仇恨。但是在那年的春节，她几经挣扎，还是怀抱宽恕之心，到监狱探视了肇事者。因为她了解到肇事者也是个年轻的孩子，她不想用仇恨的态度来影响他一生。这位45岁的女士拥抱了他，如同拥抱自己的儿子一样。年轻的孩子很愧疚地哭了，向她表示歉意，并表示出狱后要替她的儿子恪尽孝道。这样的结局是否比深深的怨恨要好得多！

俗话说，心底无私天地宽。走过的地方，错过的风景，就留作生活中的一抹回忆吧。生活要继续，美好和希望永远充满着每一天，所以在快乐中行走，是我们每天要做的事情，女人更是如此，心灵的围城并不可怕，可怕的突围不出去！

天有不测风云，人有旦夕祸福。世间的种种浸透着40岁女人的心，多少"内忧外患"，她们都顽强地挺了过来，靠的是什么，是乐观豁达的气度和自强不息的精神。经历了便是财富，岁月划过的痕迹，为40岁女人播种了一种深邃的沧桑美，让人感叹之余又顿生几分敬佩。聪明的女人信奉"困难五原则"，即自宽、自慰、自勉、自立、自强，以乐观的态度去面对世事的变迁，在遭遇险恶之时，淡化悲观心理，对未来充满希望，把失败看成是成功之母，把挫折看作是成功的契机，即使身处再大的困境也不自暴自弃。因为她们坚信物极必反、否极泰来的道理，相信曙光即在眼前。

女人到了40岁，30岁时的那颗曾经躁动的心已归于平静，30岁时的自负和张扬也如影渐渐淡去，40岁女人不再怨天尤人，不再愤世嫉俗，不再目空一切，不再自鸣得意，让自己的心像大海一样深不可测，却散发着平静和深邃的美。

别陷入"越生气越唠叨"的怪圈

> 40岁女人一定要拒绝唠叨，把唠叨的时间和精力用来做一些更有意义的事情，这样岂不是更好？

一般常人生气时，往往抱怨唠叨个不停，当然，偶尔抱怨唠叨一下，是无可厚非的，但是如果养成这样的坏习惯就非常可怕了。它最直接的结果往往是毁掉来之不易的幸福。这样的结果你承受得起吗？

拿破仑三世与一位名叫依琴妮·蒂芭的女伯爵双双坠入情网，并且闪电般地结了婚。这让当时的大臣们非常不满。因为，按照身份，蒂芭仅是西班牙一个没落世家的女儿，跟拿破仑三世根本就不配。另外，根据了解，蒂芭的性格也不是很好。而那时的拿破仑已经被爱情冲昏了头脑，将这些都视为无关的因素，他对大臣说："那有什么关系呢？"是的，蒂芭的秀雅、她的青春、她的魅力、她的美丽已经使他喜不自胜，觉得自己太幸福了。他兴奋地向全国宣布说："我已挑选了一位我所敬爱的女子，我不能要一个素不相识的女子。"

拿破仑皇帝与他的妻子具有一般美满婚姻所必备的条件——健康、声望、财富、权力、美丽、爱情。他们之间很快就燃起了爱情的火焰，并迅速地结合在了一起。

可是好景不长，这种所谓的美满并没有维持多久，炽烈的爱情火焰却渐渐冷却下来，很快就燃成了一堆余烬。拿破仑可以使蒂芭小姐成为皇后，但是，爱情的力量、国王的权威，却无法制止蒂芭的怨气。

那时的蒂芭开始怠慢丈夫的命令，甚至闯进他处理国事的办公室，搅扰他和大臣的机要会议。她不容拿破仑单独一个人，总怕他跟别的女人独处。她常常去找她姐姐，抱怨她的丈夫……诉苦、哭泣、唠叨不休。她常闯进他的书房，暴跳如雷、恶言谩骂……拿破仑身为法国元首，拥有10余所富丽的宫殿，却找不到一间小屋容他静住。

拿破仑是个什么样的人，他怎么能忍受依琴妮·蒂芭的唠叨？依琴妮·蒂芭的唠叨终于引发了拿破仑的背叛。他经常在夜间由宫殿的一扇小门偷偷出来。他用一顶软帽遮住眼部，由一个亲信侍从陪着，与别的美丽女人幽会；或者在巴黎城内漫游，观赏一些国王平时不易见到的夜生活。

这就是这位皇后经常唠叨的结果。她高居法国皇后的最高宝座，她的美丽盖世无双。然而，皇后之尊、超群之美，却不能使自己的爱情在这种吵闹的气氛下继续存在。蒂芭曾放声痛哭："我最害怕的事，终于降临到了我的头上。"她却不知道，正是因为她的唠叨葬送了自己的幸福。

著名的心理学家特曼博士对2000对夫妇作过详细的研究。结果显示，男人都把唠叨列为自己太太最让人难以忍受的缺点。可见，唠叨会给婚姻带来怎样的损伤。

不幸的是，大部分女人都在不断地犯着唠叨的毛病，她们试图以唠叨来影响自己的丈夫，甚至想去征服丈夫，但是，其结果往往是事与愿违。

40多岁的林海下岗了，他以前在单位一直从事秘书工作，对于没有一技之长的他，找工作非常困难，在艰辛地找了两个月后，终于在一家广告公司谋得一个职位。由于竞争非常激烈，他十分需要安慰和爱心来保持奋斗的勇气。但是，他的妻子似乎并不知道这些。她不明白丈夫找到这份工作是多么的不容易，更不知道从头再来的丈夫需要来自家庭的温暖和爱人的鼓励。

由于林海两个多月没有上班，经济略微有点紧张。妻子的唠叨从这时起就拉开了帷幕。这让林海感到烦躁不堪。他以为自己找到工作后，一切就会好起来。然而，事实并非他想象的那么简单。

林海每天努力地工作，早出晚归，并期望能做出一点成绩。但是，由于刚开始接触新的工作，他的月薪并不多。妻子的唠叨与嘲笑开始变本加厉了："一个大男人每月才赚那么一点钱"、"家都快成你的免费旅店了。"妻子的嘲笑与指责让林海更加不堪。这不仅使他的勇气逐渐消失，更让他怀疑自己的能力。在妻子的唠叨中，他的信心被一点点地腐蚀，最后，他失掉了那份工作。

没过多久，林海坚决地离了婚。妻子到处哭诉："他几个月没赚过一分钱，我省吃俭用地过日子，也太没良心了……"妻子到了最后仍不知道，其实是她的唠叨毁掉了自己的婚姻。如果她能积极地支持他、鼓励他，也许这一切都可能是另外的样子。

在我们的婚姻生活里，很少有不吵架的夫妻。心灵成熟的人，可以承担一般的争执，而不会产生情感的裂缝。但是无休止的、毫不负责的唠叨，所产生的影响只能拖垮男人。无论一个男人有多么大的肚量，如果他每天晚上回家后总是面对一个唠叨、挑剔的太太，难保男人不会产生厌倦心理。

通常情况下，爱唠叨的女人是缺乏理智的，你不能用一把枪套牢一个男人，当然用唠叨就更不行。因为那样做，只会消磨他的精神，毁灭你自己的婚姻幸福。

所以，40岁女人一定要拒绝唠叨，把唠叨的时间和精力用来做

第三章 放下计较，成就40岁的宽容——女人40要学会原谅别人

61

一些更有意义的事情，这样岂不是更好！要做一个不唠叨的女人并不难，只要你注意以下细节，就能成为一个不唠叨的贤惠女人：

1. 不重复自己的要求。把自己的期望讲一遍就打住，然后将它忘掉，因为你唠叨上数十次、哪怕上百次，也依然无法改变。

2. 学会培养自己的幽默感。良好的幽默感，可以给自己和家人带来好心情。

3. 要想改变老公的坏习惯，请尽量采用温和的方式，而不是喊叫。因为男人总是喜欢请求，而不是命令。

4. 学会用宽容的心态对待生活中的小事，别让自己为那些小事抓狂。

5. 在生活中让自己保持冷静和清醒的头脑，时刻提醒自己：我的唠叨除了让老公和孩子讨厌外，什么作用都起不到。

6. 培养一些自己的兴趣和爱好，做自己喜欢做的事，而不是整天围着老公和孩子转。

女人40，为人处世要大气

人生是用来享受的，只有宽容才能体会到内心的平静和适意，才能感觉生命馈赠的宁静与安详，才能欣赏人生的形形色色。所以女人到了40岁，心态还是平和一些为好。

从进入社会至今，40岁的张女士遇到了许多不如意。半年前的一个夜晚，她莫名其妙地收到几个短信，内容是一个女人骂她和这个女人的老公有什么关系，很难听的内容，张女士起初没当回事。以后，又有几次同样的事情发生，她也很恼火，因为了解自己，一定是误会。后来张女士知道是一位同事家里闹矛盾，因为有她的电话记录，所以她被当成了破坏他们幸福的那个人。张女士想，那个女人只是很在意她的爱人，也很在意自己的婚姻，只是缺乏些自信，采取的方式也欠妥当。如果她能够通过其他沟通的方式予以验证，而不采取这种很不道德的手段来处理的话，他们之间感情破裂的可能性就不存在，现在，她激化了矛盾，使原本简单的事情变得更糟糕。

张丽的经历很有说服力：3年前，张丽和众多姐妹一样，遭遇了感情的危机，15年的婚姻处在摇曳之中。她的丈夫是一个很优秀的人，在商场拼搏了十几载，有了自己的天地。长期奔波于事业，周旋于工作与应酬之间，有一种疲惫和一种无奈的感觉。对家庭的责任也仅仅局限于经济上的付出，其他方面没有什么心思，又由于工作中接触了许多优秀的女性，给了他很多的动力和良好的感受，所以情感上也偏离了张丽，他有了婚姻之外的感情寄托，并且非常投入。这使张丽很恼火，她难以控制自己的情绪，和许多女人一样，她用尽心思去整治他们，破坏他们的相处，阻止他们的任何往来。效果倒是有了一点，但也让他的老公很反感，觉得她庸俗、不通情理，从心里远离她。他怪罪张丽，不肯原谅她，提出离婚。张丽可是不想离婚的，她现在衣食住行无忧，只想让老公完全忠实于她，而没有别的想法。这会儿张丽不得不求助于心理医生。心理医生分析了事情的经过和他们之间的感情基础，告诉她要找自己的原因。张丽是有责任的，她依赖感太强，不能与老公同时进步，不能理解他的感情需要，更不能替他处理工作上的一些困难和问题，又计较不宽容，所以导致两人感情出现裂痕。

张丽明白了自己欠缺太多老公需要的东西，也应当有所改变才对。她主动请求和好，并对其个别出格行为表示理解和谅解，而她在以后的日子里也真的这样做了，她还理智地找到他老公的那个情人，彼此很真诚地表露了心迹，她从那位体面而优雅的女人身上找到了自己的缺陷，曾经她觉得自己没救了，这个女人她再努力10年也赶不上。她诚恳地道歉，为自己的粗俗、无礼请求原谅，并从她那里得了一些有益的启示，这让她非常感激，她从心里认为自己太差。她企图改变自己来挽救婚姻，老公很感动，两个人和好如初。张丽学会了宽容，宽容让她经历了婚姻的波折又重回幸福的港湾。

由此可见，女人如果始终具有宽容意识，家庭成员之间多一点理解和沟通，不会有很大的波折的。宽容体现在工作、生活的方方面面，工作中我们也常常会遇到一些不理解，甚至会有些过分的行为，感受到的时候，人一定都会很气愤，也想反击，想证明自己，但事实上，证明自己有多种方式，原则性的东西，只要对方知错了，就该放过，非原则性的问题就当作没有，生活中需要宽容的美德。

少一点较劲，多一份幸福

女人40岁，对身边的人宽容，就是给自己好日子过。

有一个人陪伴在自己的身边是一件难能可贵的事情，他在无数的寂寞的、失落的夜晚抚平了你躁郁的心情，能有这么一个人陪在自己的身边，你要时时记得，这得来不易，因为他是这个世界上极少数能与你同甘共苦的对象。即使他不是很完美，有时候还麻烦连连，可是这种"无论如何都不抛下你一个人"的生命共同体，才是你最珍贵的资产！

很多夫妻常常为了小事情吵翻天，仔细探究原因，局外人往往都觉得啼笑皆非。一对中年夫妻吵架了，丈夫就跑来跟朋友说，老婆太无理了，明明知道他是因为加班到十一点才没有回家吃晚餐，可是回到家之后竟然还抱怨他没有回家吃她做的晚餐，一点都不体谅他的压力。妻子也是一把鼻涕一把眼泪地跑来跟朋友说，他本来告诉她说会早点下班，所以她就从下午开始忙碌这顿丰盛的晚餐，可是他竟然就让她苦等到晚上十一点才回家，一点都没有珍惜她的辛劳。两个人越说越怨恨，好像从来没有看过像对方这么可恶的人。这种是非真理一争到底，两个人的确都理直气壮，都觉得自己赢了，可是两个人的心也都伤透了。

大家都觉得自己的直接坦白没有错，可是当你在和所爱的人一争长短的时候，只会把对方越来越推离自己身边。因为，被自己所信任的人赤裸裸地数落，痛苦的不是因为自己的错误，而是因为自己所信任的人"原来那么否定自己"。

一对40岁的夫妻，他们却很聪明。如果其中一方先发飙，看起来很激动很抓狂，另一方就会先保持冷静，即使对方再无理，也会先安静地让他（她）把情绪宣泄完——因为在情绪宣泄出来之前，说什么对方都会听不进去的，作为丈夫的这样说。等到其中一方宣泄完了之后，另一方就会找台阶给他下，多半是从一件日常生活中无关紧要的事情说起，比如，你这件衣服是不是该洗了，我顺便拿去洗。等时间拉长了之后，不高兴的那个人虽然还是认为自己有理，可是也会觉得自己太过激动了，下一次遇到类似的事情，他可能就不会发那么大的火气。

如果真的是需要解决的问题，在两个人平心静气之后坐下来谈，就可以理出一个比较有建设性的结果，取得解决问题的共识。本来生活上的摩擦就是这样，大家都各有各的脾气，各有各的习惯，大家都是对的，但是因为爱，因为还要继续生活在一起，就要各退一步，谁顺从谁，谁为谁委屈，都不是什么大事。

有些女人或男人总是会用为对方好的理由，用逼迫的方式要对方改变，这种压迫感一旦出现在两个人的生活当中，日子就变得战战兢兢了，一个生怕犯错，一个随时感觉被冒犯，气氛永远僵持，战火永远一触即发，而战场竟然是两个人24小时都要绑在一起的家，这样的人生难道不痛苦？爱人之间没有道理的问题，只有体谅与否的问题。所以，不要把两个人之间的问题放大成世界要不要和平，人类会不会毁灭这种恐怖的问题来看待。人生不是课堂，不需要标准答案，只需要有解决问题的方法。能把问题解决好的方法，都是一百分。

如果你工作很忙而没有时间可以陪伴你的爱人做一些活动，请你不要告诉她："我就是很忙啊，不然我不要工作好不好？我是去工作，又不是去鬼混，你生什么气？"请你告诉她："我真的很想陪你去，但是我那天必须要把工作处理好才能走，时间上可能来不及，你愿意体谅我吗？"

另一半最好也不要说："工作、工作，你只要工作就好了，我算什么？难道你都可以不用照顾家庭吗？"请你告诉他："如果你不能陪我去，我会很孤单、很难过，但是我也知道你的工作真的很重要。不然这样好了，下次你提前把时间排出来，看看你是不是可以先跟老板请个假。"做人要理直气柔，对陌生人都要这么让步，更何况是对你自己的亲密爱人？想想对方的好，你哪里还想为这一点小事"整"他呢？

婚姻幸福的密码在于"求同存异"

"宽容"是一种境界，40岁女人那种明了一切却不点破的微笑，会令每个人着迷。

作为夫妻，食的是人间烟火，谁也不可能完美无缺，所以40岁女人应当学会宽容对方的缺点，只要不是原则性的大问题，就不要求全责备，该装糊涂就装糊涂，该和稀泥就和稀泥。对方无意间带给你的小小伤害或不悦，不要放在心上或挂在嘴边，过去了的事就让它过去。女人40，适时的宽容对方，可以保证你40岁以后的婚姻的幸福和生活的稳定。

婚姻的密码在于"求大同，存小异"。有人比喻夫妻就像两块拼在一起的木板，双方的结合并非天衣无缝，质地和纹路也不尽相同。夫妻不会像两滴水一样，他们在性格、爱好、生活方式上都存在着差异，任何一方都不能用自己的特点去消灭对方的特点，也不能按照自己的标准去塑造对方。夫妻双方应允许各自保留一块独具特色的"自留地"。

众所周知，希拉里正是靠这种饱含爱的宽容挽救了她的家庭，并为自己赢得了美誉。丈夫克林顿的艳遇制造了闻名全世界的丑闻，希拉里作出了最明智的选择：沉默。这种沉默既是对待丈夫的，也是对待所有人的。她不想对着全世界大哭大闹，因为她知道所有人都等着看这个笑话呢。

人们说希拉里仍同克林顿在一起是为了自己的利益。希拉里则透露了她忠诚的驱动力："每个人的家庭都会有一些变故，人们必须去面对它们，如果你爱一个人，你就不会离开他，你会帮助他。"希拉里想从《圣经》中找例子来解释自己的忠诚，露辛达便推荐了《哥林西书》中的一段："爱超越了一切事物！不，我还是在爱。我想到了彼得三次背叛基督，基督也知道，但他还是爱彼得。人生不是直线的发展，它有许多岔路和挑战，我们需要互相帮助。"

希拉里忘不了和克林顿曾经有过的生活："我们聊天，我们在日光浴室、在卧房、在厨房里聊一些鸡毛蒜皮的事。我们喜欢躺在床上看老电影，你知道吗，就是那种能搁在膝盖上的小巧的个人录像机。"希拉里成为了州议员，她在克林顿丑闻中以宽容而赢得了众口一词的赞誉。

只要你有足够的爱心，保持尊重和宽容的心态，你就可以成为全世界最有影响力的人。任何负面的情绪在和尊重、宽容等美德接触后，就如冬雪遇上了春天，瞬间融化了。

聪明的女人，总能适时地宽容男人，比如知道男人说的是善意的谎言后而不去揭穿他；男人稍稍自大一些的时候看得过去也就不去揭露；男人偶尔的一次做错事，聪明女人也装作没看见……其实不是女人真的没看见，只不过她们总是这么想，是人就有过，能过得去就让它过去。何必给自己找麻烦呢！人生苦短，要做的事也不只是抓住这些生活中的小辫子而不放。

把事情看得透彻反而会觉得这个世界很没劲。水至清则无鱼，人至察则无徒。这同样适用于爱情。人无完人，爱情也不可能完美，太清醒了也许就没有轰轰烈烈的爱情了。我们汉字的"婚"字，拆开来看，就是一个"女"字和"昏"字，这很让人玩味。假若女人不昏了头说不定这世上就没有爱情和婚姻了。三分流水两分尘，别把所有的事情都揪着不放，只要把握住婚姻生活的大方向，不偏离正常的轨道，不偏离道德的航线就可以了。

女人40，要懂得原谅别人

原谅别人，说起来容易做起来难，但是原谅别人对于一个40岁女人来说确实是非常必要的。当你原谅别人的时候，不管是你的心情还是你的身体都会处于一个比较轻松的状态。轻松状态是最适合40岁女人的生活方式。

不能原谅别人，就是拿别人的错误来折磨自己，拿别人的错误来气自己。而40岁女人是最怕生气的。所以，女人40学会原谅别人，才能让自己活得更轻松。

生活中有很多"知易行难"的事情需要去面对，如果将这些难事通过一定的途径解决后，将会对你的身心健康大有益处。原谅别人就是这样一个问题。很多女人在面对别人伤害的时候，有的选择了逃避，有的选择了怨恨，有的则极端地选择了报复。那么，是什么原因让这些女人如此难以做到去原谅别人呢？

首先，是因为你认为对方犯了不可饶恕的或是不值得原谅的错误。比如，本来是一个很幸福温馨、令人羡慕的家庭，却因为丈夫对你的不忠诚而使夫妻离异，使子女在感情上难以承受，生活上失去了完整的依靠，让家庭的爱发生了失衡。于是你就会在心理上形成阴影，认为是丈夫犯了不可原谅的错误，继而产生埋怨的心理，进而你认定：这是不值得也不可以原谅的错误。就这样，原谅被封存了。

其次，喜欢责备别人常常也会成为女人不去原谅他人的帮凶。有的人在心里会产生"我因你们而受辱，我有责备、不原谅你们的理由"的心态。以往是形影不离的好朋友、山盟海誓的爱人、亲密无间的战友、一同打拼的同事，但是当她们之间产生了严重的误会、背叛和利益摩擦的时候，或者是被对方无辜地冤枉、误会甚至是欺骗的时候，都会让另一方有深深的受伤感。一个人在受到严重伤害之后，会在情绪上感到没有足够的力量诚恳地去说"我原谅你"，这就是无力的原谅。无力的原谅会使难以计数的人不能原谅他人，最后形成惯性，久而久之，中断了人际联系，破坏了人与人之间的关系。

无法原谅别人就这样成为了人与人之间交流的最大障碍。所以，你要试着让处于事件中心的自己学着去原谅别人的过失，这样才能够在自己和别人之间建立起一座美好的桥梁，融化濒临僵硬的人际关系，同时对自己的健康也大有益处。

对40岁女人而言，原谅别人在人际交往、朋友关系、婚姻关系中发挥着不可替代的功效。

首先，原谅是人际关系的润滑剂，真诚地原谅他人的过失，能够减少人与人之间的摩擦，改变一个人的精神状态，使自己处在一种祥和、幸福的氛围当中。

其次，友谊也需要原谅来保持新鲜，当朋友有了过失，或是做了什么对不起自己的事情的时候，你应给予朋友最大的关怀、最无私的谅解。如此，你会因为原谅了朋友，而产生一种很好的自我感觉。

最后，在婚姻关系中无私地原谅对方的过失，能够增进彼此之间亲密的关系，使婚姻生活更加和谐，家庭生活更幸福。试想一下，如果有人因为爱你，而不计较你的错误，甚至你做错了事情他也接纳你，你有办法不去更爱他吗？

有一件事情必须要明白，原谅是为你自己而不是为别人，它能帮你治愈伤痛。如果太过在乎别人对你的消极影响，你就会失去许多本来可以用于实现自己梦想的宝贵精力。当然，原谅别人并不是一件很容易的事情。相反，它可能会是一个很费时的挑战，是一个费力的过程，所以你要对自己有耐心。

当一个40岁女人在原谅别人的时候，你就会以一种崭新的态度去面对周围的人和事。你就能精神抖擞地开始做事，就会开始觉得没有必要对过去的事情那么耿耿于怀。因为那样做只会减少自己以后战胜挑战的可能性。

原谅别人对于40岁女人的健康来说，是大有益处的。生活中你可能会遭到别人的误会甚至是伤害，如果对此一直耿耿于怀，不管是对你的生理还是心理健康都是非常不利的。反之，忘记和原谅那些事、那些人，则对你的健康大有益处。实验表明：人在记仇怀恨时，心跳会加快，血压会上升，而在心怀慈悲、原谅"仇人"时，心跳会减慢。所以，为了自己的健康着想，你应该学会原谅那些伤害过自己的人。

由此可见，不管从哪个方面来看，懂得原谅别人的40岁女人，将是世界上最可爱的女人。

第四章

放下功利，成就40岁的淡定
——女人40心如一泓碧水

40岁的女人心境平和，不以物喜，不以己悲，处事泰然，四季轮回所催生的花朵及祸福临至所不惊的平静，都不是一天两天所能形成的。40岁的女人面对秋天时是淡定的，因为她们知道，青春不是体现在年龄上，而是永远蕴含在生命里。女人要从40岁开始放松紧张的神经，让心回归人生之初的淡定。40岁女人的心应该像一泓碧水，清澈明亮。

女人40，进退取舍皆从容

女人40，生命如夏花般盛放，带着成熟的妩媚和智慧的芬芳。40岁的生活，不该是一根紧绷的弦，放轻松，听听自己的心灵要什么，就是让自己轻松快乐的窍门！

当初电影《周渔的火车》在国内宣传期间，一群上海媒体挤在小房间里，等候巩俐出现。巩俐的出场带有几分喜剧色彩：她先探头望了望，一见满满一房子的人，立即闪了回去，口中喃喃自语："这阵势真吓人。"定了定神后，穿着白色羽绒服、鼻梁上横架着黑框眼镜的巩俐，就那么清爽自然地出现在记者面前。没有多露一点，却已韵味十足，魅力无穷，巩俐的性感是自然的，成熟的，从里到外透出来的，完全不靠衣着暴露的俗气。

在岁月的冲洗下，巩俐的另一面慢慢露了出来，于是，我们看到，除了一张丰厚的唇，一张诚实的笑脸，一份来自中国女性特有的拗劲与忍耐之外，巩俐还有其他的很多很多东西等待着你去发现。多年以前的巩俐不会那样调皮，多年以前的巩俐，也不会那样随意。多年以后，"奔四"的巩俐，终于学会了放轻松，从简单中寻找快乐。

虽然很多人都说40岁是人生一个重要关口，尤其是对女人而言，因为到了这个年纪，女人的身材很容易走样。但也有人说40岁是迷人的年龄：成熟，成功，她们拥有了资本。还有人说女人40是生命的黄金阶段，是最有魅力最有味道的！

不管别人怎样说，善待自己，愉悦自己，才是40岁女人最应该做的事情，告别劳碌奔波的30几岁吧，尝试着开始放松紧绷的神经，回到自己心上，开始好好照顾自己，开始好好宠宠自己。

知名作家梅琳达·戴维斯在《新欲望文化》里，提出"圆满境界"这个名词，意指心灵平静、至高欢愉的圆满境界。

圆满境界是心灵的追求，不像30几岁，30几岁你梦寐以求的是物质享受，但到了40岁，你心中最重要的应该是健康、快乐家庭，以及平静的心灵。

很多时候，快乐抑或不快乐的关键，在于你能不能够放轻松。心情轻松了，就可以一脚踢开坏心情，换上好心境，为遭受打击的心灵贴上胶布、涂上药膏，立刻停止痛楚。

2000年国际卫生组织、世界银行、哈佛公共卫生学院所作的研究显示，精神疾病占了发达国家疾病的15%，超过所有癌症的总和，美国每年有5000万的精神病人；70%的美国人表示在工作中承受中度到高度的压力，每4个人中就有一个表示工作的压力大到想要尖叫的程度；98%的美国人相信，压力导致他们生病，美国疾病控制与预防中心指出，美国80%的医疗花费是用在与压力相关的问题上。就像饥寒交迫时会有求温饱的本能欲望，我们面对这些看不见的攻击时，产生了新的求生欲望——亟欲追求内心的平静、至高的欢愉，即圆满境界！

那么，如何迎战心里无形的攻击，努力达到圆满的境界呢？我们可以闭起眼睛，暂时逃离现实，也可以借助科技工具，选一个想要的虚拟实境把自己放进去，逃走一下也好。我们想要的是回家的感觉，而且寻找更多、更新的"家"。居住的地方是家，所属的专业、工作的企业、有共同倾向的团体、心境接近的伙伴都可以是家。我们在其中听到相同的愤怒、享受类似的口味、分享共鸣的经验，

第四章　放下功利，成就40岁的淡定——女人40心如一泓碧水

女人40如金——40岁女人进退取舍的人生博弈

让我们觉得自己有更大的声音、更大的心理力量对抗环境的伤害。我们努力追求"好心情"。精明的商家已经开始把"好心情"放进产品诉求里，让消极者能够立即转变心境，拥有愉悦心情。举个例子，去健身的理由远不只是为了美体，甚至不只是要奢侈地放纵感官，而是驱除所有阻挡至高欢愉的心情。

女人40，蛰伏了那么久，进、退都已在你的胸中。你掩藏起所有的锋芒，安静、幽雅如一只正在休憩的猫，你已为自己准备了最坏的退路，那就是这样无忧无虑地在阳光下玩耍与酣睡。你同时准备着迎接生命中最精彩的挑战，你身体里的每一个细胞都已做好了准备，只要机会来临，会立刻毫不犹豫地释放出所有的能量。

女人40，已经可以清醒地认识自己，你深知自己的魅力有多大、能力有多大，你不再追求遥不可及的梦想和虚无缥缈的爱情，你不再苦苦等待男人的鲜花和礼物为自己带来欢乐，你宁愿用自己的钱买一条心仪已久的裙子或是品质上乘的护肤品，并且为此欣喜不已。

女人40，已经可以坚决地舍弃那些力不能及的目标，你的理想越来越现实，认真地计划每一天，每一步都走得平稳而扎实。你进可以攻，退可以守，无论前路繁华似锦还是荆棘丛生都可以从容应对，宠辱不惊。

女人40，优雅而自信，男人就像你最熟悉的朋友，你知道他的需要、喜好、伤悲，你可以温柔地支持他，默默地帮助他，却不再费心地讨好他、取悦他，40岁的女人独立地扬起头，只做自己，一切任由他人评说。

只有在夜深人静的时候，你可以独自沏一杯飘着幽香的茉莉花茶，点一盏温暖柔黄的灯，再放一首忧伤的老歌，所有那些过去的快乐和伤悲，那些仍然残存在生命中的纯纯的柔情和舍不得丢弃的梦想，会在夜风的吹拂下再一次温柔地暗涌上心头。

40岁时的心应该像一泓碧水

女人40，保持一颗平常心，实质上也就是把外在的世界和内心保持一个平衡点。有了这种平衡，女人40岁，少了些30岁的焦虑，少了些30岁的浮躁，多了一份40岁的安适，多了一份40岁的恬谧。

在现代紧张生活的压力下，保持一颗平常心你才能有心情去感受那份宠辱不惊，闲着庭前花开花落，去留无意，望天外云卷云舒的自在！这才是40岁女人真实而快乐的人生。

作为40岁女人，固然不可能像佛家高僧那样进入一种无我、心外无物的高超境界，但至少还可以努力去做到临危不惧，临辱不惊，不以物喜，不以己悲吧？

女人40贵在拥有"平常心"与"大气度"，有了平常心之后，才能在追求成功的过程中处变不惊。很难想象一个心胸狭小的女人能在各种场合谈笑风生，没有大气度也是很难成事的，因为没有大气度便不敢追求新奇之事，也不能突破陈规旧俗，当然也就很难取得好成绩。据科学研究显示，女人的智商不低于男人，但为什么女人的成功率却大大低于男人呢？除了传统性别的限制外，最主要的原因是女人自身造成的。因此，改变思维方式是首要之举。女人40要拥有一颗平常心，女人40要学会大度。

让我们先看看下面这个故事，看看你是否也有过这样的经历。

女人40如金——40岁女人进退取舍的人生博弈

由于经济危机，公司要裁员，一天公布名单后，内勤部办公室的唐女士和陈女士按规定一个月后离岗。那天，大伙儿看她俩都小心翼翼，更不敢和她们多说一句话，因为，她俩的眼圈都红红的。这事摊到谁身上都难以接受。

第二天上班，这是唐女士和陈女士在单位的最后一个月，唐女士的情绪很激动，谁跟她说话，她都像吃了火药似的，逮着谁就向谁开火。裁员名单是老总定的，跟其他人没关系，甚至跟内勤部都没关系。唐女士也知道，可心里憋气得很，又不敢找老总去发泄，只好找杯子、文件夹、抽屉撒气。

"砰砰"、"咚咚"，大伙儿的心被她提上来又摔下去，空气都快凝固了。人之将走，其行也哀，谁忍心去责备她呢？唐女士仍旧不能出气，又去找主任诉冤，找同事哭诉。

"凭什么把我裁掉？我干得好好的……"眼珠一转，滚下泪来。旁边的人心里酸酸的，恨不得一时冲动让自己替下唐大姐。自然，办公室订盒饭、传递文件、收发信件，原来是唐大姐做的，现在却无人过问。

不久听说，唐女士找了一些人到老总那儿说情。好像都是重量级的人物，唐女士着实高兴了好几天。但后来才知道，这一次是"一刀切"谁也通融不了。唐女士再次受到打击，怂怂的，异样的目光在每个人脸上刮来刮去，仿佛有谁在背后捣她的鬼，她要把那人用眼钩子钩出来。许多人开始怕她，都躲着她。唐女士原来很讨人喜欢的，现在，她人未走，大家却有点讨厌她了。

陈女士也很讨人喜欢。同事们早已习惯了这样对她："陈大姐，把这个打一下！""陈大姐，快把这个传出去。"陈女士总是连声答应，手指像她的舌头一样灵巧。裁员名单公布后，陈女士哭了一晚上。第二天上班也无精打采，可打开电脑，拉开键盘，她就和以往一样地干开了，陈女士见大伙不好意思再嘱咐她做什么，便特地跟大家打招呼，主动揽活。她说："是福跑不了，是祸躲不了，反正这样了，不如干好最后一个月，以后想干恐怕都没机会了。"陈女士心里渐渐平静了，仍然勤劳地打字复印，随叫随到，坚守在她的岗位上。

一个月满，唐女士如期下岗，而陈女士却被从裁员名单中删除，留了下来，主任当众传达了老总的话："老陈的岗位，谁也无法替代，老陈这样的员工，公司永远不会嫌多！"

以平常心观不平常事，则事事平常。平常心不是"看破红尘"，平常心不是消极遁世，平常心是一种境界，平常心是积极人生，平常心是道。其实，不要指望自己的每一次付出都必然得到回报。如果你抱着一颗平常心，在日常的工作、生活中，多多体谅别人，你最终必然会得到回报，而且是各方面的丰厚的回报。

女人到了40岁要有一副好脾气，好脾气是一种修养，它是你千百次的忍耐而完成的一种修炼，坏脾气是一把剑，它伤了别人，也伤害了你自己。逞一时口舌之快，而导致严重的后果，你认为值吗？话到嘴边等一会儿。如果静想上三分钟，你就会发现事情有很多种解决方式，而冷静与心平气和绝对是上策。

佛教讲"平常心是道"，平时我们也常常听到有人说要用平常心做人，要用平常心处事。"平常心"究竟是什么意思，怎样才能保有一颗"平常心"？

1. 失意事来，治之以忍。

一个人失意的时候，最能感受"人情冷暖，世态炎凉"。有的人因此自怨自艾，消极颓唐；有的人则怨天尤人，愤世嫉俗，这都是一种负面的情绪。真正有修养的女人，尽管世情浇薄，我以一忍治之，自能不以物喜，不以己悲，所以能忍的人，他就是有平常心。

2. 快心事来，处之以淡。

"人逢喜事精神爽"，遇快心事时，一般人莫不是欢天喜地，欣喜若狂，恨不得天下人都能分享他的快乐。"喜形于色"固是人之常情，然而能如谢安在淝水之战中，侄儿谢玄以寡击众，取得胜利后，消息传来，犹能弈棋如常，不动声色。这种"快心事来，处之以淡"，就是一种平常心。

3. 荣宠事来，置之以让。

人有荣誉之心，而后知所向上，值得嘉许。然而自古以来多少文武大臣、后宫佳丽，为了争宠显荣，彼此勾心斗角，甚至导致政争战乱，祸国殃民，反而骂名千古。所以，荣宠不是争取而来的，所谓"实至名归"，名实不符，有时候求荣反辱；能够洞彻此中道理，在荣宠之前，以平常心视之，就是明哲保身之道。

4. 怨恨事来，安之以退。

人有不平，易生怨恨。怨恨犹如一把双刃刀，伤人又伤己。遇有委屈不平时，不必难过、不必计较，何妨退一步想；能以平常心安之以退，自能泰然自适，则怨恨无由生起。

有了平常心的女人，无论在什么样的位置，无论是做什么的，都能够在普通或者不普通的工作中发现自己的价值，感受着生活的美好。

所以，在40岁时，你能不能"守住一颗平常心"，是人生历程中的一个选择，因为，社会的复杂多面性，决定了人的一生要面对许多许多。但一些女人为了奢望的"追求"，往往迷失了自己。说到女人对生活的迷失，一般来讲，都是索要或想得到的太多，而一时又达不到目标所致。有这种想法的人，大多对生活失去了方向，反而错过了许多近在眼前的美好景色，丢掉了一些随时可以把握的机会。这就需要40岁女人能用一颗平常心去面对人生，感悟人生。

从容面对 40 岁生理与心理的蜕变

到了 40 岁，女人因为身体和社会地位角色的变化，很容易导致自己情绪的失调，有时甚至会做出一些极端的举动。所以，你要正视自己身体上和角色上的各种变化，理性面对青春易逝的寂寞与失落，从容面对生理与心理上的蜕变。

追求完美不是错，因为世界上有很多美的东西需要你去追求。但是，凡事要有一个度，你可以追求完美，但不能苛求完美，因为世间没有绝对的完美。40 岁不再是逼着自己去争去抢的年纪，而是要用谈定的态度去看待世俗之事，给自己一份宁静。

一个 40 岁女人，如果凡事苛求完美，既是对别人的不公平，也是对自己的不公平。要求完美的女人不愿意接受自己或他人的弱点和不足，而总是用挑剔的目光看着身边的一切。追求完美的女人缺少朋友，因为那些想成为她的朋友的人都被她挑剔的目光吓跑了。

要求完美的女人也是自卑的，因为她很少看到自己的优点，总是关注自己的缺点，总是不知足，很少肯定自己。完美女人的性格首先表现为较真、固执、刻板和不灵活，给自己设定一个很高的标准，整天为达到这些标准而身心憔悴。

追求绝对完美是不现实的，也是痛苦的，即使你是职场中的一朵铿锵玫瑰，能力过硬、经验丰富、创意无限，但你也不得不接受这样一个事实——你不可能做到尽善尽美，因为你只是一个凡人。

那些总是背着太多包袱上路的女性，应该减小对自己的过高期望，你会发觉轻装上阵会使你走得更好、更快。别总把自己想象的那样完美、出色，要知道爬得越高摔得越重。你要了解有些事是不可避免的，你也不想让它发生，可它还是会发生，并且会一直发生下去。因此，要学会对自己多一些宽容和谅解。

一个女人如果对自己和他人要求过高，想把身边的事事都做得完美无缺，那她一生都很难快乐起来。适度对自己宽容些，对别人妥协些，人就会少了许多的烦恼。聪明的女人，不是满脸挂着冰雪聪明、善于算计的女人，而是那些遇事不较真、不钻牛角尖，习惯对一些小事一笑了之的女人。

女人40，在自己人生的盛世华年里，体味着社会转型期人们传统观念、生活方式、情感需求的变迁。与此同时，家庭结构中多重角色的重压，社会交际中自卑情结的困扰，工作事业上竞争挑战的负荷，也在蚕食着这一群体的身心健康。如果不学会自我调适，40岁女人的生命之舟就会处在搁浅的边缘。

40岁女人一般不易觉察，不重视也不情愿看到身体的变化，因此通常适应得很慢。然而中年女性必须承认并正视身体的变化，要及时觉察并认识自己的身体毕竟不像年轻小姑娘那样健壮，功能也不如以前那么好了。40岁女人必须接受生殖能力下降或消失，同时性欲和性冲动也随着降低的事实。40岁女人对于她所不喜欢甚至象征着岁月不饶人的生理变化，必须加以适应。如果中年女性不能接受青春已逝或青春将逝的现实，往往会发展为一般性的反抗作用，对工作、配偶、朋友以及从前的种种做法产生一种抵抗情绪。

时间慢慢地从你身边流走，不经意间迎来了不惑之年。搏击于生活之海的芸芸众生，活得并不轻松，特别是40岁的你，有了家庭的磕磕碰碰，再加上年龄的困惑，你免不了心烦气躁，焦虑不安。

所以，你要学会在紧张的氛围中，保持生命的一份从容和淡定。在从容中品味出生活的乐趣，发现身边的美丽。在淡然中显示处变不惊，安详宁静，不以物喜，不以己悲，洒脱一些，随遇而安一些。人生只不过是过客，一生追求得来的东西，到头来一样也不会带走。因此，女人40，不要再像30岁那样执著了，懂得放下，你反而可以活得更开心一些，更可以幸福一点。

现代生活的压力已经像重重大山一样压在人们肩上，成家立业的女人是难上加难，她们肩负着家庭、工作和亲人的重担，如果没有一份安详平和的心态，生活简直就要崩溃，那样于己于人都是一份不轻的伤害。

有时候从容就是在不经意间的挥洒。当一个人在逆境中奋起，这是一种从容；当一个人失意而微笑面对，这也是一种从容；当一个人在灾难面前凛然自若，这还是一种从容；当一个人面对荣辱而仍是一副坦然的神情，这更是一种从容；当一个人面对世间的功名利禄而仍然保持淡定，拥有不迫的心境，这更是不折不扣的从容。

从容是一种大家的风范，也是一种海阔的气度，更是一种自然而然的成熟。无论面对怎样的生活境况，无论生活带来的是欢乐还是忧愁，你都要保持一份从容的心态，保持一份淡泊的心情。成功时，不沾沾自喜，反而会更加欣赏自己的努力；失败时，也不垂头丧气，反而会从中获得经验和教训，继续努力；给予时，不因自己一点小小付出斤斤计较，反而会放宽心情，收获快乐和幸福……

生活中，保持着一份淡然，你就不会慌乱于应对种种风雨。尽管残酷的竞争时时渗透到生活中每个角落，人们的紧迫感和危机感随时充塞着绷紧的心弦，但是，只要有了这份从容，生活便会留给你一份平静和坦然。也许，许多事情你无法预料，更无法强求；也许，很多的悲欢离合使你无所适从，更无法面对。但是，只要你保持一份从容，一份坦然，那么，人生一世，无论平凡与显贵，都会

第四章 放下功利，成就40岁的淡定——女人40心如一泓碧水

如小溪流水般自然清澈宁静，生活自然也就不会有所遗憾了。

人到40在平淡中享受幸福

> 40岁女人要懂得在油盐酱醋、锅碗瓢盆、孩子丈夫等一系列琐碎的事情中，很幸福地咀嚼着这一份复杂而平淡的味道。

生活中的你在寻寻觅觅着幸福的答案，其实幸福就在你的身边，如"众里寻她千百度，蓦然回首，那人却在灯火阑珊处"，只是也许平时忙碌的你没有发现或注意到它的存在。

"感情本身就是一件很微妙的事情，两个人走到一起，是缘分，茫茫人海中我只与你相识相爱携手，我感到很幸福。虽然你没有骄人的业绩，也没有令人赞叹的容貌，更没有给我送九百九十九朵浪漫的玫瑰花，但是我一样会伴随着你一起慢慢变老。"这是一个40岁女网友雯写的一段话。雯是银行的一位职员，工作很稳定，丈夫在一家证券公司上班，有一个漂亮可爱的女儿，学习还不错。

雯说，她和丈夫的工作时间都很固定，每天九点上班、五点下班，一般都是她先回到家里，在路上顺便买些菜，回去洗好切好放在那里等着她的丈夫回来炒，因为她的厨艺不佳。当她收拾完这一切时，她丈夫也回来了，厨房里便飘出了诱人的香味。吃完饭后，女儿做作业，她们就坐在一起看会儿电视，有时也会玩会儿游戏，但丈夫总是让着她，让她赢。有时一家人会出去散散步，看着女儿蹦蹦跳跳地在前面喊着"爸爸，妈妈，快点儿"，她们总会相视一笑，继而赶上去，拉起女儿的手，沐浴着夕阳走在回家的路上。

生活难免磕磕碰碰，雯说，她的生活中也有，但是吵过骂过之后，相互间更增进了忍让和宽容，尤其是她的丈夫，是一个温柔细心的好男人，每次有了矛盾，他先道歉的多，或者是故意给女儿讲一个笑话之类的经典故事，逗得女儿大笑，其实是醉翁之意不在酒，矛盾就在这一笑之间化解了。

有人说，不吵不闹不幸福，日子便在这一吵一闹一笑中很快地度过了十多年，她们一家子依然其乐融融，过着平平淡淡的日子。

的确，生活本就是一种实实在在，平平凡凡，简简单单，懂得珍惜的人便拥有了幸福。幸福不是别人说出来的，而是自己感觉出来的，所谓"水寒水暖鱼自知"，幸福的滋味，只有"身在福中"的人才能体会属于自己的那份幸福。

拥有了岁月的女人，也在一点点积累着自己的幸福，心心相惜的感觉在生活中不知不觉地流淌着，我们不必强求和奢望命运给予更多，只要曾经努力过，奋斗过，收藏着幸福的点点滴滴，珍惜着生活中的每一个瞬间，就会发现平淡生活中的美好、快乐、幸福。

网友雯是这样描述幸福的："幸福是在家里，一个人静静地躺在床上，任思绪放飞，独享那份消遣和安逸。幸福是把屋子打扫得干干净净，收拾得整整齐齐，在一个角落里慢慢接受阳光的洗礼。幸福是做一桌子的菜，看着丈夫和孩子吃得津津有味并赞不绝口地说着'好吃好吃'。幸福是在生病的时候，看着丈夫在眼前忙来忙去，细心地呵护。幸福是风清月明的晚上，和丈夫一起回忆着往日美好的时光……"

40岁的雯怀有一颗平淡之心，她不求女儿成龙，只要看着女儿一天天快快乐乐、健健康康地成长就好。雯也不求丈夫能创造出更多的辉煌，只要他生活得充实和愉快，能够和自己共同营造一个健

第四章 放下功利，成就40岁的淡定——女人40心如一泓碧水

康、舒适、温馨的家，和丈夫一起"执子之手，与子偕老"就是雯最大的期望和幸福。

女人40，幸福到底是什么？幸福是在平平淡淡的日子里，相互的理解和相互关怀；幸福是在平平淡淡的日子里，相互的鼓励和相互的信赖；幸福是在平平淡淡的日子里，相互的欣赏和相互的安慰；幸福是在平平淡淡的日子里，相互的惦念和相互的关爱；幸福是在平平淡淡的日子里，相互守望，并携手一起走到生命的尽头。

40岁女人如何摆脱虚荣心

女人在40岁以后，远离虚荣会让你生活得更轻松，更幸福。

从心理学的角度出发，虚荣心理是指一个人借用外在的、表面的或他人的荣光来弥补自己内在的、实质的不足，以赢得别人和社会的注意与尊重。它是一种很复杂的心理现象。法国哲学家柏格森曾经这样说过："虚荣心很难说是一种恶行，然而一切恶行都围绕虚荣心而生，都不过是满足虚荣心的手段。"

大家对莫泊桑的短篇小说《项链》都不陌生，回想起来，总都有一个疑问挥之不去：玛蒂尔德为了能在舞会上引起注意而向女友借来项链，最后在舞会上取得了成功，但却乐极生悲，丢失了借来的项链，由此引起负债破产，辛苦了十年才还清这一个项链带来的债务。值得吗？

玛蒂尔德真是悲哀，为了一条项链，付出了沉重的代价，最后还被告知借来的项链是假的，真是巨大的讽刺啊！造成这一悲剧的主观原因却是她自己——因为爱慕虚荣。莫泊桑深刻描写了玛蒂尔德因羡慕虚荣而产生的内心痛苦："她觉得她生来就是为着过高雅和奢华的生活，因此她不断地感到痛苦。住宅的寒碜，墙壁的黯淡，家具的破旧，衣料的粗陋，都使她苦恼……她因此痛苦，因此伤心……心里就引起悲哀的感慨和狂乱的梦想。她梦想那些幽静的厅堂……她梦想那些宽敞的客厅……她梦想那些华美的香气扑鼻的小客室。""她没有漂亮服装，没有珠宝，什么也没有。然而她偏偏只喜爱这些，她觉得自己生在世上就是为了这些。"这就是女人的虚荣心。

另外，自尊心过强的人易产生虚荣心理。每个人都有维护自尊的需要，每个人都喜欢听恭维、赞扬的话，这在一定程度上是人的本性的显现。如果一个人的自尊心过于强烈，渴望获得别人对自己的重视、尊重和赞扬，而自身又缺乏过人之处，不具备足以令人称道的实力，就不得不寻求其他手段，以此满足自尊的需要。在此过程中，虚荣心理的产生在所难免。

私心过重的人容易产生虚荣心理。私心过重的人会时刻考虑个人的利益得失，总希望自己时时处处胜过别人、超过别人。为了达到这一目的，常常煞费苦心地营造或借用本来不属于自己的、虚假的荣誉来掩饰个人的缺陷和不足，以提高自己，显示自己的"过人之处"。

缺乏自信的女人容易产生虚荣心理。虚荣心理的产生往往是那些缺乏自信、自卑感强烈的人进行自我心理调适的一种结果。某些缺乏自信、自卑感较强的人，为了缓解或摆脱内心存在的自惭形秽的焦虑和压力，试图采用各种自我心理调适方式，其中包括借用外在的、表面的荣耀来弥补内在的不足，以缩小自己与别人的差距，进而赢得别人对自己的重视和尊敬，虚荣心便由此而生。

处于特定社会文化环境中易产生虚荣心理。在人际交往中注意"脸"和"面子"，是中国人长期形成的一种社会心理。所谓"脸"，是一个人为了自我完善而通过形象整饰和角色扮演在他人心目中形成的特定形象；所谓"面子"，则是一个人在社会人际关系中依据对"脸"的自我评价，估价自己在别人心目中所应有或占有的地位。所以，"脸"和"面子"代表着人的荣誉和尊严。

一个女人要想有脸面，必须先成就大事，通过她的不平凡的作为而获得人们的赞同，形象才会随之高大起来。

所谓虚荣心，从心理学角度来说是一种追求虚表的性格缺陷，是一种被扭曲了的自尊心。在社会生活中，人人都有自尊心，都希望得到社会的承认，但虚荣心强者不是通过实实在在的努力，而是利用撒谎、投机等不正当手段去渔猎名誉。

虚荣心的产生跟自尊心有极大的关系。自尊心强的女人，对自己的声誉、威望等等比较关心；自尊心弱的人，一般对这些都不在意，但也不能因此就认为，虚荣心强的女人一般自尊心强。因为自尊心同虚荣心既有联系，更有区别，虚荣心实际上是一种扭曲了的自尊心。人是需要荣誉的，也该以拥有荣誉而自豪。可是真正的荣誉，应该是真实的，而不是虚假的，应该是经过自己努力获得的，而不是投机取巧取得的。女人40，面对荣誉，应该是谦逊谨慎，不断进取，而不是沾沾自喜，忘乎所以。

虚荣心理的危害是显而易见的。其一是妨碍道德品质的优化，不自觉地会有自私、虚伪、欺骗等不良行为表现。其二是盲目自满、故步自封，缺乏自知之明，阻碍进步成长。其三是导致情感的畸变。由于虚荣给人的沉重的心理负担，需求多且高，自身条件和现实生活都不可能使虚荣心得到满足，因此，怨天尤人，愤懑压抑等负面情感逐渐滋生、积累，最终导致情感的畸变和人格的变态。严重的虚荣心不仅会影响学习、进步和人际关系，而且对人的心理、生理的正常发育，都会造成极大的危害。所以女人要努力克服虚荣心理。

40岁女人要克服虚荣心理可以从以下几点做起：

1. 端正自己的人生观与价值观。自我价值的实现不能脱离社会现实的需要，必须把对自身价值的认识建立在社会责任感上，正确理解权力、地位、荣誉的内涵和人格自尊的真实意义。

2. 改变认知，认识到虚荣心带来的危害。如果虚荣心强，在思想上会不自觉地渗入自私、虚伪、欺诈等因素，这与谦虚谨慎、光明磊落、不图虚名等美德是格格不入的。虚荣的人外强中干，不敢袒露自己的心扉，给自己带来沉重的心理负担。虚荣在现实中只能满足一时，长期的虚荣会导致非健康情感因素的滋生。

3. 调整心理需要。人有对饮食、休息、睡眠、性等维持有机体和延续种族相关的生理需要，有对交往、劳动、道德、美、认识等的社会需要，有对空气、水、服装、书籍等的物质需要，有对认识、创造、交际的精神需要。人的一生就是在不断满足需要中度过的。在某种时期或某种条件下，有些需要是合理的，有些需要是不合理的。要学会知足常乐，多思所得，以实现自我的心理平衡。

4. 摆脱从众的心理困境。从众行为既有积极的一面，也有消极的一面。对社会上的一种良好时尚，就要大力宣传，使人们感到有一种无形的压力，从而发生从众行为。如果社会上的一些歪风邪气、不正之风任其泛滥，也会造成一种压力，使一些意志薄弱者随波逐流。虚荣心理可以说正是从众行为的消极作用所带来的恶化和扩展。例如，社会上流行吃喝讲排场，住房讲宽敞，玩乐讲高档。在生活方式上落伍的人为免遭他人讥讽，便不顾自己客观实际，盲目跟风攀比，打肿脸充胖子，弄得劳民伤财，负债累累，这完全是一种自欺欺人的做法。所以女性要有清醒的头脑，面对现实，实事求是，从自己的实际出发去处理问题，摆脱从众心理的负面效应。

一个有着正常思维的40岁女人，都会有虚荣心，适度的虚荣心是可以催人奋进的。女人要正确对待虚荣心，让虚荣心成为一种前进的动力，不要让虚荣心盲目膨胀而导致惨重代价。

人到中年，活得越简单越好

女人40岁，操心多了，心理压力大了，衰老自然也就来得快了。简单女人却不是这样的，你可以说她没心没肺，但她却活得很开心，很自我，永远像孩子一样保持着一份纯真。

如果说精致的女人是一副令人赏心悦目的画，那么简单的女人就是一汪清澈的水，令人感觉清爽；如果说精致的女人是一杯令人心醉的红酒，那么简单的女人就是一碗令人温暖的稀粥，充满生活的气息。

两种女人都是一道美丽的风景，但简单女人，生活要自由得多。她可以穿一身休闲的衣服夸张地说笑，也可以毫无顾忌地想做什么就做什么，不用在乎别人的想法，个性得到充分张扬，心灵得到完全放松。相信你宁愿选择这样的生活。

当然，这并不是说简单的女人，就是早晨不洗脸、晚上不刷牙、穿着睡衣就上街的女人，邋遢、懒惰与简单无关。这里所说的简单，主要指心灵上的简单。

郑女士是一家化妆品公司的销售经理，很有才干，算得上高级白领。由于工作的缘故，她善于察言观色，很会揣摩别人的心思，所以客户总是源源不断。在生活中，她的能说会道也发挥了很大作用，因此人缘也很好。她的老公是一个网络工程师，在这个城市也算得上中高级人才。总之，两人都是很优秀的人，很会打理自己的生活。

可是有一天，郑女士发现老公有了外遇。她想，那个女人一定是位极具魅力的人，否则老公没理由背叛自己。她跟踪他到约会的地点，发现了那个女人。那个女人相貌一般，化妆技术也一般，除了笑起来很甜之外，她没发现这个女人还有哪里吸引人。她实在想不通，若输给一位魅力四射的万人迷，她也就认了，可对方尚不及自己，她凭什么从自己手中抢人。

无奈之下，郑女士就想向电视台的一个对话节目救助。但郑女士给电视台主持人的印象是，她是一个工于心计的女人。郑女士求助的目的就是想知道自己输在什么地方了，但主持人花费了半天功夫才弄清她的真实意图，而且给人感觉，好像这个节目求着为她解决问题一样，这令主持人很懊恼。而且言谈之间，无论主持人怎样安抚她，她总有很充分理由反驳主持人，这是做节目以来从来没有过的，她让主持人感到失败。最后，主持人实在不知道怎样招架她了，就说："你去跟那名女子好好谈谈，看从中能发现什么。"

两周左右，电视台主持人收到郑女士的电子邮件。在信中，她说，她约会了那名女子。在那名女子面前，她满脑子的计谋不但没用上，而且最后竟然有一丝喜欢这个女子。这个女子没有什么法宝，就是很简单，给人的感觉很真，没有一点心眼，跟她交谈一点也不费劲。如果硬要说眼前是一个需要她攻克的客户，那这就是一笔最容易成交的单子。郑女士突然想到，征服老公的，不是费尽心思讨好她，恰恰就是这种无所谓的简单。那女子也无意破坏郑女士的婚姻，最后自动消失了。郑女士最后写道："说实话，我很感谢那个

女人40如金——40岁女人进退取舍的人生博弈

女子,她教会我另一种与人相处之道,另一种更轻松自在的生活方式。"

台湾影星萧蔷这样理解"三八节",八个小时睡觉,八个小时工作,八个小时谈恋爱。简单地工作,简单地生活,这不是一种快乐的生活方式吗?

常听人说:"傻人有傻福。"其实,这里的"傻人",指的就是简单的人。对40岁女人来说,简单就是福。因为想法简单,无论多么复杂的事,在她眼里,没有了旁枝末节,就剩下简单的条条干干,她会以自己的方式,很容易就应付过去了。哈!这件事就这么轻而易举处理完了,多开心。

所以说,简单女人在事业上也会一帆风顺。因为她踏实勤奋,不会拍马逢迎,不投机取巧。即使遇到苦难,她也不会消沉悲观,而是积极进取,迎难而上。她的自强自立足以感动任何上司。

如果简单的女人遭遇爱情,那更是一件开心的事。因为在她眼里,除了爱没有什么了。她也许会吃醋,也许会想念,但至少她不会猜忌,不会疑神疑鬼,不会唠唠叨叨让男人为她做这做那,因为一转身,她可能就忘了。她也不会小心眼,更不会绞尽脑汁想怎样让对方欢心。她所做的,就是还原自我,真诚地爱,简单却厚实。所以很多男人喜欢简单的女人。在他们眼里,她敢爱敢恨,不掩饰真情,不矫揉造作,好似一泓清水照人,清澈自然。哪怕她爱错了,也会置一切于不顾,完完整整爱一回,活出精彩的人生。

即使混进纷繁复杂的生活,对于简单女人来说,也不是一件很难应付的事。因为她没有那么多心计,所以看问题不会太清楚。所谓"难得糊涂",她不用刻意地学就达到了这种生活境界。有时候,有些事情看得朦胧一些,不必知道真相,心灵就给快乐留出更多的空间。

有人说:"人生之所以值得留恋,就是因为这个世界上还有简单的女人，她和空气、阳光、水一样是我们生存不可或缺的东西。"话虽然说得有些严重，但却很有道理。

其实，小孩子之所以无忧无虑，就在于他们的内心世界很简单。他饿了就要吃的，渴了就要喝的，有玩具了就很高兴，打他屁屁，他就哭。与这样的小生灵交流，虽然麻烦，但心却不累。我们想对他做什么，直来直去就行，不用像下象棋一样，走一步，想后面好多步。

简单的女人也是这样，因为她像孩子一样表现了人的天性。她善良，她纯真，她明亮，她思维不拐弯。虽然你会嘲笑她的笨拙，但你却不用担心她对你隐藏了什么，更不用担心她会给你设置陷阱。

人们常用花儿来形容女人，因为她们总是像花儿那样令人赏心悦目。但是，如果花园里长满了心计、痛苦的记忆、心眼等杂草，鲜艳的花朵必然减少，迷人的色彩必然也会减少。

为了让自己这朵花开得更娇艳，每个40岁女人都应该除去心灵的杂草，留下足够的空间盛满阳光、雨露，只有这样，花儿才会得到更丰厚的滋润，从而开出更多更美更迷人的花朵！

40岁女人要有一颗平常心

女人40，不妨看透些，一切不过如此；女人40，不妨看远一些，不为一时一点的蝇头小利而折磨自己。

世人所谓的功名利禄，皆是身外之物，生不带来，死不带去，

女人40如金——40岁女人进退取舍的人生博弈

终生为此，忙忙碌碌，实在活得太累，不值得。40岁女人不妨看淡些，即使有功也不自傲，有名也不气盛，有钱不觉得腰粗，有禄不能白吃。对待这些要大气一点，不要再像30岁那样强求了，什么事能做则做，不该做或做不到绝不巧取豪夺。

遇到不平之事的时候，你不妨选择以平常心对待。《菜根谭》中说，进德修道，当有木石心，当具云水趣。有了平常心，心理上就不会常常受到欲望的折磨。

欲望永远不可能满足，即便是你能够人尽其才、学以致用，为他人所重用，也并非一定会心满意足。因为旧的矛盾解决了，新的矛盾必然还会出现。每个人的生活不可能总处在一种凝固不变的状态之中。尽管我们面临飞速发展变化的社会，到处可见大都市蠕动飞驰的车流、摩肩接踵的人潮、鳞次栉比的参天高楼、琳琅满目的商品、富丽堂皇的店堂……但却仍然无法阻止有些人依旧向往海外，追求更新鲜的生活方式一样，新的目标实现了，更高更新的追求欲望，又会给原本不安分的心理越来越多的刺激。相反有了平常心，在一切欲望面前才不会为一切欲望所动，找到真正的安身立命之所。

郑国有个人住在很边远的地方，三年中学习做雨具，好不容易学成了，天大旱，无雨，雨伞自然没人买。于是他就放弃了做雨具改学做汲水的工具，用了三年手艺又学成了。逢天雨不断，汲水工具没什么用，只好又回去干做雨具的老本行。可是此时盗贼四起，人们都急需军服、兵器，他又想改行去做兵器，结果手艺学成，又失去时机。

相反，粤地有个农人，他开垦田地种稻子，连着几年都受涝灾，收获不是很好，人们都劝他把地里的水排净改种黍，他不以为然，仍然种稻，因为他知道这块田更适合种稻。时值天旱三年，他连获丰收，算一算除了抵偿以往歉收的损失以外还有盈余。

郑国人急急惶惶，追风逐月，结果却并没有找到安身立命之所，与之相比，粤地人似乎冥顽不灵，实际上这是大智若愚，大巧若拙。

那些内心平静、有过多欲求的女人，虽然目标明确，志存高远，但总是因为太执著于追求而失去内心平静。因此对于一个一个新的目标，你应该持有一颗平常心来坦然面对。

人生旅途漫漫，有轰轰烈烈，也会有悄然无声，有大红大紫，也会有坎坎坷坷。生命的升华并不仅仅是在非凡热闹中激扬，人的自我价值的实现，并不以自己的意志为转移。总是不甘寂寞地去追求生命的辉煌，难免会充满失落与彷徨；总是满怀期待地盼着独领风骚，势必坠入难抑难挨的惆怅。你应该相信任何事情都有其发生、发展的过程及未来趋势。以平常之心，携云水之趣，遵守自然法则，尊重客观规律，泰然处之，乐观潇洒，你才能于寂然中品味人生的美好，在平静之中净化自己的灵魂。

现实生活中，的确有许多不尽如人意的地方，每个女人由于经历不同和所处环境的差异，造成一些不平等也是极为正常的，但是过于计较那些不平等，时不时地牢骚满腹、怨天尤人，则是大可不必的。

40岁女人有了平常心，才能随遇而安，做到得意时不轻狂，失意时不沮丧。因为，每个人都有安全、社交、尊敬、工作、自我表现等多方面的需要，由需要产生动机，由动机产生行为。当个人的需要得到满足时，也许会激发出新的动机新的行为，也许会使人冷静使人深沉。面对不同需要的满足，采取不同的态度，所产生的结果也是不同的，如果没有平常心，势必会遇得意陡生骄狂之念，喜形于色，目空一切，得意非凡；如果没有平常心，遭失意则满腹沮丧气馁，心灰意冷、怨天尤人。

每个女人所处的环境，固然对这个人的一生有着不可割裂的内在因果，但究其根本，只有常常保持平常心，才能十分坦然地面对生活本身，才能在遇到困难险阻时不会被它击倒，方可在飞黄腾达时不至于从峰巅上坠落。因此，时时保持平常心，于宁静淡泊、平凡无华的心境中平静地生活，于云水逍遥、云淡风轻的心态下乐观地生活，那么，你才不会为怀才不遇而怨天尤人，不会为暂时的得失而牢骚满腹！

在不惑之年要把名利看淡一些

女人40，有了淡泊的心，也就有了一份可贵的平静，人生便会有一个月亮般美丽的精神家园。

女人到了40岁，要有一颗糊涂心，这个糊涂心就是要顺应自然之理，对人、做事不要太强求、太执著，要顺其自然，对周围事物，尽量不去抱怨。如果你挖空心思去追逐、千方百计去攀求，就会丧失平常心的和谐性、平衡性，成为反常心、异常心，做起事情来就感觉很别扭，即使成功也毫无快乐的感觉。当然，顺其自然不是消极等待，而是顺应客观实际去做，没条件、没能力做、不适合自己做的事情，就不要去做。反之，你就要认真做好。

古人说，万恶淫为首。这个"淫"并不只是淫荡、淫欲的意思，而是过多、过滥的意思，也就是一个人的欲望过多。金钱、地位、权力、名车、别墅……身在红尘中的人们，有太多太多的欲望，有的女人就是在追逐欲望的过程中丢失了快乐、亲情甚至是生命。

女人到了不惑之年就要把名利看得淡一些，这样，你才能在平淡的心境中调整自己心灵。

一位老妈妈在她50周年金婚纪念日那天，向来宾道出了她保持婚姻幸福的秘诀。她说："从我结婚那天起，我就准备列出丈夫的10条缺点，为了我们婚姻的幸福，我向自己承诺，每当他犯了这10条错误中的任何一条的时候，我都愿意原谅他。"有人问："那10条缺点到底是什么呢？"她回答说："老实告诉你们吧，50年来，我始终没有把这10条缺点具体地列出来。每当我丈夫做错了事，让我气得直跳脚的时候，我马上提醒自己：算他运气好吧，他犯的是我可以原谅的那10条错误当中的一条。"无论是在婚姻的旅程中还是在人生的旅途中，面对生活中的一些磕磕绊绊，如果能像那位老妈妈一样，学会宽容和忍让，幸福就会一直陪伴你到老。

所谓的糊涂，不是指在生活上晕头晕脑，胡子、眉毛一把抓，而是指顺其自然，就是热时取凉，寒时向火，没有分别矫饰，以清爽、宁静、洁净的心态来对待生活。特别是遇到不如意的事情时，更要顺其自然，不要耿耿于怀、不要喋喋不休，这可是深厚的人生修养。

生活中要糊涂一点，不是指的万事随缘，并不是看破红尘后的一切无所谓，更不是在无所追求中的游戏人生，而是在于培养一种宽容博大的淡泊情怀，一颗不抱怨的心。

昙照禅师每日与信徒开示，都会说："快乐呀！快乐呀！人生好快乐呀！"可是有一次他病了，在生病中不时地叫说："痛苦呀！苦呀！好痛苦呀！"住持大和尚听到了，就来责备他道："喂！一个出家人有病，老是喊'苦呀，苦呀'，成何体统啊！"昙照说："健康快乐，生病痛苦，这是当然的事，为什么不能叫苦呢？"住持回答说："记得当初你有一次，掉进水里，快要淹死时，你且面不改色，那种无畏的样子，视死如归，你那豪情如今何在？你平时都讲快乐、快乐，为什么到病的时候，要讲痛苦、痛苦呢？"昙照禅师对住持和尚道："你来，你来，你到我床前来！"

住持到了他床边，昙照禅师轻轻地问道："住持大和尚，你刚才说我以前讲快乐呀，快乐呀！现在都是说痛苦呀，痛苦呀！请你告诉我，究竟是讲快乐对呢？还是讲痛苦对呢？"

人生有苦乐的两面，就看你怎么去看了，敏感的女人，把痛苦和欢乐都看得很重，太苦了，当然要提起内心的快乐；太乐了，也应该明白人生痛苦的真相。热烘烘的快乐，会乐极生悲；冷冰冰的痛苦，会苦得无味。人生最好在苦与乐中调出滋味，过平淡的生活。要做到这一点，以糊涂心去看待生活，看待万物，自然能收获安宁的日子。

从另一个角度来说，人生在世，不能不做事情，可是做了就一定能成功吗？未必，那么如果该做的都做了，结果却不是你想要的，应该用什么样的心态去面对呢？这就是"糊涂"的智慧所要告诉你的处世方式。

第五章

放下诱惑，成就40岁的心静
——女人40要懂得知足常乐

40岁女人容易满足是一种幸福，心中没有烦恼是一种幸福，拥有一双可爱听话的儿女是一种幸福，过着平淡舒适的生活是一种幸福，看着熟睡中的丈夫是一种幸福，与亲人的相聚是一种幸福。常言道，平平淡淡才是真，付出了真心就是幸福。

做一个优雅淡泊的40岁女人

平静是一种幸福,它和智慧一样宝贵,其价值胜于黄金。真正的平静是心理的平衡,是心灵的安静,是稳定的情绪。

世界就像个围城,城里的人往外挤,城外的人往里挤。生活中的确如此,身居繁华都市的人,往往追求寂寞平静的田园生活;而身在林深竹海的乡人,却又很是向往灯红酒绿的都市生活。

其实,平静是福,真正生活在喧嚣吵闹的都市中的人们,可能更懂得平静的弥足珍贵。与平静的生活相比,追逐名利的生活是多么不值得一提。平静的生活是在真理的海洋中,在急流波涛之下,不受风暴的侵扰,保持永恒的安宁。

心灵的平静是智慧美丽的珍宝,它来自于长期、耐心的自我控制,心灵的安宁意味着一种成熟的经历以及对于事物规律的不同寻常的了解。

人人向往平静,然而,生活的海洋里因为有名誉、金钱、房子等在兴风作浪而难得宁静。30岁时,你可能整日被自己的欲望所驱使,好像胸中燃烧着熊熊烈火一样。一旦受到挫折,一旦得不到满足,便好似掉入寒冷的冰窖中一般。生命如此大喜大悲,哪里有平静可言?女人因为毫无节制的狂热而骚动不安,因为不加控制欲望而浮沉波动。只有明智之女人,才能够控制和引导自己的思想与行为，才能够控制心灵所经历的风风雨雨。40岁的你，要告别30岁时那段浮躁不安的生活。

环境影响心态，快节奏的生活，无节制的对环境的污染和破坏，以及令人难以承受的噪声等等都让人难以平静，环境的搅拌机随时都在把人们心中的平静撕个粉碎，让人遭受浮躁、烦恼之苦。然而，生命的本身是宁静的，只有内心不为外物所惑，不为环境所扰，才能做到像陶渊明那样身在闹市而无车马之喧，正所谓"心远地自偏"。

女人在40岁，如果能丢开杂念，就能在喧闹的环境中体会到内心的平静。

有一个小和尚，每次坐禅时都幻觉有一只大蜘蛛在他眼前织网，无论怎么赶都不走，他只好求助于师父。师父就让他坐禅时拿一支笔，等蜘蛛来了就在它身上画个记号，看它来自何方。小和尚照师父交待的去做，当蜘蛛来时他就在它身上画了个圆圈，蜘蛛走后，他便安然入定了。

当小和尚做完功一看，却发现那个圆圈在自己的肚子上。原来困扰小和尚的不是蜘蛛，而是他自己，蜘蛛就在他心里，因为他心不静，所以才感到难以入定，正像佛家所说："心地不空，不空所以不灵。"

平静是一种心态，是生命盛开的鲜花，是灵魂成熟的果实。只要有一颗平静之心，平静就无处不在。内心平静的40岁女人就能心胸开阔，不为诱惑，坦荡自然。

如果你每天骑着单车上下班，回家到菜市场购物一番，之后做几盘可口的家常菜，和家人孩子一起享受天伦之乐。庆幸吧，你平淡的生活充满着无比的幸福！

这个世界有太多的诱惑，因此有太多的欲望。女人从40岁开始需要用清醒的心智和从容的步履走过岁月，你的精神中必定不能缺少淡泊。虽然你渴望成功，渴望生命能在40岁以后的岁月里，划过优美的轨迹，但你需要的是一种平平淡淡的快乐生活，一份实实在在的成功。这种成功，不必努力苛求轰轰烈烈，不一定要有那种揭天地之奥秘，救万民于水火的豪情，只是一份平平淡淡的追求，这就足够了！

生活，并不是只有功和利。尽管你必须去奔波赚钱才可以生存，尽管你的生活中有许多无奈和烦恼。然而，只要你拥有一份淡泊之心，量力而行，坦然自若地去追求属于自己的真实。能做到宠亦泰然，辱亦淡然，有也自然，无也自在，如淡月清风一样来去不觉，生活不是会轻松得多吗？

有了这份平淡的处世心态，你就会在简简单单的生活中快乐地生活。当你忙里偷闲与爱人、孩子一同去逛公园、去看场电影、去搞一次野炊时，你就会懂得，生活其实有很多内容。你大可不必为了一个出国名额而彻夜不眠，大可不必为一次职位的晋升而寝食难安。在平日忙碌而充实的生活中，你忙你便有所收获；你岗位平凡但你乐在其中；你斗室而居，但衣食自足；你普通，普普通通如一棵草；你平凡，平平凡凡如一朵花，但你同样可以骄傲，默默绽放的花朵也会芳香宜人！

也许，你没有辉煌的业绩可以炫耀，没有大把的钞票可以挥霍，但你拥有淡泊，这可是人生求之难得的幸福了。非淡泊无以明志，非宁静无以致远。淡泊是一种真我，是巾帼本色。追求淡泊的女人，生活的道路上永远开满鲜花，永远芳香四溢；追求名利者，生活的道路上会遍布陷阱，只能在生命终结的一刹那体会到稍纵即逝的一丝快乐。

人生的大戏不可能永远处于高潮，平平淡淡才是真，拥有淡泊之心，便能拨云见日，体会到生活的真正内涵，否则，你只能在生活的边缘徘徊，只能是舍本逐末。

人生40，你如果能学会淡泊，拥有淡泊，你就能在当今社会愈演愈烈的物欲和令人眼花缭乱、目迷神惑的世相百态面前神宁气静，你就会抛开一切名缰利锁的束缚，在人生的大道上迈出自信与豪迈的步伐，让心灵回归到本真状态，从而获得心灵的充实、丰富、自由、纯净！

改变完全可以从 40 岁开始

女人 40 岁就应该有 40 岁的精彩。你不是废墟，而是蓝图。40 岁的女人，追求的最大目标就是平凡，继而是平凡之上的精彩。你没有必要去追求那遥不可及的海市蜃楼，而是要切切实实地改变中年女人的生活状态。

陈女士开着一家品位画廊。她每天舒适体面地上班，身边还跟着一个随叫随到的女秘书。虽然画廊的生意一向不是很好，但她也不是特别在意，因为这个画廊只是丈夫送给她消磨时光的玩具。

陈女士的丈夫老董算是一个社会名流，财富和地位是一般人无法与之比较的。夫妻俩经常携手出席各种名流社交 party，很多人都说他们是郎才女貌，天造地设的一对。

可是陈女士心里也清楚，她丈夫跟一位年轻貌美的模特有着过密的交往，甚至有这样的传言传入她的耳中：他打算为女模特开一间高品位的咖啡厅。女模特还大言不惭地说："老董说过，男人如果真爱一个女人，就会不顾一切地让她幸福。"

女人40如金——40岁女人进退取舍的人生博弈

陈女士对这些传闻只是充耳不闻，默默地守着她的"玩具"，美丽对于她好像不再那么重要。毫无疑问，陈女士的生活在外人看来是多么幸福而温暖。她似乎永远停留在春天，做一个有钱的女人，拥有着貌似的幸福。可是她真的幸福吗？她对现在的生活真的满意吗？

什么是幸福的女人，什么是令人满意的生活？有的时候你自己都把自己弄糊涂了。你觉得那个人一定是幸福的，并以为她会对自己的生活很满意。但你不知道，她又有着不为人知的苦楚。

把你和形形色色的陈女士比较一下，你们有着惊人的相似之处。你们的差异，只在于金钱的多寡，只在于社会地位的高低。而生活像一团乱麻摆在你面前，你已经分辨不清它是由什么构成的。然而，40岁的人生还需要很好地继续下去，虽然不年轻了，却依旧需要清醒地活。你需要梳理自己的生活。把你的生活列一份清单，也许能更快更好地理出一个头绪来。

什么样的生活才能让你满意呢，如何梳理，如何勾画？你走过了30岁的年纪，走过了不需要梳理和勾画的年纪。你早已是公主或王子的妈妈，公主和王子的优越在于幻想而不是现实，而你的优越，在于不幻想而要现实。你要保持住现在这份平安，但你也想把事情做得好一点，再好一点。

也许有朝一日能换一个更大的房子，孩子学习能再好一点，丈夫的工作能够稳步上升，家中的老人身体健康，每天都没有什么烦心事儿。兄弟姐妹的家庭也能和和睦睦，生活中再也不会出现什么纰漏就好了。你叹了口气，想了想，这要求看似简单，却不是每一项都能随了你的心愿。你时刻都在尽力，可是总有不大不小的烦恼在侵扰着你的心绪。

每天忙碌生活的你，在结婚之后已经形成了一成不变的生活模式。几十年如一日的习惯动作、习惯想法、习惯意识，让你觉得生活中所面对的一切都是合情合理的。你不觉得有什么需要改变的，甚至认为自己的生活方式就是真理。

你已经不会思考，凭着惯性思维打发着日子。你已经想不起来学习为何物，因为你自认经过40年的生活历练，自己已经能够应付任何变故。你忘记了自己也需要改变。你在一成不变的生活中变得倦怠而惧怕丝毫的变动。

习惯代表着适应，也代表着停滞。十几年的婚姻生活，让你逐渐适应了婚姻中的不和谐。面对生活的种种不如意，你变得麻木。

大部分女人总是把对生活的希望寄托在老公、孩子身上，不断催促他们奋力向前，而以为自己可以原地踏步。她们已经不知道自省为何物。她们总是认为只要老公再努力点，挣钱再多点，只要孩子再刻苦一点，成绩再提高一点，自己再辛苦一点，多照顾他们一点，就会得到想要的生活。但是，你要知道，你所设想的这些方式，都是建立在改造别人、牺牲自己的基础上。

可是，多年的生活证明，无论你唠叨了多少，牺牲了多少，他们依旧是他们的样子。试图改变另一个人是不现实的，只有他们自己才能改变自己。改造别人，不如改造自己。改造别人几乎是一件不可能的事情，哪怕是这个世界上与你最亲近的老公和孩子。要获得想要的生活，你只能靠自己。因为与别人相比，自身是更容易掌控的。

肖女士今年44岁了，她经营着一家饰品连锁店，每天神采奕奕地打理着生意。丈夫的事业、儿子的学业也都很好，她生活得既幸福又满足。

那年，肖女士39岁。眼看自己就要告别三字头，进入40岁大关了。她心里有些惶惶然的，总是想：女人到了40岁还能做一些什么呢？前些年，丈夫事业忙，孩子小，自己要照顾家庭，而现在，丈夫的事业也走上轨道，孩子也上了重点高中，而自己，应该干点

第五章 放下诱惑，成就40岁的心静——女人40要懂得知足常乐

什么呢？突然之间，她感觉失去了生活的重心，有点找不到自己。

难道任由岁月在自己的身体和心理上刻下一道道苍老的痕迹？肖女士对即将40岁的自己说："不行，我不能就这样碌碌无为地度过今后的人生。我要改变。"

她是一个全职家庭主妇，面对狭小的生活空间，她能改变什么呢？有的时候，她总是在想，自己需要什么？什么样的生活才是满意的生活呢？

肖女士将自己的人生之路细细地回想了一遍，明白了，要想有令自己满意的生活，首先一定要有一个令自己满意的自己。

肖女士想到了在杂志上看到的一句话，一个完满的女人应该是在这几个方面丰富而富足的人：健康，富有，力量，文雅，毅力，仁慈，爱心，信仰，希望。这句话对她很有启发，她觉得拥有以上几个特质的女人，一定就是个能令自己满意，同时各方面也很完满的女人吧。她试着朝这几个方面塑造自己。

健康当然是女人最重要的东西。人说健康就像是储蓄罐，你给它多一点，它也会给你多一点。反之，如果你对它坏一点，它就会变本加厉地偿还给你。肖女士抽空去医院做了一个全身检查，结果还不错，除了体重稍稍超出标准，别的没啥毛病。肖女士决定尽量改掉自己的坏习惯，不再超过11点睡觉，不吃过多的甜食，并开始每天锻炼半个小时。

虽然老公的生意做得很不错，但当今社会赚钱已经不再只是男人的事儿，女人也可以参与其中。肖女士用自己的私房钱，开了一家饰品店，虽然每个月赚的钱不多，但是看着自己亲手挣的白花花的银子，那种满足感和拿老公给的家用完全不一样。

从家庭走入了社会，肖女士从一个默默无闻的主妇变成了一个敢拼敢做的小老板，整个人精神面貌发生了翻天覆地的变化。

因为有了自己的事业，肖女士把家务分摊给了丈夫和儿子。周

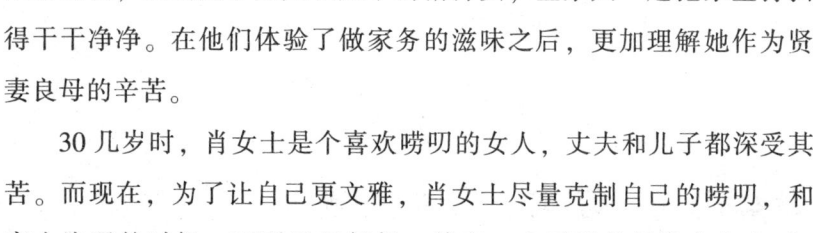

末的时候，她当起了丈夫和儿子的指挥员，全家人一起把家里打扫得干干净净。在他们体验了做家务的滋味之后，更加理解她作为贤妻良母的辛苦。

30几岁时，肖女士是个喜欢唠叨的女人，丈夫和儿子都深受其苦。而现在，为了让自己更文雅，肖女士尽量克制自己的唠叨，和家人沟通的时候，不再反反复复。其实，在适当的甩掉家务之后，人不知不觉也就变得没那么琐碎了。

小店在肖女士的经营之下，生意很是不错。因为店面位于外国人社区，很多外国人来光顾。为了能跟外国顾客更顺畅地交流，肖女士拿起扔掉多年的书本，一丝不苟地学习起了英文。儿子看到妈妈这样勤奋，不自觉地受了影响，不用她多说一句，回到家就认认真真地温习功课。这时她才明白了：身教永远比言教更有效。

作为一家饰品店的老板娘，肖女士不再像从前当家庭主妇时那样不修边幅。她仔细斟酌自己的服装和妆容，尽量把自己最美的一面展现给客人。无形中，她也把这一面带回到家中，从此她成了丈夫眼中高贵美丽的妻子、儿子眼中智慧漂亮的妈妈。

40岁的女人并不老，你还有无限改变的可能。只要你有一种改变的态度，你应该明白：令人满意的生活不是把希望寄托在别人的身上，而是要自己改变。

女人40，你应该尝试改变，或是心态，或是行为。用自身的改变，来平衡生活状态和自身心态。让自己对现在的生活满意，也让和你接触的每一个人感觉到你是如此的自如：没有颓废，不像妙龄少女的幻想，不像40岁女人的颓废，你的自如是18岁与40岁的共通感受。

一个40岁的女人把自己臆想为18岁是不可能的。你要的是，40岁的自己，18岁的心态。这个精彩的世界仍然需要你去探索，你只需将18岁的浪漫和理想融入到40岁的现实，那便是你40岁的精彩了。

懂得知足，40岁才不会困惑

　　生命里的幸福是甜的，甜有甜的滋味；情爱的离别是咸的，咸有咸的滋味；生活的平常是淡的，淡也有淡的滋味。

　　所谓的知足常乐，是说要以正确平和的心态对待宠辱得失，它强调的是一种心态。长途跋涉时，痛苦的往往不是漫漫长路而是鞋子里的那一粒细沙。人生也是这样，打败你的或许不是外部恶劣的条件而是你内心。四面楚歌，让西楚霸王溃不成军；空城楼上古琴一曲，令司马懿自动退兵，这些何尝不是利用了心理战术。所以，心态对一个人行动的影响是不容忽视的。而知足常乐无疑是一剂心灵的良药，帮助40岁女人在纷繁芜杂的生活中形成一个良好的心理状态，对外部的风云变化泰然处之。

　　相关研究表明，在心里试图要求达到完美境界的女人，与她可能成功的机会恰恰成反比。因为在她追求完美的过程中，就会收获着完美带来的莫大的焦虑、沮丧和压抑，在事情刚刚开始时，她就在担心着会不会失败，生怕干得不够漂亮而辗转不安。这就妨碍了她全力以赴去取得成功，而一旦遭遇到失败的话，她就会异常的灰心，想尽快从失败的境遇中逃避。她们没有从失败中获得任何教训，而只是想方设法让自己避免尴尬的局面，省得让自己周围的人看了抬不起头来。这样的人自己首先就已经把自己打败了，又何以去享受生活，体验生活！

因为人总是难以知足，所以常乐才称得上是一种艺术。足与不足都是相对来说的，自古道："比上不足，比下有余。"比上是和你自己的理想比，比下是和你的生活比。理想的境界里通常都是一些难以实现的愿望，因而你尝到的自然也就是一种苦涩的滋味。而比下那是当然有余了。在生活中运用起来却几乎百试百灵。就比如，当酒瓶里只剩下半瓶酒的时候，你不应总是抱怨，"只剩下半瓶了"，而应该想想，"还有半瓶呢"。有一句诗说得好："千江有水千江月，万里无云万里天。"任何事都可以从它本身发现知足快乐的源泉，问题就在于你从什么角度去看。

生活中，你之所以活得很累，就是因为你总是带着满满的欲望在人世间奔波，到你到了40多岁的时候，懂得开始用冷静的态度去思考人生的时候，你才发现自己已经不堪重负了。

有这样一个女人，她的欲望很多，而且无论她如何追求，都没有满足的时候。比如：她想攒很多钱和家人满世界旅游；想买数不清的衣服、鞋子、包包、小首饰；想拥有最昂贵的化妆品、护肤品。她认为只有这些才能带给自己最纯粹的开心，带给自己摸得着的真实感。

后来，她开始不惜重金去购置名贵的珠宝、高档服装……钱总是会花完的，到了40岁，她便负债累累。其实，一直以来她都生活得很累，华丽的外表下是一颗空虚的心。因为欲望太多，她不堪重负。

佛经中说："'欲'生诸烦恼，'欲'为生苦本。"这里的"欲"就是欲望，是幸福的最大障碍。人到了40岁，之所以陷入困惑之中，也是因为欲望。因为贪欲之心太重，所以，你才会产生种种的苦恼。如果你困于种种的欲望，追求的东西太多，就会产生诸多的

第五章 放下诱惑，成就40岁的心静——女人40要懂得知足常乐

109

不快乐。

其实，你不是拥有太少，而是欲望太多，因而造成了心理贫穷。古时候有一个放羊人，一次偶然涉足一个深不可测的山洞。好奇心促使他一步一步地往里走。突然，就在洞的深处，出现了一个金光闪闪的宝库。

天哪，这是不是人们常说的天下第一宝藏呢？放羊人很高兴，他从来没有见过这么多金子。他小心地从几万吨的金山上拿了小小的一条，并自言自语道："要是财主不再叫我帮他放羊的话，这几十两金子也够我生活一段时间了。"他边说边从金库里趔回到放羊的山上，"够用了，够用了。"他边说边不慌不忙地将羊赶回老财主家，又如实地将他的发现禀告了财主。他还把自己捡到的那块金子拿出来给财主看，让其辨其真假。财主一看二摸三咬之后，一把将放羊人拉到身边，急切地问藏金的洞到底在哪里。当放羊人把山洞的大体方位说出来后，财主马上命管家与手下直奔放羊人说的那座山，但是他担心放羊人的话不真，干脆直接让放羊人带路。当他见到真的金山时，高兴得不得了。他赶紧将金子装进自己的衣袋，还让一起进来的手下猛拿。

就在他们把放羊人支走，准备带走所有金子的时候，洞里的神仙发话了："人啊，别让欲望负重太多，到时天一黑，山门就关了，你不仅得不到半两金子，连老命也会在这里丢掉。"可是财主就是听不进去，他想山洞这么空阔，且又那么坚硬，就是天大的石头砸下来，也砸不到自己的面前，何况这是金子啊，不拿白不拿，负重一点儿怕什么，出去不就是大富翁了吗？于是，财主还是不停地装运，非要把金山搬空不可。一阵轰隆隆的雷声响起之后，整个山洞全被从地下冒出的岩浆吞没了，财主就这样连自己的性命也丢在了火山的岩浆中。

女人40，活着还很累，是因为你的欲望太多了。当然，健康的

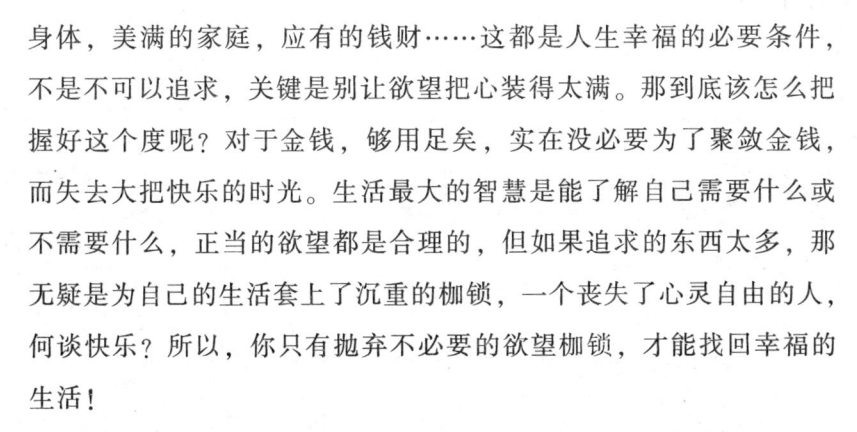

身体，美满的家庭，应有的钱财……这都是人生幸福的必要条件，不是不可以追求，关键是别让欲望把心装得太满。那到底该怎么把握好这个度呢？对于金钱，够用足矣，实在没必要为了聚敛金钱，而失去大把快乐的时光。生活最大的智慧是能了解自己需要什么或不需要什么，正当的欲望都是合理的，但如果追求的东西太多，那无疑是为自己的生活套上了沉重的枷锁，一个丧失了心灵自由的人，何谈快乐？所以，你只有抛弃不必要的欲望枷锁，才能找回幸福的生活！

希望越大，欲望越大，失望和挫折也就越大，就算你得到了想要的东西，欲望的满足也只存在于完成时的那一瞬间，当那个时刻过去之后，你就对它再也没有先前的兴趣了。可见，欲望不会让人快乐，只会让人失落，甚至陷入大喜大悲的不稳定状态中。而且，当一个人的贪欲强烈到不可克制的病态时，甚至可能不择手段来伤害别人，以致众叛亲离，最终失去了生活的乐趣。

生活中40岁女人该如何克制贪欲呢？

1. 对需求进行分类，把想要的东西分为"必需品"和"身外物"。

2. 学会享受克制欲望的自控感，比如，经常去商店观赏一件喜欢而超过支付能力的衣服，其实比真正买回来的快乐更持久。

3. 如果贪欲来自对别人的羡慕，就要告诉自己，虽然他拥有的东西我没有，但是我拥有的东西他也没有。

女人到了40岁，你已经载不动太多的欲望，要想使自己的生命之舟在抵达彼岸时不至于在中途搁浅或沉没，就必须轻载，只取需要的东西，把那些不需要的东西统统都舍弃掉。

少一些攀比，就多一些幸福

少一些攀比，就会少一些烦恼，就会少一些浮躁，这样40岁女人才能活得潇洒自在，才能过得更加快乐幸福。

经济学家认为，虽然人们越来越富，却体会不到幸福的感觉！为什么会如此呢？就是人与人的攀比之心在使坏。攀比心一起，心理必然失衡，幸福感大打折扣。

正处于不惑之年的李女士因为升职为主管薪水加了不少，年薪达到了6万多元，于是在春节的时候，她用多年的积蓄买了一辆10万元左右的小汽车，与丈夫、女儿一块儿，风风光光地回老家过年。

没想到，在年前参加同学聚会时，李女士的好心情一下子就不复存在了。原来，参加聚会的闺蜜们的小汽车绝大部分在20万元以上。传杯把盏时再一打听，在场闺蜜们的年薪几乎都在10万元以上。相比之下，李女士属于穷人了。因此，整个聚会过程，李女士闷闷不乐。回到家后，心想自己从20几岁奋斗到40岁，仍然落在闺蜜后面，她一个晚上也睡不着觉。第二天，李女士就带着一家人回家了。但闺蜜们的风光无限还是不断地刺激着她，使得她在整个春节期间都郁郁寡欢。

人比人，气死人，像李女士这样盲目与人攀比，结果只能是自讨没趣。生活中这样的现象很多，你如果发现身边的张三升官了、李四发财了、王五中大奖了、赵六买了汽车了、钱七买房子了、郑

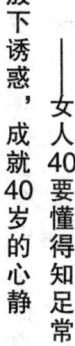

九评职称了……这样的信息总会强烈地打击着我们的自信，使你感觉郁闷无比。

生死由命、富贵在天，这句话虽然消极，但说明了每个人都有自己的生活方式，日子该怎么过还得怎么过，只要自己开心就好，实在没有必要以别人作为自己的参照对象。如果失去了这种平常心，总是和别人较劲、攀比，越比就会觉得缺少的东西越多，越比就会对自己越没有信心，心理就会失去平衡，就会自寻烦恼。

马克思曾经说过，一座房子不管怎样小，在周围的房屋都是这样小的时候，它是能够满足社会对住房的一切要求的，但是一旦在这座小房子的近旁耸立着一座宫殿，这座小房子就缩成可怜的茅舍模样了。这句话说明了一个道理：凡事都怕攀比，一攀比问题就出来了。

王亮和朱婷原本是大学同学，两人的收入都还不错，也买了房买了车，应该说小日子过得滋润得很。但也是在一次同学聚会上，朱婷看到过去成绩、能力不如丈夫的男同学，一个个发了迹，而那些远不如朱婷漂亮的女同学也一个个都嫁了有钱人。与他们一比，王亮和朱婷发现自己什么也不是了，只得悻悻回家。回家后还没完，朱婷到家后就脱口而出："我怎么嫁给你了？"这句话更刺痛了王亮的自尊心，两人开始争吵起来。

过日子是自己过，而不是过给别人看的，因此不应该将什么东西都放在比较的天平上。攀比不仅会给人增添许多烦恼、痛苦和折磨，给人所带来的心理压力还会引起很多疾病，譬如十二指肠溃疡、胃病、高血压、糖尿病、心脏病、血管病，还可造成身心失调症、神经衰弱、忧郁症等心理疾病。

有一位40岁的女人，衣食无忧，工作也挺稳定，但是每当看到和自己差不多年纪的朋友开着私家车进出豪华公寓，再想想自己住的小而拥挤的家属楼时，她的心里总是有一股难言的惆怅。为了不让别人看低自己，她狠狠心、咬咬牙、跺跺脚，按揭买了一套一百多平方米的商品房。本以为这样自己的心里就踏实了，殊不知烦心事还在后头！物管费、分期付款、车库钱、电梯费，从此像一座大山一样压得她和丈夫喘不过气来。整日处于巨大压力下的她开始变得烦躁不安，上班时总觉得没有精神，注意力也无法集中，而晚上则常常失眠、心悸，到医院检查，心理医生诊断她患了焦虑症。

什么是平常心？平常心就是能平静地面对一切，做到沉浮不乱，宠辱不惊，坦然接受自身的现实以及他人对自己的评价。如果做人没有这种思想境界，就会不择手段地追名逐利，或者死要面子去盲目攀比，结果只能是劳心伤神，疲惫不堪，这又何苦来呢？

俗话常说，知足常乐，对现状不知足，无疑是自寻烦恼，在工作和学习中，你可以拿自己与优秀的人做比较，这样才能见贤思齐，但在生活中，你则应该经常与那些不幸的人相比，就会发现自己生活得相当不错了。特别是去这三个平时你很少去的地方后，你就会发现自己原来生活在天堂里。

第一个是贫困的地方。

很多人不知道生活的艰辛，不知道生存的困难，当你看到贫困地区的贫困面貌后，看到小孩渴望的眼睛与老人呆滞的神态后，心里会产生一种震撼，就知道能吃饱穿暖已经是很幸运的事情了。

第二个地方是监狱。

去看看那些被剥夺自由的人吧，你就会觉得能在大街上闲逛、在电视前面发呆不再是苦恼了。

第三个地方是殡仪馆。

上帝对任何人都是平等的，因为人都会死亡。想想那些不可一世但又已经故去的人们，就会知道活着才是真实的，其他全部是虚无的。

攀比实际上是一种欲望不满足的心理过程，而人的欲望又是没有止境的。有了几百万，见到上千万会痛苦，有了上千万，见到上亿又不舒服；当了处长见了局长会自卑，当了局长见了部长又会不安。因此，攀比最终都是以失败告终，并因此而愤愤不平，这于己于人于家庭于社会都是有害无益的。

倘若与远远强过你的人相比，你就会觉得生活不幸福，并为此烦恼丛生；如果与那些不如你的人、比你更穷、房子更小、车子更破的人相比，你的幸福指数就会突然增加。所以，如果今夜失眠，想想那些无家可归的人吧；如果开车遇到堵车，想想许多还没有汽车的人吧；如果今天工作不顺利，想想下岗在家的人吧；如果与老婆吵架了，想想还有那么多人打光棍呢；如果在周末感到无聊，想想有的人还在加班呢。

这不是阿Q精神，而是理智务实的人生态度。如果每个人都能客观地认识自己，知道自己有多大的分量，就能安于平淡且平实的生活。

一个40岁女人的生活质量高低，不在于你在哪里生活，而在于你怎样生活。有钱过好一点，没钱就过紧一点，始终不与他人攀比。如果你是一个攀比的女人，一个处处争强好胜的女人，那么停下你的脚步吧：

1. 别让虚荣阻碍了你享受生活。

攀比让你的虚荣心满足，可为了这满足你却付出了多大的代价：想方设法、不择手段、焦头烂额、心力交瘁，更大的代价是你忘了生活中还有比攀比更让人感到愉悦的事情。

2. 创造你自己的生活品质。

真正的生活品质，是回到自我，清楚地衡量自己的能力与条件，在这有限的条件下追求最好的事物与生活。生活品质是因长久培养了求好的精神，从而有自信、丰富的内心世界；在外可以依靠敏感的直觉找到生活中最好的东西，在内则能居陋巷、饮粗茶、吃淡饭而依然创造愉悦多元的心灵空间。

3. 思考攀比的意义。

与别人攀来比去,你最后除了虚荣的满足或失望之外,还剩下什么?有没有意义?是徒增烦恼还是有所收获?最后思考的结果即毫无意义。你感到无意义,自然就会停止这种无聊的行为。

人到40岁要想开一点,生活是自己的,只要自己过得开心、舒适就好,何必让有害无益的攀比损害自己的幸福呢?

女人40要笑对人生中的缺憾

完美未必是好事。就是因为事事要达到完美,你才吃了那么多的苦,受了那么多的罪,有了那么多的自我苛刻而变得不快乐。缺憾,有就有吧,女人40要对自己好一点!

《百喻经》中有这样一则故事:在印度有一位先生娶了一个体态婀娜、面貌艳丽的太太,两人恩恩爱爱,是人人称羡的神仙美眷。这个太太眉清目秀,性情温和,美中不足的是长了个酒糟鼻子。这就好像失职的艺术家,对于一件艺术精品,少雕刻了几刀,显得非常的突兀怪异。于是这位太太终日对着镜子,一面抚摸着这只丑陋的鼻子,一面唉声叹气,埋怨命运的残忍。

这位丈夫也是看在眼里,痛在心里。一日出外去经商,行经一贩卖奴隶的市场,宽阔的广场上,四周人声鼎沸,争相吆喝出价,抢购奴隶。广场中央站了一个身材单薄、瘦小清癯的女孩子，正以一双水汪汪的泪眼，怯生生地环顾着这群如狼似虎、决定她一生命运的男人们。这位丈夫仔细端详女孩子的容貌，突然间，被深深地吸引住了。好极了！这女孩脸上长着一个端端正正的鼻子，于是这位先生决定不计一切，买下她！

这位丈夫以高价买下了长着端正鼻子的女孩子，兴高采烈地带着女孩子日夜兼程赶回家门，想给心爱的妻子一个惊喜。到了家中，把女孩子安顿好之后，用刀子割下女孩子漂亮的鼻子，拿着血淋淋而温热的鼻子，大声疾呼："太太！快出来哟！看我给你买回来最贵重的礼物！""什么样贵重的礼物啊？"太太狐疑不解地应声走出来。"我为你买了个端正美丽的鼻子，你戴上看看。"

丈夫说完，突然出其不意，抽出怀中锋锐的利刃，一刀朝太太的酒糟鼻子砍去。刹那间，太太的鼻梁血流如注，酒糟鼻子掉落在地上，丈夫赶忙用双手把端正的鼻子嵌贴在太太的伤口处，但是无论丈夫如何努力，那个漂亮的鼻子始终无法黏在妻子的鼻梁上。

可怜的妻子，既得不到丈夫苦心买回来的端正而美丽的鼻子，又失掉了自己那虽然丑陋、但是却货真价实的酒糟鼻子，并且还受到刀刃创痛。而那位糊涂丈夫的愚昧无知，更是叫人可怜！

追求完美几乎是现代女性的通病，然而不幸的是，有些人以为自己是在追求完美，其实她们才是最可怜的人，因为她们是在追求不完美中的完美，而这种完美，根本不存在。

一位女激励大师曾做了一次演讲，她说有个有洁癖的女孩"因为怕有细菌，竟自备酒精消毒桌面，用棉花细细地擦拭，唯恐有遗漏"。这位有洁癖的女孩，难道不知道人体表面就布满细菌，比如她自己的手可能就比桌面脏吗？

在一家餐厅里，也有对母子因为怕椅子脏，而不敢把手袋放在椅子上，但人却坐在椅子上，要上菜时，因为怕手袋占太多桌面，而让菜没地方放，服务员想将手袋放在椅子上，马上被阻止："别忙了，我们有洁癖，怕椅子不干净。"上完菜后，一旁的客人实在忍不住，问："有洁癖还来餐厅吃饭？自己煮不是比较放心吗？""吃的东西还不要紧，用的东西我们就比较小心了。"

天哪！这是什么回答！吃的东西不是更该小心的吗？手袋上的细菌会让人致命？还是吃下去的细菌会死人？

一个孩子犯了一个错，母亲不断地指责，因为她要为孩子培养完美的品格，孩子拿出一张白纸，并且在白纸上画了一个黑点，问："妈，你在这张纸上看到什么？""我看到这张纸脏了，它有一个黑点。"母亲说。"可是它大部分还是白的啊！妈妈，你真是个不完美的人，因为你只会注意不完美的部分。"孩子天真地说。

40岁的吴女士是个极正义的人，对于世界上竟有这么多不义的人很痛恨，她一直很想杀光世界上的坏蛋，好让世界完美。有一天她突然接到一封上帝的来信，上帝说，这位吴女士也是个坏人，因为她的心中从来就没有爱。

要求完美是件好事，但如果过头了，反而比不要求完美更糟。就像我们居住的屋子，永远不可能如展示厅那样整齐干净，如果一味地强求，反而会使居住成为噩梦一般。

世界上有太多的完美主义者，他们似乎不把事情做到完美就不善罢甘休似的。而这种人到了最后，大多会变成灰心失望的人。因为人所做的事，本来就不可能有完美的。所以说，完美主义者根本一开始就在做一个不可能实现的美梦。他们因为自己的梦想老是不能实现而产生挫折感，就这样形成一个恶性循环，最后让这个完美主义者意志消沉，变成一个消极的人。所以，培养"即使不完美，也没关系"的想法是相当重要的。

如果你花了许多心血，结果还是泡了汤的话，不妨把这件事暂时丢下不管。如此一来，你就有时间来重整你的思绪，接下来就知

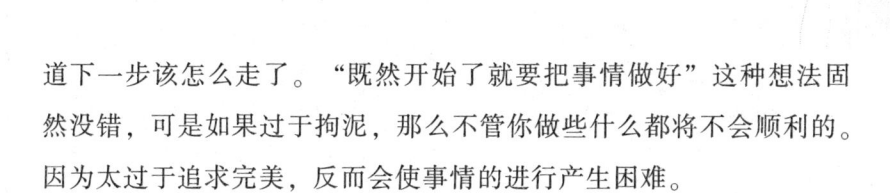

道下一步该怎么走了。"既然开始了就要把事情做好"这种想法固然没错，可是如果过于拘泥，那么不管你做些什么都将不会顺利的。因为太过于追求完美，反而会使事情的进行产生困难。

女人40要静心，莫让诱惑毁了你

怎么样面对诱惑，能不能拒绝这些诱惑，踏实地走自己选择的路，是40岁女人幸福与否的关键。

诱惑的表面都是美好的，不然也无法对人产生诱惑了。所以怎样识别诱惑就是一个大问题。实际生活中，有很多女人就因为没能识别出诱惑走上了歧途。小孩子抵挡不住糖果的诱惑，跟人贩子走了；大姑娘挡不住工资高或者嫁给大款的诱惑，也被人贩子拐跑了。有一则新闻，说一个女博士生竟被一个小学文化的人贩子卖到农村给人当了媳妇；还有很多女人掉进了一个婚介公司的陷阱，带着成为阔太太的梦想嫁到了日本，到了才发现自己的老公都是穷光蛋。很多的例子都说明，女人到40岁，能识别什么是假的、什么是诱惑，是一件很幸运的事情。

当然，生活中你要面对的诱惑太多了，学习、工作、结婚、买房等等，各方面都有诱惑，没有人能做出全面详细的诱惑介绍和破解方法。那有没有什么万能办法呢？有没有什么方法可以以不变应万变呢？有的，就是记住一句话："天下没有免费的午餐。"

每个女人都梦想着成功，尤其是没有背景没有基础的草根一族，更朝思暮想着有朝一日能鲤鱼跳龙门，山鸡变凤凰，这是好事。可是有梦想的同时也千万不要忘了，功名财富是要靠自己的双手去获得的，不可能指望天上掉馅饼。

生活中很多女人不是这样，她总爱占小便宜，所以常常自讨苦吃。诱惑为什么能成为诱惑？就是因为里面有便宜可以占，有好事等着，于是很多人就失去了清醒的心志，不辨东南西北，一头撞了进去，直到吃了大亏才明白，才后悔。如果一开始面对诱惑的时候能好好想想这两个问题：天底下可能有这样的好事吗？就算有，为什么就落在了我的头上？结果恐怕就大不一样了。

这种做法用禅的观点解释就是一个人要有定力，意志要坚定，修禅生活是清苦的，但一定要坚持下去，因为说不定什么时候受到一个点播，人就开悟了，质变是需要量变作基础的。现代的社会太急功近利，人也变得浮躁起来，都想成功，都想赚钱，也都急着成功，急着赚钱。比如股市火了，人们马上都去炒股，因为看见有人赚了钱他眼红，可是真正炒起来之后怎么样？60%的人都赔钱！

现在的文化界也是一样，一个文人学者出了名，就马上忙得热锅蚂蚁一样，一年出好几本书，演讲更是没数，几十年的工作加起来，恐怕都没有出名后那一年多。因为有名不用，过期作废，谁知道自己什么时候"过期"，所以一定要趁这火的时候把钱挣足，不枉自己走红一回。可是事后再看看那些书是什么样子？说好听一点，是深入浅出，通俗易懂；说直接点，就是一知半解，囫囵吞枣。教授也好，学者也好，肚子里的干货都是有限的，就算还在积累增加，速度也肯定是越来越慢，十年出一本书和一年出一本书，效果能一样吗？

古人不这样，他们做事情有定力。曹雪芹大家都知道，清朝的大文学家，也是大才子。当时的出版业已经很发达了，凭他的才气，写几本畅销书赚钱应该不是很困难的事，可是他不干，宁可一生贫寒，也只写《红楼梦》一本，披阅十载，增删五次，满纸荒唐言，一把辛酸泪，直到死都没有写完。这样一本书会是多么高的质量？事实就是最好的说明，《红楼梦》不但大行于世，甚至衍生出了一门学问——红学，几百年后人们还在乐此不疲地研究。现在市面上的哪本书能做到这一点？都差得远了。为什么？就因为人们太浮躁，没有定力，心不净。不懂得一个"无"字的力量。

人心不净，诱惑自然就跟着来了，挡都挡不住，那怎么办？还有一个退而求其次的办法：聪明点，想远点。诱惑都是禁不起推敲的，遇到的时候，如果能想远一点，很多诱惑很容易就会不攻自破了。所以，女人40要静心，必须具备对诱惑的抵抗力！

40如金，活出真我的色彩

40岁的女人，平凡也要平凡得精彩，普通也要普通得从容。40岁女人的生活状态，也可以是精彩的、富足的，更可以是优美的、有风韵的。

40岁的黎莉虽然只是一个普通的小学老师，可在当地的运动圈里，她算个大名鼎鼎的"人物"。乒乓球、网球、羽毛球、驴行、游泳等，她样样在行，而且还组织了不少活动。她的丈夫假装生气地埋怨她："生活中只有自己，还管不管我和女儿了？"

早已步入40岁的她依然像刚结婚时一样，学着电视中的广告词对丈夫娇嗔："女人要懂得关心自己！"

女人40如金——40岁女人进退取舍的人生博弈

其实,黎莉也曾黯淡过,每天琐碎的工作,学生的吵闹和捣蛋,一度让她疲惫不堪。年已40,她却找不到活着的方向,有时候甚至厌倦了自己为之付出了20年的岗位。精神的不佳,也影响到了夫妻的感情,和丈夫也吵过多次。朋友见她萎靡不振的样子,劝慰她:"工作不能给你乐子,你就不能自己找点乐子吗?找一种你想要的生活。"这句话对她如醍醐灌顶一般。是啊!一周工作五天时间,剩下两天围着家人转,能不感到疲倦吗?

于是,黎莉跟着朋友办了一张健身卡,在健身房她可以练瑜伽,也可以学各种舞蹈,慢慢地,她爱上了运动的感觉,每个周末她都跟朋友们一起参加各种各样的运动。

她感觉自己活得不再像以前那样沉闷,她的生活,有声有色,有滋有味。偶尔她去打球,也带上女儿。黎莉的女儿18岁,黎莉常带她去自己的运动圈里,不知真相的人,还以为是她的朋友,问她:"哪里的小姐妹?"

现在,黎莉觉得自己活得很精彩,她把时间安排得极妥当,上班、运动、陪家人,一样不差。在运动的时候,她没感觉自己和女儿有多少差别。就是在家里,和女儿讨论到运动圈里的人、事、物,她也常常忘却了自己的年龄,忘了面前是自己的女儿,而当成了自己的球友、驴友。

有一回,丈夫居然盯着她看了很久,最后说出了句让她脸红的话:"怎么觉得你越来越有味道了?"这不就是她想要的么!

18岁女孩固然有着青春与美丽,40岁女人同样可以青春,可以美丽,40岁女人还能有着青涩女孩不可能拥有的东西:熟味——成熟的韵味。

40岁的你要甩掉迷茫,甩掉困惑,重新建立自己多姿多彩的生活;你要甩掉乏味,甩掉重复,重新找回已经被封存了很久的活力。你不仅仅是为自己活着:只有你生活得好,你所爱的人,爱你的人

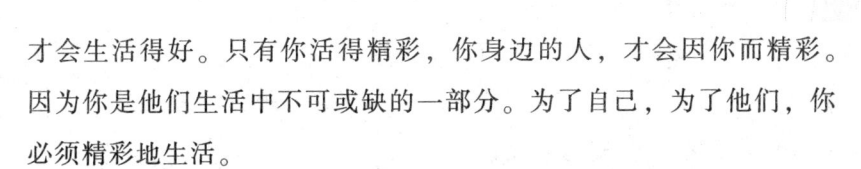

才会生活得好。只有你活得精彩，你身边的人，才会因你而精彩。因为你是他们生活中不可或缺的一部分。为了自己，为了他们，你必须精彩地生活。

完善自我，改造自身，是40岁女人永恒的话题。女人40，要让面容更光鲜，要让心态更健康。除了工作和家庭，你还有很多的事情可以做。其实，你不必做甩手主妇，你的生活依旧会变得有趣味。只要你懂得改变，懂得接受，更要懂得如何放下，你的生活就会呈现一番别样的风采！

做一个从容、平和、泰然的40岁女人

从容、平和、泰然是每一个40岁女人应有的人生境界。

刚刚步入社会时李勤勤很想成为一个作家，总以为自己略通文墨。经历了20年，文字功底没有任何进步不说，面对文坛李勤勤才明白什么叫空白。这是最初理想的破灭。但上帝对她仍然满怀爱意，她没有想到她会在管理行业中有机会发挥得很好。这份努力和自信让她在处理企业关系、社会关系及生活关系方面都有一份处世不乱、临危不惊、坦荡真诚、自信自强的心态和做事风格。所有这些，归结于李勤勤初入社会时遇到的同事，那些年长她近20岁的人，他们是她的恩师，是他们启发了她人生的第一步。可以说，怀着一种强烈的感恩心理生活，人才能进步，也才能安宁。

女人 40 如金——40岁女人进退取舍的人生博弈

李勤勤初到海南时，生活的积蓄在股市中变得愈来愈少，少有的恐慌袭来之时，也曾经非常的沮丧；怀着一腔热忱跟几个人合伙做事，却在相信朋友的情况下，步入了一场骗局之中，虽然资金的投入不多，但情感的投入却遭受了前所未有的重创。李勤勤没有自责，用痛哭、用一种心的绞痛完成了以前的故事，这也练就了她的承受能力。36岁时，李勤勤开始了新一轮人生。痛定思痛，她明白了人生苦难因人而异，如果没有用心识别，就得走点弯路。只要这错误不再犯，就对自己宽容一点，也没什么不好。过去的得失只代表过去，放眼远望，只要用心，总有美丽的季节来临。

在漂泊之中，李勤勤看到了，也感觉到了许多同样寻梦的人，在她还没有梦想的时候，他们的执著、他们的勤奋、他们历经挫折而不放弃理想的精神感染了她，她知道了自己的渺小，是因为欠缺远大的志向。在奋斗之中，李勤勤的梦想成长、成熟。失去的时候，她也有哀怨和感伤，但不久也就平淡了。她的生活中没有恨。

李勤勤一度也遇到了感情的困扰，她被那热烈而真诚的爱搞得晕头转向，因为那不是她的所爱，但却爱得她无处藏身，她善意地规劝、理智地分析，有时又选择了逃避，甚至回到了东北。然而没有逃过这份感情的追逐，在感激之下的回报是情感的错误领会，于是，在几年以后，她理所当然地给了自己一份伤痛。这验证了一个道理，不适合的东西不要去接纳，接纳了以后短暂的欢娱过后就是痛，也许这就是真实的人生吧。生命中仅有感动是不够的，生命需要深情和激情。因为感动于某种事情和某个人，是不可以决定什么事情的；因为感动是一时的东西而不会永久停留。

婚姻本是缘分的牵引，获得时珍惜并用心经营，失去时地球还在转动，也不要凄凄惨惨。感情亦是如此。不管你多么善于经营婚姻，也无法摆脱婚姻的枷锁和离婚问题的困扰，更何况有很多人不善于经营婚姻。所以，女人到了40岁，心态很重要，生活有多种形

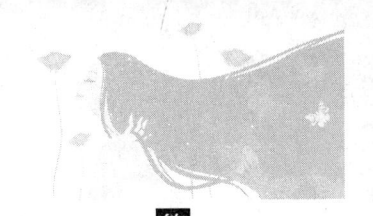

式，未必只有婚姻是幸福和美满的。

其实，婚姻生活太单一、太程式化、太不丰富，也有太多的约束。如果不幸走进了自己不甚满意的婚姻，那一辈子可能的不幸福会接二连三。

那么，40岁面对得失的思考是什么呢？李勤勤感激对方给了自己婚姻和离婚这一生最重要的幸福机会。如果能够做到这么洒脱的话，不幸福就都留给了别人，而幸福就紧握在自己手中，想起来也是一种美事。李勤勤说过这样一句话："对那些给我们痛苦和灾难的人们，我们也心存一份感激。"这就是李勤勤的人生哲学。

女人40明白了日子就是这样的过法。知道有生命就有挫折，有生命就有美丽，有生命就有心情，有生命就有未来。这是一种心智的成熟，是一种恰到好处的成熟。40岁女人在风霜雪雨中懂得了什么是生活，懂得了生活的沧桑和无奈。有了生活的资本，有了修饰自己的经验，有了对美丽的排毒性的欣赏，也有了安定幸福的感受，40岁女人要感激生活，更要珍惜生活。在公交车上，你可能遇到了小偷，旁边的那个女孩子下意识地踩了你的脚一下，小偷的手缩了回去。你会常常想起这件事，会在心里感激那个女孩。在婚姻之中，你的另一半的心被偷走了，你很伤感。可是，你转念一想，十几年婚姻生活，幸福有多少？也许是因为有了"小三"的出现，你才能够改变自己，那么就对"小三"笑一笑吧。应该说，"小三"让你有了觉醒，或者说因此调整了婚姻的不适，或者你有了机会解脱。总之，试着去感激那个"小三"。

第五章 放下诱惑，成就40岁的心静——女人40要懂得知足常乐

125

第六章

放下幻想，成就40岁的理性
——女人40头脑要保持清醒

40岁的女人不再是天空的游云，不再是七月的晚风。人生是一次苦旅，40岁的时候才了解了生活，才多了一份成熟和理性。于是，牵肠挂肚的顾盼，迎来送往的繁文缛节，就显得格外地亲切和真实。打破二三十岁时的梦幻，40岁女人才懂得如何去经营自己的人生。

女人40，征服婚姻的瓶颈

40岁女人度过了20几岁充满浪漫的恋爱季节，走过了30几岁充满浪漫与激情的二人世界，走进了40岁实实在在的婚姻生活，多年的坎坎坷坷使得婚姻这艘大船渐渐驶向了平静，驶向了安稳，没有了激流汹涌的险滩，生活中能有几个人耐得住这样的平静？

有人把这样的平静称为"婚姻的瓶颈"，多年的情感变得麻木和疲惫，完全没有当初设想的那样美好，十多年平平淡淡的朝夕相处，彼此真是太熟悉了，所以什么顾虑也没有了，同时也没有了热情，这时候就很想冲出这个"瓶颈"，到外面呼吸一口新鲜的空气。

女人是爱幻想的，幻想着外面的世界要比这平淡的日子精彩得多，所以时不时的就会冒出这种想法：我要走出去。当女人这么想的时候，男人也会这样想，这时婚姻就会出现"同床异梦"的尴尬，面临着生活的考验。

其实不管男人还是女人，都已经在婚姻的现实中长大成熟，在恋爱时期的认识和把握不够和不清楚，经过十几年的婚姻磨练，这时候答案自然而然就蹦出来：我原来需要这样的男人。但再回头看看自己枕边的那个人，好像与答案里的差十万八千里，这时心里就会产生矛盾和不平：他原来不是我想要的那种人。这样想的时候，其实也就是给婚姻埋下了一颗定时炸弹，只是时间还未到，不到爆发的时候，除此之外，生活中的一些琐碎事，如抚育孩子的繁重让女人感到身心俱疲，虽说做母亲是一件快乐的事情，但时间长了，母亲也会有不耐烦的时候，尤其是当和丈夫发生矛盾时，心里觉得很委屈，想这么多时间，一直为家操劳，照顾老老小小，里里外外，到最后，丈夫不说感激，还要挑毛病。当女人有这种心理时，离爆发就差几步了。

婚姻需要两人一起生活，如果女人光想着自己怎么样，而不顾及丈夫的感受，长时间下来，双方都会感到很累。

上海市曾作过的一个调查显示，人这一生，40岁到45岁之间是离婚的高峰，由此可见婚姻的十年之痒是女人生命中的第二道坎。如何度过这道坎，是女人们最关心的话题，有关专家曾提出几条关于这方面的建议：

1. 40岁女人在忙碌的生活中要爱自己和不断地完善自己。自身的新变化正是吸引丈夫的地方，相信自己的魅力，尊重自己的愿望和要求，做一个完整的人，而不是做他的一半。虽然两个人结合在一起是一个完整的圆，但40岁女人也要保持自己独立的圆，和丈夫有共享美也有自己的特色美，这样才能保持恒久的魅力。

2. 40岁女人要用自己内心的爱来回报丈夫的爱，也许有时候丈夫会忘记你的生日，但他在心里藏着那份对你的爱，如果女人不用心去体察，很容易忽略这份深深的爱，反而误以为丈夫不在乎自己，徒增自己的心理压力，所以女人要学会认识丈夫爱的变化，用心去感受。

3. 结婚容易，可是真正维系好自己的婚姻生活就不那么容易了，俗话说，创业容易守业难，婚姻也一样。结婚是一时的，而结婚后的婚姻生活会持续到老，40岁女人经历了爱情时期的"触电"和相互承诺的阶段后，需要的是有足够的耐心来建设自己的婚姻，与丈夫携手一生。

4. 40岁女人在生活中要和丈夫共同成长，相互为对方带来新的知识，新的理念，彼此帮助对方发掘潜力，超越自己，在更成熟的心态下与人相处，相互间要有分享、耐心、感激、接纳和原谅的意识。

5. 40岁女人在婚姻生活里，要学会沟通和交谈。没有良好的沟通，婚姻关系就像一艘空船载着一段充满困惑和猜测，以及误解等的灰色之旅，生活中没有什么比貌合神离更让人感到痛苦了，所以良好的沟通是使丈夫了解你有什么需要和愿望以及变化和感受的根本，也是夫妻相互保持关系和谐和活跃的重要方式。

6. 当40岁女人面临婚姻挑战时，要和丈夫共同去面对。在互动、和谐、互助的氛围中度过婚姻的紧张时期，千万不要一个人闷在心里，让丈夫猜，所以当你脆弱的时候，告诉他，他会让你变得坚强起来，从而一起渡过难关，共同分享婚姻的甜蜜。

7. 40岁女人要精心呵护自己对丈夫的情感，才能百年好合，珍爱自己所爱的人，当生活中发生不愉快时，多一次主动真诚的道歉，一个诚意的自我批评，一个和好的表示，就可以缓和家庭的气氛，从而为自己也为丈夫带来好情绪。

8. 40岁女人要善于不断更新自己的生活，才能天长地久。永远的幸福就是能够保持新鲜活泼的感情关系。要不断更新自己的情感生活，保持新鲜和活力，为婚姻注入新的生命力，婚姻才能长久不衰。

9. 40岁女人要把奉献精神在婚姻里表现得更完美，常常问一问自己：我给丈夫带来什么，精神食粮？安全感？幸福感？在日常的生活中，时时想着要为丈夫做些什么，比如一个拥抱，一个笑容，一个亲吻，都会让丈夫体会到你的温情。

10. 40岁女人要学会为自己留有一定的个人空间，在婚外保持正常的朋友圈子，不要将婚姻作为自己唯一的精神寄托。在和朋友的交往中不断提升自己的人生智慧，不断调整自己，从而为婚姻增添新的魅力。

11. 40岁女人要学会满足，看着身边的丈夫，他虽然不是男人里最好的，最优秀的，但他却是最适合你的，这就足够了。

12. 40岁女人要学会保护自己，如果婚姻无法继续下去，果断地选择离开是对自己的一种尊重和保护，离婚并不像想象的那样可怕，如果真正凑合着过下去，那才是自己人生的毁灭。

女人40，要心平气和地对待自己十年之痒的婚姻，它是一个需要不断呵护、建设、更新的过程，调整好自己的心态是对婚姻最好的保护。

学会妥协，必要时"举手投降"

> 爱情是美丽的、激扬的，但是如果没有宽容的依托，不过昙花一现，来得快去得也急。

年近40岁的刘敏对家人非常好，她常常对新婚不久的妹妹说，婚姻没有谁对谁错之说，不要逼着男人跟你翻脸。当男人犯一点错误的时候，你要学会宽容，不要因为你是女人而受不了一点委屈。刘敏之所以这么说，是因为她经历了30岁时那段痛苦的而婚姻，那时的刘敏任性而苛刻……

刘敏和王刚是大学同学，刘敏开朗、泼辣、热情四溢，而王刚则内向、老实、寡言少语。结婚两年之后，他们之间小小的不愉快

女人40如金——40岁女人进退取舍的人生博弈

偶尔也有，但这一次他们吵得很凶，其实也不是什么大不了的事，就是为了谁去洗碗而发生了争执，以前的时候都是王刚默不作声地去把碗刷了，就算向她妥协了，但是今天不知道为什么他却坐在沙发上一言不发，也丝毫没有去刷碗的意思。人刚30岁，正处于争强好胜的时候，刘敏以为他是以沉默表示对她的蔑视，她感到很恼火和伤心。

终于刘敏的眼泪下来了，而她的丈夫没有来劝她，只是坐在沙发里狠命地抽烟。王刚想：从来吵架，不管有理无理，哪一回不是自己低头认错呢？于是，他也决定硬上一回，决不先屈服，他任由刘敏跑进卧室砰的一声把门关上，他还是没有追上去。

于是，刘敏开始收拾衣物，并扬言要离开家。虽然这么说，她的动作却是迟缓的，她希望他能主动求和。但他依然坐在沙发上，什么也没说，什么也没做。她慢慢地拉开门，房门开了一半的时候，她再一次停下。如果这时他说一点什么，哪怕只是喊一声她的名字，她就会留下来。

然而他没有，他甚至没有看她一眼。她失望了，真的离开了这个家。她去了娘家，一住就是一个星期，她每天都盼望王刚来接自己回家，可是他没来，而且连电话也没打，这让她更为恼火和伤心，甚至有和他离婚的冲动。这期间，他的一位同事告诉她，他这段时间脸色很不好，是不是身体不舒服，应该早点去医院看看。

晚上的时候，刘敏拿起电话想给丈夫打个电话，可是她马上就放下了，她想：为什么是我先给他打？他是男人，为什么不能先打给我？于是，僵持还在继续着。

第二天傍晚的时候下雨了，有人通知她，王刚出车祸了，出事地点就在去她娘家的十字路口，他撞在了一辆大卡车上。她看了一眼血腥的场面，就晕了过去。后来，在整理遗物时，她发现了他给她写了很多没有发出去的信，在最后一封中，他说："爱情，需要宽容，需要敞开脸面上的城门，必要的时候，还需要举起投降的白旗。"和信在一起的还有丈夫近期的化验单，是肝炎！日期正是他们吵架的那一天！刘敏抱着丈夫的骨灰盒痛哭失声，撕心裂肺的痛汹涌而来。

30岁的痛苦经历让40岁的刘敏更加清醒了，她从那时就懂得了宽容的意义和价值。在她眼里，宽容一个人就是幸福。

刘敏从爱情的辉煌圣殿踏入婚姻的真实土地，而她的心还留在爱情的圣殿里，以为自己的丈夫还是那个对自己百依百顺的王子，无论自己如何耍脾气，都会第一时间向自己妥协。她忘记了，丈夫也有不高兴的时候，也有不舒服的时候，为什么自己不能妥协一次呢？家不是讲道理的地方，既然这不是讲理的地方，谁先妥协有什么关系呢？

而另一对夫妻却是另一种做法。她们吵架吵了一年半，于是他们决定分居，分居的日子里总是难耐的寂寞，他们终于明白其实彼此依然深爱着对方。只是他们都非常好强，谁也不肯向对方低头，就这样，他们分居了半年。最终妻子决定挽救他们的婚姻和爱情，在情人节的这一天，妻子提前准备了当晚的烛光晚餐，准备向老公妥协。正当妻子将清蒸鱼放进微波炉时，忽然看到一只老鼠从她脚下窜过，妻子慌忙拿起电话拨通了老公的号码："喂！你快回来，家里有只老鼠，我快被吓死了。"在那边的老公只一句"遵命！"便立即赶回了家。就这样，仅仅是一句话的妥协，他们的爱情复活了，婚姻复活了。

婚姻中，夫妻常常为一件鸡毛蒜皮的小事而发生争执，又因为谁也不先妥协而激发更大的战争，结果使得婚姻走向终结。有一对夫妻，历经磨难才走到一起，却因为挤牙膏的方式不同而离婚了。想想真是让人感慨万千，事实上，除了挤牙膏，还有睡觉前谁关灯，早上谁接那个吵醒美梦的电话，谁在孩子的作业本上签名，任何一件小事，都可以让我们拿出当初追求爱情的劲头来折磨爱情，直到最后两人疲惫不堪地在离婚协议上签字。

在有些人看来，从牙膏的尾部挤牙膏就是原则。有一个女人就是因为自己一直坚持挤牙膏要从尾部开始，而她的丈夫常常做不到这一点，她为此就常常与丈夫争吵不休，后来越吵越激烈，最后协议离婚了。

如果你在结婚之前就知道，挤牙膏方式的不同可能会让爱情之火熄灭，你就一定会用一两分钟的时间在这个问题上达成共识，然后再走向结婚的礼堂。而这也的确是一件再小不过的事，你为什么就不能妥协？或者你干脆每天早上给他挤好牙膏？

记住，当你走进了婚姻的城堡，就不要奢望男人像恋爱的时候那样热烈地爱你。如果你想让他依然爱你，那么你就要宽容一点，学会在一些无关紧要的小事上妥协。

如果你的情商足够高，就应该懂得爱情是一门妥协的艺术，懂得在爱情发生裂痕前向他妥协，不要以为道歉应该是男人的专利，爱情原本就没有对与错，谁先道歉，谁先妥协，又有什么关系呢？

30岁做准备，40岁才会不孤独

如果你在30岁时早为自己准备，你在40岁时就不会孤独，就不会空虚。

40岁女人对得与失的态度与30岁时有很大不同。40岁的女人，给人一段距离，显示出一种空间感，一种无限感，一种神秘感。所以，自然有很多男人有兴趣去读这本书。40岁女人深知，如果生活在婚姻中，没有爱情的维持是很痛苦的，也很悲哀。如果不能选择离婚，又不能违背传统道德的话，那40岁女人可能会将幸福葬送了。那就只有抱定，要么大胆去寻找，要么认命。但认命是不可取的，是不成熟的观点。现代40岁女人不认命，生活中一点一滴都是靠努力去争取的。40岁的女人能理解爱是一种人与人之间的理解与沟通，是灵的会面。在这种时刻，什么也不用去掩饰，世界也会变得简简单单。相爱的人在一起真的是一种舒展、一种惬意。

高女士在30岁的时候曾经历过不幸的婚姻。她在讲述自己的经历时很坦诚，当初也是有爱的，只是那时的需要不是很确定，太年轻。几年婚姻生活给了她很痛苦的感受，前夫总是说在外面打牌而经常不归，其实，究竟在做什么她也不得而知，她很累，结束了婚姻并断绝了一切往来。一个同学相逢的机会，高女士和大学时代的同学又找到了校园时的朦胧冲动，恋爱就这样开始。

40岁女人是追求爱情的，虽然有时看到她们只是在等待爱情，那只是一个错觉。40岁女人虽然有为人拘谨的一面和审慎的一面，但她们的恋爱更有技巧，更容易在主动下获得成功。因为长久的历练使她们在攻心方面技高一筹，是具备所有女人优点的年龄，她们收放自如，恰到好处，让男人无论如何难以割舍。

40岁女人的爱情往往是最真挚、最轰轰烈烈的，也最感人。她是将爱深深地埋在心里，她会在忙中歇息之时，静静地、慢慢地体味各种不同的爱。她更知冷热，更懂亲情。她会为所有爱她的人祈祷，她会理智而成熟地对待各种人，处理各种事。她的爱有着更多的理解和宽容，是一种智慧的爱。40岁女人不能没有爱情，40岁时，被爱的机会反而更多。但40岁女人需要的是有空间的爱，而不是束缚性的爱。40岁女人如果有爱情的滋润，就会成熟得更有光彩。

　　40岁女人渴望长大的儿女理解的爱，渴望丈夫深情专注的爱，渴望慈祥父母的疼爱，渴望周围亲朋们的尊爱。她对爱的理解更透彻，对爱的追求更丰富，对爱的情调更有品位，对爱的品格要求更高洁。她完美地要求获得博爱的人生，而通常她也确实获得了很多。

40岁女人的爱情成熟而理性

　　　　40岁女人不要把自己的命运寄托在别人身上，情感是
　　　　会产生变化的，没有一劳永逸。

　　人到了40岁，男人迎来了所谓的"第二个春天"的时候，女人的青春、事业相对来讲都奉献给了生活，当自己将全部身心寄托在所爱的男人身上，时时处处替他着想时，恐怕自己在丈夫心目中的地位随着时间的流逝而一落千丈，或者只剩下法律赋予他的权利和责任。并且在充满诱惑的社会中，你早已不是他心中的女神，你也不可能是他一生的关注，一世不变的爱。当他去意已定时，任凭你如何表现，多有诚意，他都会遵照自己的决定。眼泪和全部付出都无法挽回他的心。

　　婚姻翻船、感情变故是非常正常的一件事，用不着大惊小怪。虽然痛苦，但是，也总比守着一份无爱的婚姻要强。所以，40岁女人如遇到此类事情，最好能及时调整好自己，迅速驶离失事海域，这才是豁达的人生。其实，多想想看看自己的未来，早一点设计自

己的人生，就不至于过于悲观。固然40岁女人不愿经历婚姻变故所带来的伤害，但他有了别人的时候，或者你的心里也有人占据的时候，何必要留下婚姻的躯壳呢？婚姻已不是终生的协议和法律，随时有解除的可能，善待婚姻，善待家人，随缘而去，这是40岁女人主宰婚姻的最实际内容。

丽洁看起来三十一二岁的样子，其实她已经整整40岁了，步入不惑之年的她，根本没有40岁的痕迹。她皮肤不是很白，但保养得比较有光泽，面色还有一丝红润，总是淡淡的妆容，习惯一身职业装打扮，精干和洒脱体现得非常到位。她有一个最精辟的观点："婚姻给了我柔弱和依赖，第三者给了我刚强和思考……"丽洁35岁的时候，婚姻亮起了红灯。她经历过一见钟情的恋爱，走进了婚姻，过着幸福而又平淡的日子，有一个可爱的儿子。丈夫虽事业平平，却有一副很男性的外表，那时的丽洁很柔弱、很依赖，也觉得很幸福。当丽洁最后一个知道，老公爱上了一个离婚女人的时候，她和所有女人一样用尽了所有女人能想出的办法。哭过、吵过、闹过，动用双方的父母规劝过，也曾寻死过。

丽洁在万般无奈之下，默默忍了一年多的时间，尽量迎合丈夫的心思，希图破镜重圆。那时的她形容憔悴，30岁的年纪，40岁的心态，50岁的无奈。她开始总结婚姻中的错误，开始回味过去的自己和生活，开始觉得自己依赖心过强，又没有什么追求，只注重修饰外表，而忽略内在素质的提升。她中专毕业，没再继续学习。她说是婚姻生活改变了她，是大家所贬斥的第三者造就了她的成熟。因为她看到了那位40岁的女人，既端庄贤淑又聪慧，丽洁自愧不如，后来竟然觉得前夫的选择是对的。对手是个自强不息又媚气的女人。有着一种魅力如磁石一般，让女人都有一点想围着她转，更何况男人呢，以后的生活中，对手成了她的榜样。她说她感激那女人。她说她应该早一点认识她。她说："婚姻中的女人少的就是那

第六章　放下幻想，成就40岁的理性——女人40头脑要保持清醒

么一点儿深度……"反思和走出去改变了她,她决定去拥抱外面宽广的世界。现在丽洁开始一身轻松地投入工作,学习充电,也结识了许多快乐上进的朋友,拼命地享受着自由的快乐和独处时的深沉。

丽洁小心地收藏起过去的一切,给了那新生的情感以支持,丽洁认识问题有了深度。一个女人冲出了围城,思考问题有了深度,更宽宏,更富有哲理,更有人情味。现在丽洁的身边已有了一个爱她、懂她和她共同创业的知己,他是否能够白发苍苍永相随,丽洁也不得而知。她也不去求,她只知道,拥有这一刻是非常幸福的。也许丽洁的心中,也在感谢她的前夫,如果不是这场婚姻变故,她不会一下子成熟,如果不是那第三者,她不会改变得那么迅速,如果不遇到现在这个懂她疼她的男人,她不会再体会爱情的幸福。

所以,40岁女人应该洒脱面对感情,面对他人所爱,如果阻止,如果破坏,如果伤害,不但自己的心不再完整,还为难了别人太多,这不合适,40岁女人的爱情应该成熟而富有理性。

最可靠的靠山就是你自己

对女人而言,没有永远的靠山,只有永远的自己。40岁女人永远的靠山就是自己那颗坚强、自信的心。

有一位女性当发现老公已经移情别恋时,与所有女人一样异常痛苦,在面对无可挽回的局面时,她只身前往西藏。在西藏的一周里,她始终没有说一句话,看雪山、看蓝天、看白云,看着虔诚的佛教藏民。这七天里，她让自己任意地哭泣和发泄着。一周之后她抹去了泪水，回到了工作中。她说："过去十年的爱情和婚姻，已被我封存在喜马拉雅山的雪山中，我只会记忆曾经的快乐，我绝不会让忧郁的情绪牵着我走。今天开始我只有靠自己，靠自己我会活得更踏实。"

有人说，最好的人生，在于你如何把握自己。靠山是可以自己制造和选择的，依靠你自身以外的任何人都是无法达到的。你可以选择通过自己的努力，使自己拥有真才实学，使自己成为自己的靠山。自强自立永远是一个女人生命中最可靠的靠山。一个女人只能依靠自己，也只有依靠自己。一个女人只有自己强大，才有力量吸引更强大的人成为他的靠山。

女人的一生都在渴望和寻找着一种安全的感觉。多数女人的依赖感都比较强，结婚后是靠着自己的丈夫才拥有了幸福的生活。女人在精神上依赖着男人，像缠藤一样紧紧地绕着男人，女人所有的快乐和希望都寄托在自己丈夫的身上。

当婚姻出现问题，有些女人感觉天要塌了，支撑生命的依靠没有了。由于依附和期望得太多，女人无法忍受没有男人的日子。没有男人的日子怎么过？失去婚姻的痛苦对女人是致命的。

男人也有依赖，但男人的依赖通常比较短暂。大部分的男人会把生命的支点放在自己身上，男人们认为自己就是自己的靠山，靠别人不如靠自己。他们能够在失败后从容地爬起来继续走，不会在歇脚地流连太久。为什么这个世界一直是由男人们在抛头露面控制着每一个时代呢？是男人们的使命感吗？也许更多的是男人们的勇气和自立。

一个真正内心强大和充实的女人，无论是面对事业、情感、生活，还是在自己的爱人感情游离的时候，她自身拥有的那份强大的自我，能使她的生命在激情的状态中自如地面对。

美国一个心理学家曾经在一家电视台上做过一次测试爱情的节目。心理学家找到20对夫妻，将男女分开，安置在两个不同的房间，给每个人接上测谎仪。为了保护大家的隐私，他把屋子的灯全部关掉，以便让被测试者更安心也更放心地接受测试。接着，心理学家要求大家一定要按照他的要求做：在测试的时候，如果被测试者觉得问题的答案是"会"，就使劲敲一下右边的鼓，如果被测试者觉得问题的答案是"不会"，就不用敲鼓了。

心理学家的第一个问题是："如果你的伴侣有了病痛，你会带伴侣去看医生吗？"心理学家通过喇叭传到屋子里的问题刚说完，就听到鼓声响起。仪器显示，所有的被测试者都敲了鼓，也就是说，所有的被测试者都说"会"。

心理学家的第二个问题是："如果你的伴侣失去了一只脚，你还会和伴侣一起生活吗？"这时，鼓声就断断续续地响了起来。仪器显示，这次敲鼓的人只有三分之二。

心理学家的第三个问题是："给你一千万美元和一个比你的伴侣更出众的人，让你离开你的伴侣，你会愿意吗？"这时，仪器上所显示的鼓声就只剩下了一半。

心理学家的第四个问题是："如果你的伴侣和你一起遇到生死考验，两个人只能活一个的时候，你会甘愿放弃自己的生命，而让自己的伴侣活下来吗？"这时，鼓声停了好久没响，后来陆陆续续地响了几下。这次仪器显示，敲鼓的人不到三分之一。

测试结束后，美国心理学家通过测谎仪和敲鼓的数据，得出了一种结论：大部分人的爱情在遇到困难或诱惑的时候，是会发生改变的。爱情在没有诱惑和生死抉择的时候，可以正常地维持和保留下去；可当另一半发生灾难，或者当离开自己伴侣时能够得到更好的生活时，很多人会放弃自己曾经的爱情，而一些人没有离开自己伴侣的原因，也许仅仅只是没有遇到机会。

爱情不是游戏，但是游戏中的事情却经常会出现在现实生活中。维持一份真爱需要付出更多的真诚和利他行为。无论生活会出现怎样的变化，当一个人构建起属于自己的精神家园时，灵魂才能找到真实的靠山。

谁是你生命中最重要的人？是爱人这座靠山，爱人是能与我们牵手走过漫长人生的伴侣。已经拥有爱人这座靠山的女人，需要用心去珍惜和维持。没有爱人这座靠山的女人，就需要靠自己，为自己修建一座精神家园的靠山！

女人40千万不要当怨妇

20几岁的女孩可以"仙"得不沾人气，40岁女人就不同了，40岁女人连浪漫也要给人一种实在、一种深扎入骨的感觉。

心生怨气，不仅是拿别人的错误折磨自己，同时也是拿自己的错误折磨别人。抱怨太多，不仅会吞噬自己的生命之光，还会吞没友谊的绿树，吞灭爱情的鲜花，吞没自己建造的乐园。无穷地抱怨，把快乐拒之门外，就会错过身边美好的时光，辜负宝贵的生命。

怨妇主要症结是对生命和生活缺乏感恩之心。想一想人生多么短暂，生命那么宝贵，有什么理由为生活中的一地鸡毛而怨恨呢？生活是那样的多彩，即使有酷夏也会有阳春，有寒冬也会有金秋，相信走运和倒霉都不可能持续很久，哪有闲工夫杞人忧天、坐困愁城呢？

抱怨昨天，并不能改变过去；抱怨今天，同样不能帮助未来。与其徒劳无益地浪费时间，不如转变心态，释放忧愁，化解怨气，采取积极的行动，做一些行之有效的努力。要知道影响人生的绝不仅仅是环境，心态控制了个人的行动和思想，心态也决定了自己的爱情和家庭、事业和成就。

要想改变你的怨妇形象，处理好和谐的婚姻关系，请学会做个聪明的40岁女人。

第一种：用最"笨"的办法打动男人的心。女人的善良、温柔、勤勉最能打动男人的心。婚姻中的女人如果有了这些好品行，就可以俘获男人的心了。寒冷的冬天，给爱人熬一锅热汤；温暖的阳光下，给爱人缝一粒纽扣——不要小看这些小事，你在这些小事上具有的能力和表达出的爱意会提升家庭的温暖度。即使你有钱请保姆，但你对丈夫的爱心是别人无法替代的。女人到了40岁必须具备这样的品行和功底才行。

第二种：适时展示知性的一面。婚姻生活中，光付出好品行是不够的。有些40岁女人抱怨自己在家任劳任怨，可为什么总不讨丈夫的好呢？男女的个性、脾气、修养各不同，对女人来说，当你选择婚姻时，起码对所嫁的丈夫要有一个了解，并有一种符合你丈夫要求的心理和能力。做到了这些，你就是一个聪明、知性的40岁女人。

第三种：营造实实在在的浪漫。哪个女人不希望在婚姻生活中继续保持浪漫，但千万不要把恋爱中的浪漫版本搬到婚姻中来。比如，有事没事给他打电话；牵着他的手在风中、雨中散步；在他生病需要休息时，一个劲地给他朗读爱情诗。再比如，一天一套新时装，没隔几天就换发型……丈夫肯定是吃不消的。因为20几岁的女孩可以仙得不沾人气，40岁女人就不同了，40岁女人连浪漫也要给人一种实在、一种深扎入骨的感觉。比如一个浪漫的妻子会在把家收拾整洁的同时，再去追求一份摆设的美感。平常，她不必天天去美容院，不必在家也精心着装，但外出时，尤其是在丈夫的朋友、同事面前，她一定是最优雅、最美丽的，这样才会给丈夫带来一种实实在在的幸福。

从40岁开始把享受天伦之乐作为重点

女人到了40岁，最大的梦想就是有爱、有家、有事业、有梦、有朋友的生活。当你领略了友情的广度，拥有了爱情的纯度，体验了亲情的深度，这样的40岁人生才称得上是名副其实的成熟人生。

你一天天地成熟，而你的父母正在一天天地苍老。一切曾经美好、曾经绚丽、曾经生机勃勃的东西在岁月的悄然流逝中日渐萎缩。当你一再告诉自己不要再给生命留下遗憾的时候，也许你还在忽视着许多重要的东西。生老病死，让你在不经意间就失去了许多至爱亲朋。所以，在你能爱的时候，一定要大胆地去爱，尽情地享受天伦之乐。

1. 女人到了40岁，爱情往往会变为亲情。

当爱情进入婚姻后，维系彼此双方的情感生活，就不再是当初的花前月下、卿卿我我，甚至海誓山盟，而成为生死与共的责任和亲情。这时候，爱人会慢慢地变成亲人。爱情成为亲情，婚姻日趋平淡，有人会茫然不知所措，毕竟生活中的柴米油盐取代了花前月下和浪漫激情。

其实，茫然归茫然，日子还得照常过。男女双方因为爱走到一起，原本没有亲情的两个人之间，萌发了亲情，这难道不意味着爱情已经得到了升华吗？

当你习惯了生活中的柴米油盐，习惯了一起生活，习惯了一起守住如水的日子，习惯了彼此零距离的接触，习惯了激情退去后的平淡，甚至习惯了对方的一切缺点和不好的习惯以后，生活中再也没有了火热的激情，没有了心跳的感觉。这个时候的夫妻，彼此已像对方身体上的一部分，虽然感觉不到存在的必要性，但是当有一天不存在的时候，却会为之疼痛，哪怕是一点皮毛而已，这时候，彼此之间的感情应该是用一点点的关怀建立起来的，这种血肉相连的亲情，是人性中最为淳朴的感情。

正常的夫妻生活是平淡的，随着年纪的增长、生活的磨炼、生活压力的干扰，爱情已经成长更新了，虽然没有了往日的激情，但是却比激情更持久永恒。所以，你不必因为生活的平淡而宣称爱情的死亡，用心去感受，还是可以从亲情中体会到爱情的滋味的。

成熟的爱犹如种植树木，需要一个由种子抽芽破土渐至枝叶繁茂的缓慢过程。当爱情转化为亲情，也便产生了最完美的爱情——婚姻中的爱情。

2. 40岁女人要转变好自己的角色。

家庭给了40岁女人三个最可爱的称呼：女儿、妻子和妈妈，社会给了40岁女人更多可爱的称呼：女人、妇女、大姐、妹妹、阿姨等，女人有这么多的角色，生活会相当累的。

扮演多角色的40岁女人，身上背负的责任与自己的角色密切相关，无法逃脱，也不能逃脱。新婚时期享受的宠爱，成就了一个娇艳甜美的小女人。而当婚姻进入平淡期的按部就班时，你不得不成为宽容忍让、心胸博大的大度女人，矛盾时的大哭小闹、任性及不善处理家庭关系的烦恼，把你磨砺得失去了美好的躯壳，变成了真实的、令人同情的一个生活角色。

人生所面对的角色变换对40岁女人来说，简单和复杂都经历过了，40岁女人从演员到导演再从导演到演员的过程确实不易，就说做妻子吧，这样一个角色就有80%的女人很难做得好。

妻子是一个难以饰演的角色，时代变了，男人打拼天下，周围有许多优秀的女人让他们开了眼界，强化了对女性的欣赏与尊重，所以对妻子的要求自然就高了，女人要上得了厅堂，又下得了厨房；既有妈妈的慈爱，又有情人的风情；既有女儿的娇柔，又有妻子的体贴。生活中女人要演好多少种角色才能胜任一个妻子，没有人能够说得清楚，所以说，妻子是一个角色大全的女人。很优秀，也很悲哀，要不断去适应别人，很难活出一个真我来，有太多的苦涩和酸楚，40岁女人如何左右逢源，如何担当起妻子的伟大重任，确实不是一门简单的学问。

女人对男人一生的影响确实非常重要。40岁女人多半已牺牲了自己的事业而转向经营家庭，但也不是那么得心应手，纵然扶持不了自己的丈夫成就事业，却也帮衬了一些做事业的男人，周边的人赞叹她们的功勋，同时也送给了她们难以排解的压力。女人不停地变换角色，适应角色，这其中困惑也多于不惑。不管你多优秀，都会面临角色的困扰，男人们酸甜苦辣尝百味，你无论如何也满足不了。

聪明的女人，不管面对任何风风雨雨，她都能够及时调适自己，给自己一个最恰当的定位。成熟的女人应当在每天的角色十八变中把握适度，才能将戏演得恰到好处。

3. 女人40岁，要珍视生命中的亲情。

爱情、友情，再加上一份亲情，犹如40岁女人感情世界中的三颗钻石，使你的生命充满阳光，让你在经历风雨时有了坚实的精神支持。

友情是一种浩荡宏大、可以随时安然栖息的理解堤岸；而爱情则是一种神秘无边、可以使歌至忘情泪至甜美的心灵照耀。亲情源于血缘，血缘凝就亲情。

亲情是你从一出生就感觉到的情感。在父母的细心呵护之中，你成长起来。很多时候，你感觉到亲情的温暖。如果你有兄弟姐妹的话，这种感觉或许更直接一些，因为他们和你的心理更接近一些。

随着年龄的增长，那暖暖的、甜甜的亲情，有时像吃腻的某种糖果，不似以前那么美味，你不再像从前那样把亲情看得那样的重要，因为你有了友情，有了爱情，有了更多的选择，亲情相对它们来说显得有些缺少激情，少了些绚丽。但往往在经历过一段时间后，当你有了家庭，有了孩子，你自己也成为亲情的激发地时，你会有一种更新的认识，对那个曾给予自己一切的家充满感激。

家庭是亲情关系，出于真情实感的家庭关系是最稳固的。尽到每一个成员的义务而做到"心安"，就能享受到最大的快乐。

亲情，这个充满温馨、甜蜜的字眼，让人欢喜，倍感亲切。亲情是生活的雨露和阳光，当你刚刚来到这个世界上的时候，是父母用亲情和深爱哺育你长大；当你遇到挫折的时候，是亲情的温暖情怀给你安慰和新的自信。毫无疑问，正是因为生活中有了亲情，温暖才时时环绕着你；正是因为生活中有了亲情，你的心灵才有了寄托和归宿。

亲情之爱是一种"真情实感"，人人皆有。保持和提升亲情，是保持家庭和睦与稳定的关键。"孝悌也者，其为仁之本与"，儒家强调孝，原因就在这里，即实现亲情之爱。任何人，从出生到走上独立生活的道路，都是在父母的抚育、爱护下成长的，幼儿园和学校都不能代替父母的爱护和教育。这一点对任何一个社会而言都没有例外。孔子说"三年无免于父母之怀",这是一个千真万确的事实,有人可以请保姆、家庭教师,但是父母与子女之间的情感联系是不能割断的。

至善至美的亲情,就在那牵肠挂肚的惦记中,在那圣洁无私的呵护中,在那无怨无悔的奉献中。拥有这样的亲情,会使你的风雨人生变得风光怡人,使多舛的世界充满温馨。亲情,与生俱来,源于血缘,但又不囿于血缘。岁月的洗礼,会体现亲情的浓淡;物欲的考验,会证明亲情的真假。最真挚的亲情不因远离而疏远,不因久别而淡漠,亲情弥足珍贵。

珍视亲情是人生的一大快乐。有时,你在不经意中就失落了这与生俱有的宝贵财富。拥有亲情的人生是完美的,不要让亲情从你的心灵中走开,那样会让你的生活失去一份温暖。

在日益浮躁的社会里,你面临着激烈的竞争,家庭的温情、和谐和凝聚力是非常重要的,它不仅使你在紧张的工作之余可以放松自己,享受温馨的天伦之乐,而且能为现代人提供强大的精神动力,从而发挥更大的创造性。有一个美满和谐的被融融亲情包围的家庭,是人生中最大的幸福。

第七章

放下包袱，成就 40 岁的自在
——女人 40 清除杂念轻松前行

40 岁之前，你曾经为了某一个目标而不辞辛劳地耕耘，期待着未来的某一天的收获，但是到了 40 岁，你突然发现自己的收获竟那么微乎其微，为什么付出了那么多却得到这么少？因为你自己忘记了人生真正的收获是什么。你偏重于物质利益，一味地追求物质与浮华，却忽视了生命的意义。所以，你需要将 40 岁以前的包袱进行一次清理，然后你才可以轻松走在 40 岁以后的人生道路上。

40岁卸掉包袱，轻松前行

许多事情就像一杯浑水，不去摇动或用其他东西搅动，要不了多久，这杯水中的灰尘自己就会沉淀下来，变得清澈。人生也是如此，你要懂得沉淀自己。

古希腊的传说中有一个关于"仇恨袋"的故事，这个"仇恨袋"有一个特性：如果它挡住了你的去路，你想把它踩扁，然后从它身上跨过去，那么，你就犯了一个错误，因为，这个"仇恨袋"会越踩越大，最后，会变得像一座山一样高，你永远也别想通过了。怎么样才能通过呢？唯一的办法就是，别去碰它，置之不理，这样，"仇恨袋"就会慢慢地变小，直到变得扁扁的，像一张纸片，你轻易地就可以跨过去。

有些不愉快的事情，就像"仇恨袋"一样，你越是在意它，它就变得越大，当你试着把它放下来，就当这些事没有发生过，过一段时间，事情也就渐渐淡化，心情自然就会好了。沉淀自己，其实就是一个扬弃的过程，是在取舍中，不断超越和不断觉悟的过程。当一人放弃恩怨、放弃前仇，获取的可能会是一条更加宽广的生命大道。沉淀是生命的一种姿态，也是40岁女人的一门必修课程。

有一个40岁女人失业后心情糟透了。为了排解心中的苦闷，她找到了寺庙里的禅师。禅师听完了女人的诉说，把她带进一个古旧的小屋，屋子里唯一的一张桌上放着一杯冰。禅师微笑着说："你

第七章 放下包袱，成就40岁的自在
——女人40清除杂念轻松前行

看这只杯子，它已经放在这儿很久了，几乎每天都有灰尘落在里面，但它依然澄清透明。你知道是为什么吗？"女士认真思索，像是要看穿这杯子。她忽然说："我懂了，所有的灰尘都沉淀到杯子底了。"禅师赞同地点点头："女士，生活中烦心的事很多，有些你越想忘掉越不易忘掉，那就记住它好了。就像这杯水，如果你厌恶地振荡自己，会使整杯水都不得安宁，混浊一片，这是多么愚蠢的行为。而如果你愿意慢慢地、静静地让它们沉淀下来，用宽广的胸怀去容纳它们，这样，心灵并未因此受到污染，反而更加纯净了。"

女人40岁，你需要让自己放慢生命的脚步，给自己一个暂停的口令。人生匆匆，你无法带走道路两旁美丽的风景，但你可以拾起路边的几颗鹅卵石，将它放进你的口袋里。在喧闹的世界中，让自己能在静思中，发现自己的浮躁，在聆听中查找自己的不足，在静心放松的瞬间，学会去觉察和观看自己的内心。

人生的时钟永远都是滴滴答答地往前走，每前进的一格里，埋葬的都是后悔、伤感、仇恨和痛苦，迎接的都是乐观、激情和欢笑。如果你总是对过去的事情耿耿于怀，用伤感和悔恨拖拽着时钟的脚步，这只会是无济于事。40岁的你需要轻装上阵，总是背着过去遗留的沉重包袱，沉浸在对过去的追忆中，失去的必将是眼前的大好时光。

有一个富翁背着许多金银财宝，到远处去寻找快乐。可是走过了千山万水，也未能寻找到快乐，于是他沮丧地坐在山道旁。一农夫背着一大捆柴草从山上走下来，富翁说："我是个令人羡慕的富翁。请问，为何没有快乐呢？"农夫放下沉甸甸的柴草，舒心地揩着汗水："快乐也很简单，放下就是快乐呀！"富翁顿时开悟：自己背负那么重的珠宝，老怕别人抢，总怕别人暗害，整日忧心忡忡，快乐从何而来？于是富翁将珠宝、钱财接济穷人，专做善事，慈悲为怀，这样滋润了他的心灵，他也尝到了快乐的味道。

有些女人到了40岁不惑之年还活得累，原因就是放不下架子，

女人40如金——40岁女人进退取舍的人生博弈

撕不开面子，解不开心结。你为什么放不下，就是因为在你的潜意识中认为放下所失去的好处，会大于放下所得到的好处，因为放下要舍去很多东西，而这些东西又恰恰是你所最不愿意舍去的，所以你总是放不下。

人生是一次飞行，飞行前需要卸下身上不需要的负重，需要轻松快乐的飞行。不用的就把它放下，应放下的时候，却不放下，就像压在身上的负荷行李，无法自在。"从这个世界你什么也带不走，但你却可以给这个世界留下一点东西。"功名利禄，房子、车子、票子、孩子，欲望和需求将你缠绕捆绑得难以轻松。人生过程中，40岁的你需要经常将捆绑自己的负重包袱进行一次清理，丢掉那些不值得带走的杂念，拿走拖累自己的杂物，才可以简捷轻松地走自己的道路，人生的旅行才会更加愉快。

学会放下并不是不求上进，恰恰懂得放下的人，才最终会赢。学会放弃，可以使身负重荷的人生得到暂时的休息，摆脱烦恼和纠缠，会使整个身心沉浸在一种轻松悠闲的宁静之中。这样可以做最想做、最该做、最需要做的事。

我们许多人的一生并不缺乏才华，也不缺少能力和成功的机会，可是为什么许多人总是与财富和成功擦肩而过呢？也许其根本原因就在于还没有具备健康成熟的心理，没有学会放下和沉淀自我。

女人40要学会遗忘，懂得放下

女人到了40岁的时候，该放下时就要勇敢地放下，只有学会放下，才能保留对你最重要的东西。

有一对双胞胎姐妹，同年结婚，结婚10年后两人的婚姻都出现了"红灯"。性格内向的姐姐从发现丈夫背叛自己的那一天起，就发誓不会再让丈夫碰自己的身体，并对丈夫恶语谩骂、哭闹、争吵，让丈夫写保证书、起誓。许多女人使用的方法，姐姐全用上了。3年过去了，婚姻红灯依然，夫妻身心都受到严重伤害。

妹妹也性格内向，一样无法原谅丈夫的情感越轨。用妹妹的话讲：我想到与他一起去死，想到离婚永远离开他。但是面对孩子，回忆起婚姻中曾经的快乐时光时，妹妹认为丈夫的错误中肯定也有自己的问题，要给犯错误的丈夫一个改正的机会，给自己一个学会原谅丈夫过错的机会。遗忘是很痛苦的，放弃更需要一种宽容。如今妹妹的婚姻是一路绿灯。

有人曾说：在婚姻中，女人最大的"悲哀"就是把男人从那里受到的痛苦统统埋单，并称为"宽容"。造物主在创造男人和女人的时候，对女人有太多的不公平，如生产孩子的痛苦，每月经期的麻烦。但是女人却得到造物主赐给的一份厚爱，那就是女人的生命长寿值比男人高。

学会遗忘就是让你放弃那些不需要再去背负的压力。学着去放弃生活中曾经发生的某些事、遗忘某个人，将某一段历史封存在记忆的深处。只有在放弃中，你才有新的机会面对新的事情和新的人，才有可能重新开始。

瑞典著名心理学家拉尔森说过这样一句话："心里存在'毒素'的女人永远不会感觉到生活的美好，而排除'毒素'的最好方法就是学会遗忘。"

面对生活中遇到的挫折、经受的伤害以及打击等不顺心的事情，你无须耿耿于怀、藏于心底。这些负面情绪和痛苦的感受就是你心

第七章 放下包袱，成就40岁的自在——女人40清除杂念轻松前行

灵滋长的"毒素"，它会毒害你的心灵和生活，会使你丧失对自我的信心。

我们可以看到小孩子们，他们前一分钟还在哭泣，只要你给他们说些安慰的话或给予一个小小奖励，下一秒他们就会露出开心的笑容，因为孩子善于忘记。有位哲人说：孩子的心灵没有烦恼的乌云，只有阳光灿烂的笑容。

如果一份记忆不能给你带来快乐，甚至还在剥夺我们的快乐和幸福，就需要你当即将它彻底的舍弃。

"记忆"不好的女人永远会觉得生活新鲜有趣，心情自然就能舒畅快乐。只有那些愚笨的人，才会把过去的劣迹翻掘出来，并去反复的自我复制烦恼，扮演着"喋喋不休"的祥林嫂的角色。

智慧的女人能让绿色的青草在"过去"的坟墓上生长，让新生的希望开出灿烂的花朵。

近10年，每次体检的时候，医生都会提醒王女士：口腔中有一颗龋齿槽牙需要拔去。因为顾虑拔牙的疼痛，王女士就一直没理会此事。去年的一个晚上，王女士槽牙突然剧疼，牙痛不是病，疼起来要人命，辗转反侧一整夜也难以入睡。第二天一早起来王女士就预约牙医，到了牙科诊所，打麻药之后几分钟内，很顺利的就拔去了龋齿槽牙。

龋齿如此，生命中的许多东西也是如此。对于一颗已经龋齿的烂牙，拔掉它就是最好的选择。懂得放弃就是要拔掉心灵中那些"烂掉的牙齿"，驱逐那些残害心灵的"毒素"。对于那些残存在生命中可能会伤害我们的一些东西，斩草除根、彻底清除就是最好的办法。

人的一生中时光有限，对舍弃的犹豫和徘徊，浪费的只会是我们生命中宝贵的时间。英国哲学家丘斯顿说："天使之所以会飞翔，是因他们有着轻盈的人生态度。"人生犹如一次旅行，在旅行的行囊里，你应该装什么或不应该装什么，一定要清楚。旅途中背负的包袱太多，就会变成累赘。那些无助于你旅行的负重物，应该统统抛弃，把更多的空间留出来，让自己轻松起来。只有脚步变得轻松，眼睛才能浏览旅途中美丽的风景。如果背负太多，最终有可能会累死在路上。其实人生中的每一次放弃，都是为了下一次得到更多。

斑马为什么有黑白条纹？在非洲大草原上，斑马这身显眼的打扮，却成为它生存的优势法宝。原来，在非洲大陆上，有一种可怕的昆虫——舌蝇。动物一旦被舌蝇叮咬，就可能会染上"昏睡病"，出现发烧、疼痛、神经紊乱，直至死亡。科学家经研究发现，舌蝇的视觉很特别，一般只会被颜色一致的大块面积所吸引。对于有着一身黑白相间条纹的斑马，舌蝇往往是视而不见的。斑马在生命进化的过程中，放弃了皮毛的一色，而选择了黑白相间的条纹，这成为斑马生存的最有利优势，使斑马成功地躲掉昏睡病的困扰。

又有人问那么斑马这身显眼的打扮，不是很容易成为大草原中的狮子或土狼之类的攻击目标吗？但是研究人员却发现斑马这种黑白相间条纹的奇特打扮，在单个的斑马遭受到狮子、土狼的追捕时，一旦被追捕的斑马奔跑融入到斑马群时，狮子和土狼就会被满眼黑白条纹蹿动的一群斑马弄得眼花缭乱、不知所措，不知应该如何下口。斑马在生命进化中的优势，使斑马在优胜劣汰的非洲大草原上成为数量最多的动物之一。

以人类的审美眼光来看，斑马选择黑白相间条纹的奇特打扮是很明智的，甚至是完美的。其实这个世界上，没有完美无缺的选择，人生也是这样，一个40岁的女人很难占尽所有的好处。有时学会放弃一些东西，遗忘一些不重要的东西，只关注前进中最重要的那部分，也许会帮助40岁女人得到更多的其他东西。

第七章　放下包袱，成就40岁的自在——女人40清除杂念轻松前行

轻松快乐地过好你的40岁

　　40岁的女人应该懂得放下，因为你在现实生活中已经承受了太多太多，家庭、事业、子女、老公、父母……这一切的繁琐和压力都足以让你不堪重负。如果骄傲而固执的你背负种种压力不知放下，或不肯放下，继续前行，最终你会感到身心疲惫，甚至会引发心理障碍。

　　曾经有一段时间，40岁的律师刘女士心事不断，与朋友在一起聊天时，她会在不经意间向朋友诉说她的烦恼。原来最近一段时间她遇到了很多不顺心的事，有事业上的，也有家庭方面的。工作上，她一连接手的几个案子结果都不是很理想，对于事业心强、一味追求完美的她来说，这种不理想的结果让她从心底里滋生了深深的挫败感；老公的工作也出现了一些障碍，这让她感到忐忑不安；爸爸是她从小最崇拜也是最疼她的人，但最近爸爸的身体状况很不好，几次体检虽没有检查出什么大毛病，但她隐隐的还是很担心……

　　这一连串的事情让刘女士的心情跌到了谷底，她感觉身心俱疲。她意识到自己的心理疲惫是因为在心理上出现了一些小障碍，但她却不知该向谁倾诉这些烦恼。一番沟通后，她决定暂时放下所有的事情去旅行。她选择了以前从来没有尝试过的方式，跟一帮自发组织起来的"驴友"徒步出行。出发前她很周到地准备了很多自认为路上必备的东西，有水、零食、纸巾、毛巾、雨伞、防晒霜、小镜子、消毒用品等。虽然理智的她一再浓缩再浓缩，最后还是塞满了整个背包。

刚开始上路的时候，刘女士和一帮"驴友"有说有笑，看着沿途的风景，时不时的还拍照留念，这让她一下子感觉到了很久没有过的轻松和惬意。可是，渐渐地她的脚就不听使唤了，脚步也慢了下来，背包里的东西没有消耗多少，反而把她压得喘不过气来。她作着各种姿态调整，背着、提着、挎着，但都无济于事。刘女士顾不得和驴友嬉笑和观赏风景了，等到达终点的时候，她已累得筋疲力尽。

这次徒步旅行结束后，刘女士开始反思。发现在这场艰难的旅行中，她最需要的东西仅仅是水和食物，而把她弄得筋疲力尽、狼狈不堪的却是那些她自认为对自己有用的东西。但这些所谓有用的东西在旅途中不仅没有给自己带来方便，反而变成了自己的累赘。这次旅行对刘女士的触动很大，原有的心理障碍也因为这次旅行被彻底清除，事后刘女士释怀说："人生就好比这次旅行，如果背一个沉重的包袱前进，不仅欣赏不到沿途的美丽风景，整个旅途也没有乐趣可言，同时也减缓了自己前进的脚步。而只有你真正经历过这些后，你才会体会到旅途的真正快乐就是放下包袱后的轻松。其实，人生又何尝不是如此。"

事实上，很多时候，跟自己过不去的，其实不是别人，而是你自己。生活中，很多40岁女性之所以感觉很累、无精打采、未老先衰，就是因为习惯为一些无关紧要的事情操心，结果容颜未改就先在心理上刻划了一条条"皱纹"，把"心"折腾得老而又老。没有了这份美丽的心情，又何来40岁的风华依然呢？

40岁的女人，尽量少操一点心，需要放下阻碍你幸福的琐事，学会为自己的美丽心情开具处方。

1. 别总是为了小事计较。

40岁女人最爱在小事上计较，一根白头发、一条鱼尾纹足以让爱美的自己惴惴不安。此外，人际关系上的小误会也会让自己反复念叨不已。其实，大可不必这样。衰老是自然规律，每个人都无法抗拒，一条鱼尾纹有什么了不起！为什么你只看到了衰老，却没有看到年龄带给自己的风情万种呢？还有，人与人相处总会发生一点小摩擦，是非曲直不可能永远分得清楚，假若你对这点小误会揪住不放，就只能给自己徒增烦恼。假若40岁的你已经懂得把这些小事放下，那就要恭喜你了，因为你有了一个美丽的处方。

2. 千金散尽还复来。

钱财朝来暮去，我们拥有它是为了幸福地生活，而不是为了炫耀或别的目的。40岁的女人如果在钱财方面太执着，就容易变得势利。正所谓"天生我材必有用，千金散尽还复来"，如果你在钱财方面能放得下，会活得更幸福。

3. 女人40岁让逝去的爱随风。

人世间最说不清道不明的就是一个"情"字。生活中，一些30岁的女人依然爱得执着，为情伤风、为爱感冒，把爱情当成生命中不能割舍的一部分，甚至被爱折磨得死去活来。其实，这份"剪不断、理还乱"的情往往会让她们原本成熟的理性失去控制，让她们饱受煎熬。因此，你若能放下逝去的情，可谓是理智的一"放"。

4. 女人40莫把忧愁放心头。

人生不如意之事十有八九，苦苦的去做根本办不到的事情，只能给自己带来混乱和苦恼。一个40岁女人如果总把忧愁放在心上，那么她的生活也必定会变得一团糟。其实，世界上那些烦心事最好是一笑了之，不必用眼泪去冲洗。假若30岁的你能把忧愁放下，那可谓是幸福的一"放"。

40岁的女人，你若能记住上述四个美丽的处方并对症下药，年龄将不再成为你的烦恼，你不仅能活得美丽，更能活得幸福、活得精彩、活得轻松。

女人40，有些事你不必太在乎

"不在乎"是一种"拿得起，放得下"的心态，是一种"宠辱不惊，去留无意"的潇洒，只要40岁的你学会用"不在乎"来增强自己的心理弹性，就可以活得气定神闲。

女人40，为什么你还活得累？就是因为对一些乱七八糟的事太在乎了，担心这个，害怕那个，结果弄得自己疲惫不堪。女人40岁，要成熟一点，放开一点，看开一点，不要对什么都太在乎，40岁的你依然还有潇洒的权利！

1. 女人40不必在乎失业。

40岁以前就尝到失业的滋味当然是一件不幸的事，但不一定是坏事。40岁之前就过早地固定在一个职业上终此一生也许才是最大的不幸。失业也许让你想起埋藏很久而尘封的梦想，也许会唤醒连你自己都从不知道的潜能。也许你本来就没什么梦想，这时候也会逼着你去做梦、去寻梦。

2. 女人40不必在乎时尚。

不要追赶时尚。按说青年人应该是最时尚的，但是独立思考和个性生活更重要。在这个物质社会，其实对时尚的追求早已经成为对金钱的追求。今天，时尚是物欲和世俗的同义语。

3. 女人40不必在乎评价。

我们最不应该做出的牺牲就是因为别人的评价而改变自我，因为那些对你指手画脚的人自己也不知道他们遵从的规则是什么。千万不要只遵从规矩做事，规矩还在创造之中，要根据自己的判断做每一件事，虽然这样会麻烦一点。

4. 女人40不必在乎失败。

一位哲人曾经说过，一个人起码要在感情上失恋一次，在事业上失败一次，在选择上失误一次，才能长大。不要说失败是成功之母那样的老话，失败来得越早越好，要是50岁之后再经历失败，有些事，很可能就来不及了。犯低级的错误，那是年轻人的专利。

5. 女人40不必在乎"肤浅"。

如果每看一次《蓝色生死恋》就流一次眼泪，每看一次《功夫》就笑得直不起腰，就会有人笑你浅薄。其实那只能说明你的神经依旧非常敏锐，对哪怕非常微弱的刺激都会迅速做出适当的反应；等你的感觉迟钝了，人们就会说你深沉了。

6. 女人40不必在乎失意。

包括感情上的，事业上的，也许仅仅是今天花了冤枉钱没买到可心的东西，朋友家高朋满座自己却插不上一句话。过分在乎失意的感受不是拿命运的不公来捉弄自己，就是拿别人的错误来惩罚自己。

7. 女人40不必在乎缺陷。

也许你个子矮，也许你长得不好看，也许你的嗓音像唐老鸭……那么你的优势就是你不会被自己表面的浅薄的"亮点"所耽搁，少花一些时间，少走一些弯路，直接发现你内在的优势，直接挖掘自己的潜能。

8. 女人40不必在乎谣言。

这是一种传染病，沉默是最好的疫苗。除非你能找出传染源，否则解释恰恰会成为病毒传播最理想的条件。

9. 女人40不必在乎压力。

中年人能够承受多大压力，检验的是他的韧性；40岁的你能承受多大压力，焕发的是你的潜能。

10. 女人40不必在乎薪水。

只要是给人打工，薪水再高也高不到哪儿去。所以在40岁之前，机会远比金钱重要，事业远比金钱重要，将来远比金钱重要。对大多数人来说，40岁之前干事业的首要目标绝不是挣钱，而是挣未来。

11. 女人40不必在乎年龄。

这是40岁女人最在乎的问题，男人是"40一枝花"，他们到了40岁依旧抢手，但女人就不一样了，一跨过40岁的门槛就对年龄分外敏感，明明40岁，偏要说自己是38岁，其实这又何必呢，看看赵雅芝、巩俐、关之琳，人过40岁依旧风情万种，这几位大美女都能坦然面对自己的年龄，40岁的你又怕什么呢？

人到中年必须让自己喘口气

想好好地品一杯茶，就需要你先淡定下来，内心宁静清纯、了无尘垢，才能见到杯中绿尘飞、翠清起。心中的尘垢和阴影淡去了，美就会闪身而出，幸福就会在这一闪处留下来。

面对工作的压力，面对生活中琐碎的柴米油盐，面对人际交往

女人40如金——40岁女人进退取舍的人生博弈

中的人情冷暖,到了中年的你是否有着心力尽瘁、身心俱疲的感觉?人到了40岁,是社会的中坚,是家庭的顶梁柱,你每天为了生活奔波于两点一线或三点一线之间,你是否觉得自己已经难以支撑?如果有,那么,40岁的女人,请你暂时停一停,或者放慢你的脚步,让自己的心灵喘口气。不必预支明天的烦恼,做回自己心情的主人,给自己一份轻松、一份自由、一份休闲,你会发现,你得到了真正的快乐。

1. 女人40做回自己心情的主人。

生活中总有一些鸡毛蒜皮的事情让人烦恼:上司对自己的态度、同事之间的小摩擦、家庭中丈夫的不体贴、婆婆的唠叨、孩子的不听话等,都会让女人心烦意乱,甚至不知所以。

如果细细体察你在烦恼中的状况,不难发现烦恼出现时,你往往不知如何安顿自己的感觉,更不知如何定位自己与环境的关系。因此,烦恼是失调的结果,自我身心失调、人际关系失调便引生烦恼。

没有人会喜欢烦恼,但只要活着几乎不可能没有烦恼。烦恼来了,就去迎接它,解决它,而不是逃避它。习惯逃避的人,在烦恼来时往往寻求别的事来转移自己的注意力,借此忽略已发生的烦恼,然而其结果往往是逃离一个烦恼,却陷入另一个烦恼;旧的烦恼未去,新的烦恼又来,生活便在因循苟且中度过。

有人说过:失眠本身并不会伤身,但如果为失眠这个无法解决的问题而烦恼,人的身体就会受到伤害了。所以说,失眠本身并无害,真正使人受到伤害的是因失眠而生出的烦恼。其实许多时候并不是烦恼在烦恼我们,而是我们自己使自己烦恼。

一切的烦恼中都有"我",都有不知如何安顿"我"的困惑,因此烦恼也与人的智慧有关。

烦恼的症结既然是"我",遭受烦恼时不妨改变习惯,试着逆势操作，不要急着改变外来世界求突破，先试着用内在方法安"我"、调"我"与化"我"。心内的纠结能解，便不再制造对立而超越烦恼的障碍。

有生活就有烦恼，就看你怎么去看了。不想听的事，就不要让它进入耳朵；不愉快的事情，就不要让它停留在记忆中。学会忘记，学会清理，才能抛弃烦恼，让自己的大脑空间容纳更多的开心事，人生自然会快乐许多。不要抱怨生活对你不公平，让你饱受烦恼之苦，因为每个人都有烦恼，不过是内容不同罢了，没有程度的差别。请40岁女人丢弃烦恼，保持自己的快乐，做回自己心情的主人。

2. 女人40不必预支明天的烦恼。

明天有明天的事，不要把今天的事拖到明天；今天有今天的烦恼，不要企图把明天的烦恼通过今天预支。

古时有个寺庙，庙里的小和尚每天早上负责清扫院子里的落叶。在冷飕飕的清晨起床扫落叶实在是一件苦差事，尤其在秋冬之际，每一次起风时，树叶总随风飞舞落下。每天早上都需要花费许多时间才能清扫完树叶，这让小和尚头痛不已。他一直想，要找个好办法让自己轻松些。

有一天小和尚突然想，在扫地之前先用力摇树，把落叶统统摇下来，第二天不就可以不用辛苦扫落叶了吗？小和尚觉得这真是个好办法，于是隔天他起了个大早，使劲地猛摇树，这样他就可以把今天跟明天的落叶一次扫干净了。一整天小和尚都非常开心。

第二天，小和尚到院子一看，他不禁傻眼了，院子里如往日一样是落叶满地。老和尚得知缘由后，意味深长地对小和尚说："傻孩子，无论你今天怎么用力，明天的落叶还是会飘下来啊，"小和尚终于明白了。生活中很多女人常常希望能提前把人生的烦恼都解决掉，让将来生活得更加自在和无忧无虑。实际上，很多事好像是注定的，根本无法提前完成。过早地让自己活在为未来担忧的烦恼中，不但于事无补，还让自己活得很累。

女人到了40岁，千万不要预支明天的烦恼，明天如果有烦恼，你今天是无法解决的。保持坚强的心灵，才有可能在任何困难出现的时候坦然面对和解决。更何况，再幸福的人也会有烦恼的一刻，再不幸的人也会有快乐的一刻。每一个人都有喜怒哀乐，整天抱着烦恼不放，就会把快乐丢掉。哭着活是一天，笑着活也是一天，那就开开心心地过好今天的每分每秒吧！

不管在生活上碰到什么困难，你都用不着忧虑和害怕，更不必害怕未来会有什么困难，只要活好每一天，你的一生也就活好了。世上有很多事是无法提前解决的，唯有认真地活在当下，才是最真实的人生态度。

人生就如大海一样，所有的快乐、不幸与烦恼都只是人生中一些难免的小波浪，没有谁能没有烦恼。不管你是快乐也好，烦恼也罢，它总归会随着时间成为过去。

3. 从40岁开始，悠闲地品一品午后的红茶。

生活本身不可能事事遂人心愿，人生也不是理想的化身，虽然你也付出了艰苦的努力，但总有一些东西你一生都不可能得到。与其一厢情愿地久久眺望远方的海市蜃楼，不如踏踏实实地收获身边每一份真实。

30岁的你曾经为了某一个目标而不辞辛劳地耕耘，期待着日后某天的收获，到了40岁，忽然有一天，你会发现收获微小甚至没有，于是，你感到心底那份深深的惆怅和失落、不满和愤怒。为什么付出了那么多却得不到期望中的回报？是我们期望得太高，还是你没把握好方向？

其实，有时候是你自己忘记了，忘记了真正的收获。你偏重于物质利益，一味地追求物质与浮华，却忽视了生命的其他意义。为了轰轰烈烈，你忘记了收获一份平淡和宁静的生活；为了更多的金钱，你忘记了收获一份就在身边的真情。你一方面深深渴望收获，一方面又在无形中把收获的通道越堵越窄。你一方面抱怨生活的吝啬和不公，一方面又惊人地浪费着机遇，使生命中无数美好的时刻，在你面前白白流逝。

如果生活没有你期望中的激情，就保持一份平淡，让生命在平常的底蕴中悠长从容，现实地站在生活的土地上，微笑着面对我们的人生。

生命如茶，不品味就不知道它的美、它的醇和它独特的香。每个人都有自己独特的香味，只不过看你是否发现了它，开掘了它。发现了它，你才会拥有它，否则，即使那香气一生囤积在你的体内，你还是会错过的。就像一些微不足道的事物整天包围在身边，只是太普通了、太平凡了，当我们失去了才晓得珍惜。失之东隅，收之桑榆，老天不会亏待你的，当你把目光稍稍转向时，你就会发现别样的美丽。

想好好地品一杯茶，就需要先淡下来，内心宁静清纯、了无尘垢，才能见杯中绿尘飞、翠清起。心中的尘垢和阴影淡去了，美就会闪身而出，幸福就会在这一闪处留下来。品味生活，也需要你淡定下来。朴实下来，少一些功利，多一些关怀；少一些占有，多一些分享和热爱。幸福，并不在乎缺少什么，而在乎珍惜现在拥有什么。收获不仅在于结果，更在于过程，辛酸与幸福同在，收获就属于你。

4. 40岁女人不必太操心了，地球离了你照样转。

有一句很经典的话：爬山的时候，别忘了欣赏周围的风景。工作和生活也是如此，相信每一位女性努力工作的目的都是为了更好地生活。美好的生活不单单是名利、房、车、物质的富有，还有健康的身体、和谐的家庭关系，等等。如果工作的目的纯粹是为了挣钱，为了挣钱什么也不顾，操心这个，操心那个，结果你就会在

女人40如金——40岁女人进退取舍的人生博弈

"爬山"的路上只顾低头爬山，完全忽略了生活中最美的风景。

王丽刚满40岁，已经是一家颇具规模的广告公司的人事总监了。工作认真，事业心强，在别人眼里，她已经很出色了。她有很好的教育背景——北京大学的MBA，一年四五次的国外出差机会，在公司里上下逢源，深谙外企管理之道，和上司同事的关系都处得很好。可是，她的业绩得来得也很不容易，是用"别人休息我加班"换来的。忙的时候，一连几个月没有睡过安稳觉，没有吃过囫囵饭，已经有两年的时间没有去书店买自己喜爱看的书了，整整有一年的时间没和丈夫和孩子出去玩过了，丈夫对此也是颇有怨言……她觉得自己的生活质量不高，又不知道怎么改变，她总是觉得自己很疲劳，每天早上起床就会有大把的头发脱落，经常提笔忘事，入睡也困难。精神状态越来越差，脾气也越来越大，丈夫和孩子都劝她向公司请假休息一段时间。可是她认为年底公司这么多事情，想停下来根本就不可能。终于有一天，她累倒在办公室里面，领导特许她休息一个月。住院归来，她发现公司运行得很好，并没有因为她不在公司就有所损失。后来，这个争强好胜的40岁女人想明白了，公司并不会因为她停止运转。如果自己再那么玩命地工作，那是对自己的不负责任。

女人40，不要再像30岁那样天真地以为等你赚够了钱，再来放慢脚步享受生活，时间不等人，你孩子般的无邪笑脸，你还算苗条的身材，还有你健康的身体都会成为过去，那个时候，你除了抱着赚来的钱又能做什么呢？

40岁不要再为了钱辛苦地活着

淡泊名利是人生幸福的重要前提。如果你渴望轻松，渴望真正地获得生命的意义，那么请记住：不要再为了钱而辛苦地活着！

几年前，赵薇自己创业当老板，年收入超过500万元。不料，就在公司的业绩如日中天的时候，刚刚过完45岁生日的赵薇突然决定把公司交给丈夫经营，自己则转到一家大企业去上班，月薪骤减为6000美元。周围的人都无法理解她："你到底在想什么？"

赵薇透露，当时她的想法很简单：那家公司应允她可以拥有一间单独的办公室，旁边摆着一台音响，每天愉快地听着音乐工作，而这正是她一直最想过的日子。

赵薇并不想做大人物，所以，她也从不认为能干的女人就一定要当老板，有些事其实可以让给男人做。

以前，赵薇也有过争强好胜的想法，到后来则发现这其实是"自己给自己的枷锁"。于是，她渐渐学会"欣赏"别人的成就，而不是处处跟别人比。"我跟别人比快乐！"她说，也许别人比她有钱，做的官比她大，但是，却比她活得辛苦，甚至还要赔上自己的健康和家庭。

赵薇说，她这辈子最想做的是当一名"义工"，虽然没有名片也没有头衔，但是一个非常快乐的人，"我希望能在50岁之前，完成这个心愿"。

许多女人是以工作和行动来决定自己存在的意义和价值，她们在乎实实在在的好处，例如，口袋里有多少钱，开什么车、住什么房子、担任什么职务等等，此外的东西对她们显然不重要了。

曾有一个笑话将"开同学会"比喻为"比赛大会"，看看谁嫁得好，谁赚的钞票比谁多。"嗯！她这几年混得不错，现在已经爬到总经理的位置了！""那女人更风光，有自己的别墅，老公开的还是八缸名车！"看到别人比自己混得好，就浑身不自在，顿时觉得矮了一截。

有一名40岁女士，早年费尽心力，终于拿到博士学位，并且在一所著名的大学里任教，在学术界享有盛名。提起自己的成就，她最得意的是："很多当年的同学都很羡慕我！"

当提及她的生活时，她的表情开始转为凝重。她承认自己几乎没有家庭生活："我一天只睡5个小时，绝大多数的时间都用来做研究。我的先生常和我争吵，唯一的女儿也跟我很疏远，我从来没有跟他们出去度过一天假，所有的时间都给了工作。"

一个女人非要把自己弄得那么累吗？她重重地叹了一口气："唉！你不知道，干我们这一行，不进则退，后面马上就有人追上来了！"那么，感觉快乐吗？她愣了许久，最后终于说出真话："老实说，我一点都不快乐，我恨死了我现在的工作！我只想好好坐下来，什么事都不做。可是，我简直不敢回头想。以前，我的愿望只是当一名高中老师。"

这是一个真实的例子。"名利"这个词，早已吞食了这个女士的心灵，对她只有伤害，毫无益处。无止境地竞逐成就，只有把女人弄得越来越累，很多女人的生活失去了平衡，她们不知道何时该停下来休息。

如果你的心里还在为领导这次提拔了别人而没有提拔你感到愤

愤不平,如果你还在因为与你一起购买体育彩票的邻居中了大奖而你却什么也没有得到而久久不能释怀,那么看了上面的例子,你是不是觉得有所悟?其实,名利本来就是那么一回事。只要你全身心地投入生活,那么即使没有了名利,你也照样会生活得有滋有味、快快乐乐。

人生活在这个社会中,不可能事事顺心。或许一生的努力都是徒劳,或许高官厚禄、巨额钱财在顷刻之间就会离你而去,荣耀风光成为黄粱一梦。一些人老谋深算,为了争名夺利,不择手段地算计他人,可在突然之间却已被他人算计。人何必活得这么辛苦?

女人40遇事要退一步想

女人40岁就应该懂得不是什么时候、做什么事都可以往前"冲",必要时应该后退一步,因为这样做你才算是个聪明而成熟的女人。

你不可能让世界上的每一个人都满意,你的生活也不可能处处都是鲜花,你的成功之路也不可能一帆风顺,你也不可能事事都比别人强。那么,在你的人生不是一帆风顺的时候,在你的人生出现一些挫折的时候,在你的面前不都是鲜花的时候,你该怎么办?这时候,不妨后退一步,你会发现海阔天空,人生照样美好,天空依然晴朗,世界仍是那么美丽。

1. 公司里人事调整,你原想这次你肯定升职,可宣布各部门人选的时候，你竖着耳朵听也没听到老板念你的名字。这样的时候，你先别生气，后退一步想：毕竟没有被炒鱿鱼。然后想自己为什么没有被提拔，如果的确不是你的错，那就是老板没长一双慧眼，没发现你这颗珍珠，那损失的是老板而不是你。让他遗憾去吧！

2. 单位里职称评定，你差一点儿就评上了。可惜的确可惜，但再可惜也没用了。这样的时候，你后退一步想：这次差一点，下次就一点不差了。那么，回去再努力一年。这一年，你有可能做出惊天动地的成绩。

3. 被公司老板给炒了。这肯定不如你炒他心里那么痛快，老板炒你肯定有他的理由，但你别去问，一问显得你没劲。你后退一步想：毕竟只是被老板炒了，而不是被坏人杀了，只要大脑在、双手在，天下的老板多的是，老天爷还饿不死瞎眼的家雀呢。实在不行，自己做老板。

4. 做股票。这只股票本来可以赚 5 万元，由于贪心，只赚了 5000 元。你别光骂自己蠢，后退一步想：毕竟还赚了 5000 元，而不是赔了 5000 元。下次不要再太贪心就是了。要是这次赔了 5000 元，也后退一步：毕竟只赔了 5000 元，而不是全赔了进去，下次不犯类似的错误，再赚回他 5 万元就是了。

5. 生病。如果你生病了，心情肯定不会很好，但心情不好对你身体的康复只有坏处没有好处，因而尽量使自己不要沉溺在生病的坏心情中不能自拔，后退一步想：毕竟只是生病，那就趁这个机会好好休息一阵，平时难得有这样的机会。

人生在世，不如意的事情肯定会有，因为世界毕竟不是你一个人的世界，造物主尽量要公平一些，不可能把所有的好事都摊到你的头上，也要适当考验考验你，看看你在不顺的时候会是一种什么样子。如果你反应过激，他还会继续考验你，直到你能以一种平和的心态去看待、对待一时的不顺或者挫折。

女人到了40岁要以一种平和的心态去看待人生。有时候，你后退一步，可以寻找到一种海阔天空的人生境界，对你而言这是一种天大的幸运。

女人40岁要懂得及时放手

欲望总是像雪球般越滚越大，假如你不知道在40岁的时候及时收手，而是让它无休无止地膨胀，就会导致你的心灵永远处于疲惫不堪的负重状态，所以，到了40岁对于那些本不属于你的东西，最好不要奢望！

42岁的张女士自从抵达美国加州之后，就过得十分惬意，她发现这里的气候得天独厚，环境优美，空气清新，在她看来，这里的阳光甚至都显得格外明媚。

有一天，张女士在午后出来漫步，她突然觉得前面有亮光，走近后发现，原来是人行路上种植的一株株橘树，沉甸甸、黄澄澄的果实已经挤满了枝头。这就是当地著名的花旗蜜橘，它是享誉世界的鲜果，能在美国亲眼见到它，让张女士倍感荣幸。见到浑圆结实的果实，她产生了一个疑问，这些果实这样诱人，为什么没有人采摘呢？难道是美国人不喜欢吃橘子，或者是因为橘子的味道不好吗？

带着这个疑问，张女士决定弄清楚事情的真相。于是她顺着橘子树漫步，足足走了半小时，却没有一个行人经过这里。后来，当她准备调转方向回到住处的时候，前方出现了一个背着书包、脚踩旱冰鞋的中学生，这个孩子正奋力而有规律地朝她滑来。张女士有礼貌地向他招手，并将自己的疑问对孩子说明了。美国孩子大多数是很开朗的，他对于张女士的问题感到很意外。

这个孩子并没有马上回答，而是先拿出手帕擦脸上的汗水。随后孩子向张女士解释了她的问题。事实上，这里的橘子是非常可口的，美国人也很爱吃橘子。张女士问孩子，为什么橘子都快烂掉了，却没人吃呢？张女士觉得这样很可惜。美国孩子却说："这是路边的橘子，不是我种植的，是不属于我的，我没有资格吃。"

孩子的背影渐渐地消失了，张女士却在孩子的话中回味了很久——不属于自己的东西，是没有资格和必要去争的。

如果你到了40岁还活得不快乐的话，也许正因为你还在觊觎着本不属于自己的东西，因为得不到而不快乐，而得到的人却可能因为心中的不安而忧郁。其实，不是自己劳动所得的东西，本身就不是属于自己的，幸福和快乐只有建立在自己的身上才能永恒。

宋元更替的时候，各地战争不断，到处兵荒马乱。有一天，许衡和几位朋友一起外出，途中经过刚被战争洗劫过的豫北地区，由于这里的百姓都逃难去了，所以田地都荒芜了。当时正值酷暑，大家都顶着烈日赶路，个个汗流浃背、口干舌燥，走了很久也没有找到水来解渴。

就在此时，同行的一个朋友连喊带叫地向前跑去。原来在前面不远的路旁挺立着一棵高大的梨树，树上挂满了黄澄澄的大梨。大家一哄而上，争先恐后地摘梨解渴，只有许衡坐在树阴下好像没有看见那些大梨。

这时一个朋友走了过来，递给许衡一个梨，并很奇怪许衡为什么不去摘几个梨来解渴。许衡接过梨，连连称赞是好梨，并问朋友多少钱一个。朋友说不要钱的，这是野梨。许衡不同意，他认为野梨不会长这么大，这梨是有主人的。朋友很无奈地告诉他："这兵荒马乱的年月还讲究什么家梨、野梨？吃了解渴就行了。"许衡反驳道："这家主人肯定是逃难去了，我们没有征得主人的同意，这是不道德的。"

许衡用手指了指自己的胸口，很诚恳地告诉大家："这梨是无主的，但是我们每个人的心是有主的。不是自己的东西，不能随便就拿来吃。"接着他劝告大家不要再吃了。众人都笑他太迂腐。许衡听了别人的讥笑也不生气，他表示自己宁愿干渴也不吃这些梨。

也许有人觉得许衡非常迂腐，可是这样的人才是活得最踏实和最快乐的人，因为他们有自己做人的原则，活得心安理得。

有一个农夫在山里挖到了一尊价值连城的金罗汉，周围的朋友知道了这件事，都跑来向他道喜。不过农夫却犯愁了，过去他下地干活，只要吃得饱穿得暖就无忧无虑，快活自在，可是自从挖到了这尊金罗汉后，他反而吃不香睡不稳。一个月后，他瘦成了皮包骨。

他之所以成了这个样子，一方面是怕别人偷去了这尊金罗汉，另一个原因，也是最主要的原因是他一天到晚都在绞尽脑汁地想："十八罗汉我只挖到了一尊，那其他的十七尊到底在什么地方呢？要是我挖到了其他的十七尊罗汉，不就大发特发了吗？"有了这样的贪婪，这位农夫还有什么快乐可言呢？

第八章

放下顾虑，成就40岁的惬意
——女人40该为自己做点事了

40岁之前的女人或许有很多辛苦劳累的理由，为了家庭的稳定，为了孩子的将来，为了支持老公的事业，但是在这种牺牲的背后，你是不是隐隐觉得自己活得很累很辛苦，也很无奈呢？但是到了40岁，你拥有了更多为自己而活的资本，你完全可以从现在开始描绘自己的精彩人生，你无需再为了支持老公的事业而中断自己为之奋斗的理想，无需为了照顾孩子而停止自己前进的脚步……

女人40要懂得为自己而活

女人40要懂得为自己而活，如果缺少为自己而活的热情，你将会错过生命中许多光彩夺目的瞬间。

40岁的你虽然经历了该经历的、拥有了该拥有的，但偶尔你仍会在心中发出这样的疑问：同样是女人，同样是40岁，为什么她们总是那么光鲜亮丽，永远是要风得风，要雨得雨，集万千宠爱于一身，而我却不能？

其实人与人之间原本没有太大的差别，作为女人也是一样，你有你的生活，她有她的精彩，如果非要找出一点差距的话，那就是彼此生活态度的不同，也就是为谁而活的问题。

智慧的女人懂得为自己而活，因为她们知道，如果缺少为自己而活的热情，将会错过生命中许多光彩夺目的瞬间。也只有懂得为自己而活的女人，才会懂得生活的情趣和乐趣，才勇于迎接挑战，大胆地追逐自己的梦想和幸福，尽情地享受人生，活出精彩，活得与众不同。

玫琳凯作为化妆品行业大器晚成的成功女性，在美国乃至全世界都是家喻户晓的人物，然而，她的一生却充满了传奇和波折。在玫琳凯创业初期，她也经历了无数次的挫折和失败。不同的是，每一次失败之后，她都不言放弃。在总结教训、吸取经验之后，她再接再厉。凭着一股执著的、永不放弃的信念，最终成就了自己在化妆品行业的"皇后"地位。

20世纪60年代初期,玫琳凯退休回家。寂寞的退休生活让她感到百无聊赖,于是她决定冒险进军化妆品行业。一番深思熟虑之后,她用自己一生的积蓄创建了玫琳凯化妆品公司。为了支持母亲实现"狂热"的理想,两个儿子也纷纷放弃自己稳定的工作和丰厚的待遇,加入到母亲创办的公司中来。玫琳凯知道,这是背水一战,弄不好自己一辈子辛辛苦苦的积蓄将血本无归,而且还有可能葬送两个儿子的美好前程和幸福。

现实果真不如她想象的那么顺利,在公司举办的第一次展销会上只卖出去1.5美元的护肤品。面对意想不到的残酷失败,玫琳凯忍不住失声痛哭。哭过之后,经过认真反思,她终于明白展销会上它的公司为什么会失败。原来,她的公司在展销会上从来没有请别人主动来订货,也没有对外发放订单,而是希望爱美的女士们自己上门来买东西,展销会搞成这样,也就不足为奇了。

想明白了这些,玫琳凯擦干眼泪,很快从第一次失败的阴影中走了出来。在重视生产管理的同时,加强销售队伍的建设。虽然她后来还经历了多次挫折,但每经历一次挫折,她的公司都会变得更加强大。

如今的玫琳凯化妆品公司由初期9人的一个家庭公司发展成一个国际性的大公司,它在全球拥有30万人的推销队伍,年销售额超过了40亿美元。

玫琳凯的成功源于她有一份为自己而活的热情。因此,在退休之后,她还能大胆地追逐自己的梦想,勇敢地接受自己的挑战,最终成就了自己的梦想,成就了与众不同的人生,成为20世纪活得精彩且伟大的成功女性。

平凡的人生并不意味着平庸。与玫琳凯相比,40岁的女人更无需为自己的年龄担忧,你拥有更多为自己而活的资本,你完全可以从现在开始描绘自己的精彩人生，无需再为了支持老公的事业而中断自己为之奋斗的理想，无需为了孩子的成长而停止自己前进的脚步……

回过头来，你再去看看让你质疑的那些幸福的女人，她们学保养、学驾驶、学钢琴、学英语……哪一个不是在按照自己的意愿和理想去生活呢？因此，40岁的你要学会为自己而活。

1. 40岁更要保持一颗年轻的心。

40岁的女人不要为逝去的流年感伤。诚然，在年复一年、日复一日的时间流逝中，岁月会在我们的皮肤上留下皱纹，在头发上刻下烙印，但只要我们始终保持一颗年轻的心，它就无法在我们的灵魂上刻下一丝痕迹。只有甘愿衰老的女人，才会更快地佝偻于时光的尘埃中。无论是30岁还是40岁，如果你始终都为未来所吸引，不为逝去的流年而感伤，对生命和人生始终怀着孩子般无穷无尽的渴望，那么在你的心灵深处就会不断地从人群中、从无限的时空中感悟到幸福、美好、希望、勇气和力量，你就会永远年轻，永远保持着乐观向上的精神乐趣，你便有希望时时享受精彩幸福的时光。

2. 女人40岁要做一个智慧的人。

40岁的女人要懂得永远为自己加油。无论你现在从事什么工作，都需要不断地充实自己，即使你现在是一个全职太太，你也要让自己不断地学习新的家务知识。生活是一个五光十色、变幻多姿的大舞台，每天都有新鲜的事情发生，生动活泼的角色有很多，而且每一种角色的背后都是一种知识、一种涵养，你应该学着记录下来，并尝试着去接受，让它成为你的一种经验和智慧。因为在女人的生命里智慧是一种不可或缺的养分，美容改变的是外表，但是智慧塑造的却是内涵。所以让智慧使你的改变由内而外，使你40岁的女性魅力放射出恒久的光芒，让你的精彩人生从此与众不同。

3. 即便到了40岁也不放弃对幸福的追求。

只有敢于向命运挑战的女人，才能真正把握自己的命运。也只有敢于追求幸福的女人，才能得到真正想要的幸福。40岁的你，不要再把幸福寄托在别人身上，要想获得幸福，就应从现在开始去烙自己幸福的馅饼，因为命运就掌握在你自己的手里。只要你永不放弃追求，就一定能够获得你想要的幸福和与众不同的精彩。

40岁，该为自己做一点事了

女人30几岁时，为别人而活，为了工作、为了家庭、为了符合别人的期望、为了……强迫自己扮演一些非自愿的角色。但是到了40岁，一般女人家庭稳定、事业有成，这时你该为自己做一点事了，40岁的你完全有条件为自己而活。

人生40不是秋，随着人类社会的进步和人们生活水平的提高，人的寿命大大地延长，如果一个人可以活到100岁，那么40岁时应该说是最美妙的光阴。就是平均80岁，人生之路不过走了一半，我们许多人都知道秦怡80岁时在电视上露面，尚且光彩照人。温厚、恬静的美丽及她对事业、婚姻、亲情的感悟，同样让我们欣喜欢呼。著名的电影表演艺术家田华，她那满面春风、满腔热情和满头白发也让我们心生敬意。当然，她们年轻时的仪容仪表是相对完美一些，这就告诉我们把握住现在的道理。如果用心把握了今天，我们用很

女人40如金——40岁女人进退取舍的人生博弈

欣慰的心态面对我们的40岁人生，我们依然有灿烂的笑容和光彩。

40岁和"人老珠黄"没有必然的联系，40岁的女人如果非常注意保鲜的话，仍有机会做一次新鲜人，将人生亮丽的一面展示给别人。

在30几岁时，陈女士从来没有过系统地写点什么的愿望，她觉得偶尔记录一下自己的心得，抒发一下情怀，或者释放一下心中的不快，有那么几页文字就足以证明自己的最大能力了。况且，她写下的内容零零散散多半是忧郁性的内容，缺乏积极向上的东西，过后就放进了废纸篓里。

现在到了40岁，陈女士反倒想法很多，一是准备记录自己的人生，一是准备开创自己的事业，同时，对于已经轻车熟路的财务管理和营销管理还有着浓厚的兴趣，觉得放下有点可惜。所以陈女士觉得努力要提早10年才可以。

30岁的女人如果不为40岁的到来而提前准备的话，就极为可能被推进"女人40豆腐渣"的行列。所以当陈女士为40岁的到来有一点诚惶诚恐，有一点不安，也有一种不甘心的时候，也产生了那么一种冲动。于是，陈女士想表达自己人生之路上苦苦求索，表达自己此时此刻的心情、心愿。陈女士只是想坚定一种信心，为30岁到50岁之间的女人，为许多人，也为自己。

陈女士曾经的事业定位是在企业中做个职业经理人，而现在她不得不说自己又产生了开辟第二事业的愿望，这个目标实现了以后，她觉得还有些不满足，她个人的长处还有需要发挥的地方，或许还有一个闪光点在她身上没有被挖掘出来。并且这种动力和信心也来自于她周围的40岁左右的女性朋友，她们支持她甚于她自己的愿望，最关键的是还有一位男性朋友，他认为这种想法不仅为女人，而且为男人更多地了解40岁女人，为40岁女人更好地生活，提供了一个很好的平台。所以，陈女士抱定了成功的打算。她真诚地希

第八章 放下顾虑，成就40岁的惬意
——女人40该为自己做点事了

望在困惑中犹豫的40女性，如果你曾经发现你有某一方面特长的话，或许你也会将它修成一条路，一条管道，像陈女士一样自信些，耐心一些，换一种方式对自己，或许感觉会更好一些。在已经具备基础的条件之上，重新开始，不是更有成功的把握吗？陈女士认为：有追求，什么时候都不晚，如果有机会让她重新开始的话，她不会因为40岁而放慢脚步。成功并不是一生一世的努力才有结果，有时它就在一个想法落实之后，所以哀叹"40岁晚了"是过于悲观的想法。

在陈女士来北京之前，没有为自己确定什么人生目标，在一个大型事业单位里工作，看着男同事们虽不优秀却也有着很幸运的晋升机会，陈女士很泄气，看着全局处级干部中唯一一位女性副处长被流言蜚语挤得近乎精神崩溃，心里凉了半截，因此觉得做女人也许只能抱定一个做贤妻良母的愿望。那时对环境的认识处于很肤浅的阶段，思维也相当狭隘，总觉得没希望。

后来因为偶然一个机会，陈女士离开了家乡，开始了在北京这片热土上的打工生涯。起初在一个上市公司里做营销管理工作，工作任务量大，资料、报表放在一起显得很乱，自己非常担心怕万一做不好，经过清理、核对，心里才有了点底，没想到因为工作努力敬业负责，她被评为最佳员工，获得敬业奖还能免费出国旅游。陈女士欣喜于自己闪光点的被发掘，从此也转变了人生态度——我能行，我也有机会，只是以前我没遇到，或者没有把握而已。从那时起，她开始有了人生信念，开始了事业之路的艰难跋涉。在这个过程中，她觉得以前所学的知识比较陈旧，也不够用，她必须充电，完成自己的一个愿望——她要上一次社会大学，她要研究生毕业。不为学历，只为学习，女人总是喜欢循规蹈矩的，陈女士延续着机关里的做法，一步步获得了专业高级职称，又就读了一个半社会性质的研究生课程，运用实践中的案例来分析，并上升到理论高度进

181

女人40如金——40岁女人进退取舍的人生博弈

行再认识,再回到实践中来,几经反复,陈女士心里充实了许多,也踏实了许多。

人活一辈子,最高目标是追求快乐。知识女性处于女性生活的最上层,享受的生活机遇比一般女性更充分,如受教育的机遇、职业机遇、婚姻机遇、晋升机遇、获取高报酬的机遇等,因而知识女性应该是最快乐的女性。然而知识女性的生活现实并非人人如此。知识女性首先是职业女性或事业女性,最好的职业职位与最成功的事业也免不了给人带来烦恼和困惑,因为责任重、挑战性更强。尽管现在她还有可以努力的一份工作,但那是借助别人的平台,陈女士想说,可能的情况下,她仍然有为自己、为他人搭建一个平台的决心和信心。多年来她有一个习惯,对自己不懂的东西总想弄清楚,至少也想知道一点。刚刚工作的时候,她从事计划统计管理工作,在一个大型事业单位,这一极具挑战性的工作给了她人生的第一课,如何来做人做事。生活的磨练、文化的熏陶、知识的积淀,是对40岁女人最好的回报。

做女人真好,你可以享受到美丽漂亮的包装,有那么多时尚服装、饰品、化妆品、美容店为女人提供服务。但40岁的女人懂得,这些东西只是陪衬的绿叶。在工作上,她们通常是用业绩来证明自己的能力和水准,而不是靠容貌、身材和眼泪;在社会交往中,她们把自信、宽容、聪慧集于一身;与她们交谈,会让你有所思、有所悟、有所得,她们会以这个年龄女性特有的细腻和灵性给你一些建议和提醒,你才明白人生是需要点化的。

美国商界最耀眼的女明星菲奥莉娜今年46岁,堪称全美第一女强人,连续三年蝉联美国《财富》杂志的50大企业女强人榜首,她是全美20大企业第一位女性执行官,年度报酬超过1亿美元。"我首先是管理者,然后才是女人。"这是菲奥莉娜的名言,这样的话也只有她这种具有钢铁意志的女人才能说得出。菲奥莉娜代表了一种新的管理模式，也是女性对男权世界的征服。陈女士是菲奥莉娜的崇拜者，菲奥莉娜有一句醒目的话：集妩媚与斗志于一身的女人。陈女士追求的生活极限就是"妩媚与斗志"，菲奥莉娜在对话节目里出现时，陈女士会被她的气质、风度及幽默自信的语言风格所感染，被她耀眼的商界明星之光环所吸引，做女人就是要做她那样的女人。一直以来，陈女士希望能够在欣赏她的同时，自己也有更多的机会。

40岁女人生活在一个压力极大的社会环境中，你拼命地工作，是为了生活；但在实际上，不管你有意或无意、主动或被动，工作几乎成了生活的主要内容和支柱。没有人能够忍受失去工作机会的痛苦，即使是那些作为"全职太太"的40岁女人也会将喝茶、打牌、购物当作是她们的工作内容而不是消遣内容。一旦失去工作，你不仅会在"物质"上垮掉，同时也会在"精神"上垮掉。而在工作中，由于各种原因，又会使你时时感受到难以解脱的束缚，经受无法避免的挫折，从而体验到深刻的无力与无奈感。工作比一日三餐更重要。其实，这个世界上有那么多有趣、好玩的事，值得去发现、去探索、去研究，而工作只是其中很小的一部分而已，但很多人认为，工作就是生活。你无法理解不工作的苦恼，你更无法理解停下来休息的苦恼，退休的人回到家里很容易生病，这是许多人总结出来的道理，所以40岁无论如何还有机会打拼天下，成就自我。你千万不能因为工作而失去"生活"，失去"自己"。

40岁女人完全有条件为自己而活。奉献是理所当然的付出，但为自己更应该责无旁贷地努力。当你为自己时，是另外一种心情，当你为自己努力而有所成就时，你会更自信，更欣赏自己的能力。当你用快乐的心情去感染他人时，你的心会告诉他们，40岁女人打拼天下，累也值，不累更值！

做一个"贵族"式中年女性

女人 40 岁要做自己的贵族，不要一味等待别人来拯救，不要把自己当成老公身上的一个附属物，完全失去了自我，而是要自己安排好自己的生活，因为你就是你自己生活的主人。

你或许有过这样的体验：当自己与爱人处于最灿烂、最甜蜜的时期时，突然看见了对方难以接受的另一面，会有一种失落感及挫折感，很重很重，也很沉很沉，如同玫瑰花一般，盛开在最耀眼的时候，接下来所面对的就是枯萎凋零。这时候就要开始警惕自己，对方既然不重视你的生活，那么为什么又要活在对方的生活底下呢？生活既然因对方而不如意，那为什么不去过一种属于自己的生活呢，让彼此也有些空间喘息。人与人相处难免会有思维塞顿而想不通的时候，如果此时突然间顿悟，那以后的生活也将有所不同，随着生活的不同，心境也自然会有所不同。

我们常常看到这样一些幸福的女人：老公老实会赚钱，孩子聪明又出色，公婆也相当体贴。受过高等教育的她们，把自己想要的幸福经营得很出色，但在孩子逐渐成长的过程中，她们发现自己不由自主地变成一个幸福而不快乐的母亲，控制不了自己的脾气，好像缺少了什么。问自己为什么不快乐，又找不出具体理由来。

到底缺少了什么，缺少的是别人给不起的东西，是所谓的"自我实现"的问题。你的自我潜力尚待开发，就好像是地底下的岩浆，滚烫滚烫，正在寻找出口涌出来，难怪40岁的你如此地焦躁不安。

有这样一句老一辈的格言：爱情是女人的全部，女人是男人的一部分。许多女人，不管受了多么好的教育，有多么大的能力，常常选择的是成全幸福，而不是成全自己。事实上，时代完全不一样了，你受的教育，你要的成长，你想过的生活，已经不能再用"爱情是女人的全部"来局限。

所以，女人40要做你自己。如此一来，你会变得成熟，成熟是承担起做自己的责任。甘冒一切风险，去做你自己，成为自己的公主，这就是40岁女人的成熟。

幸福和实现自己，并非二选一的问题，也许你无法兼顾，但你好歹可以不让二者的跷跷板悬殊过度，否则，你终会陷入别人认为"我应该快乐，但我是如此的不开心"的困境。你会把自己未完成的愿望不自觉地放在孩子身上，他们动辄得咎，却不知道自己为什么不讨你喜欢。因为陷入枯燥的生活，使得身旁那个表现还不错的枕边人处处被你挑剔。有的人会忽视自己的问题，以为那是另一半不好的问题。对新时代的女人来说，只有爱，并不能提供所有的人生慰藉。

在漫长的人生旅途中，有太多太多的未知数，但你要把握当下，学习贵族的精神和勇气，克服对未知的恐惧，超越自己的弱点，创造自己美好的人生。记住：美丽的女人，要做自己的公主。

1. 爱自己，才会爱别人。

女人有三样东西是属于自己的，一是自己的身体，二是自己的知识，三是自己的朋友。越来越多成熟独立的现代女性开始用各种方式宠爱自己。而宠爱自己的真正用意是坦白地正视自己真正的需要，选择自己想要的，不刻意为讨好别人而压抑自己。谁愿意跟一个整天愁眉苦脸、自怨自艾的人一起共事呢？谁愿意把工作交给一

第八章　放下顾虑，成就40岁的惬意——女人40该为自己做点事了

个胆战心惊、害怕自己失败的人去完成呢？只有那些带着自信的微笑而宠爱自己的人才会得到更多的合作、更多的信任、更多的爱，也会加倍美丽。

一个不懂得爱惜自己的女人，更不会懂得去爱别人。要做一个充满魅力的女人，先要从爱自己开始，抛弃自卑、懦弱、内向的阴影，从心底散发出对生活的无限热爱。

爱其实就是一种能力，它是最富有生命力的美，爱自己能够提升女人的修养，从而使他人更加爱你。培养一种良好的心态和一种从不自暴自弃的进取精神，你将获得旺盛的生命力和蓬勃的生机。

身为40岁的女人，你要学会爱自己，你便能如己所愿地生活在爱中，在自己的爱和他人的爱中幸福一生。

一个女人，从一个天真烂漫、不懂世事的小女孩变成一个要经受生活磨难的40岁女人，这就是生活，也是走向成熟的必经过程。所以，女人更应该学会好好爱自己，自己都不爱自己，还有谁来爱你？

2. 把薪水花在自己身上。

女人天生喜欢逛街、买东西，犹如唧唧喳喳的鸟儿往返叼枝垒窝，她们一定要亲手用细心和纤巧玉手营造温馨幸福的港湾。平淡如水的岁月，40岁女人忙着相夫教子和操持家务。最开心的一刻莫过于周末约上闺中密友，跑女人街、逛城隍庙、上四牌楼去"沙里淘金"，然后大包小兜地满载而归，脸上写满舒心得意的神采。这才是女人，女人本来就是天生的"败金"主义者。

女人都是天生的购物狂，买起东西来简直无药可救，这其实是不理解女人。购物狂不好，很多男人都养不起，所以聪明的女人不会为了购物而购物，也不会买超出自己承受能力的东西。她们没有想着花男人的钱购物，她们只是习惯了看到喜欢的东西就买回来而已。喜欢一样东西，用自己的能力去得到没有什么不合适，就算用双倍的价钱去买了一张喜欢的CD又怎么样，只要能在第一时间听到偶像的歌声，自己觉得值得就好。难道这就是男人所说的无药可救？值得与不值得要看自己怎么去理解，心情好才是购物的最终目标。

有什么真正喜欢的东西快买吧，只要自己还能承受。比如漂亮的睡衣，不要再把自己穿旧了的衣服当睡衣穿，老公觉得你没有魅力。也许还有意外收获——你能体会到穿蚕丝睡衣的好处，真的很舒服，穿在身上柔若无物，摸在手上光滑舒适，为了老公，更为了自己，买上两套又如何。只要算一算，它只占你工资的一小部分而已。各种美容用品，买吧。眼霜真的能收缩你的眼袋呀，公司不是有姐妹已经试过了吗，不要再犹豫。美容用品能延缓衰老，当青春不再时，你有再多钱，也是来不及的事了。

3. 买份礼物给自己。

越来越多的女性开始享受自己给自己买东西的乐趣。"Buy It Yourself"自己给自己买东西，这是时下新派的女性主义，又称"新女性主义"。这种理念将主导女人们进入一个"自强、自立、自信"的时代。BIY的重点不是买东西，而是一种生活态度，提醒女人要将生活的抉择权紧握于自己手中。今天的新女性大多有着坚实的经济基础，在金钱上她们不需要仰仗任何人的垂怜，而是享受着经济独立的成就感。赚钱是一种快乐，花钱更是一种享受，而花自己的钱更是现代女性的一大满足。爱自己，给自己买东西，才是最独立的表现。

别人送的礼物珍贵在那一份情，礼物本身往往不是重点，特别是有的时候别人送来的礼物并不合乎自己的心意，但是又不好意思丢弃。而自己买的东西无疑更让女人感到舒心，不但可以更切合自己的需要，更是对自己的一种犒劳和奖赏，那份满足的感觉就像一个人坐在吹着海风的沙滩，看着蓝天与海水在天际处拥抱，无拘无束，自由自在。

女人要对自己好一些，不要介意用了一个月的工资去买一条MISSIXTY的裤子，也不要把自己的幸福寄托在别人身上。女人还要学会宠爱自己，找个理由，送自己礼物，不用看别人的脸色，也没有赌气的危险，自己快快乐乐地买，快快乐乐地用，牢牢把握住幸福的主动权。宠爱自己就给自己买东西。

女人40岁，一定要学会善待自己，哪怕只有10块钱，也可以拿出其中的一块钱来满足自己，给自己买点东西。不要在等待中被动接受幸福，而是要主动去抓住幸福；不要等待别人赐予爱，而是要先学会宠爱自己。

累了的时候，不妨让自己"偷偷懒"

懒惰生活，有几分散漫，有几分淡泊，也有几分奢侈，也许它并不是最独特的生活方式，但它可以让女人更接近自己的内心需求——不要无谓地忙碌，只要真实的快乐。

当今社会，竞争激烈，生存压力大，尤其是正处于"上有老下有小"的高压状态的40岁女性，往往觉得力不从心，不能兼顾。于是，越来越多的中年女性倾向于一种能够"偷懒"的生活方式，以便让自己能够有更多的时间放松自己。

1. 40岁时不妨享受一下网上购物。

无论多大的年纪，只要你想让生活变得简单、快乐，就完全可以像猫一样慵懒地生活。其中最为便利和简捷的就是网上购物，可以说是为电子商务贡献力量。想要购物的时候，懒洋洋地往电脑前一坐，用鼠标叩开一个个网上商城的大门，先浏览一番最新商品的信息，比较价格和质量，然后便开始用鼠标拖着东西往购物车里塞，不用担心会拎不动篮子，只要信用卡里有足够的钱支付，大可放心地选购。剩下的事便是待在家等着送货上门，签字或是付现金，省去了跑来跑去买东西的时间和精力；而且还不用讨价还价，少费口舌。懒惰生活嘛，当然一切都是以简单而省事为主旨了。

2. 40岁时要敢于卸掉家务。

很多职场女性忙于工作，根本无暇应付琐碎的家务活。幸好科技发达，很多家用电器帮了现代女性的忙，可是空调器的过滤网需要清洗、抽油烟机也要擦洗、阳台的落地窗要安装纱窗、五个花盆要换土……自己做吗？既费时又费事，一个大好的星期日全被体力劳动所占用了。会"偷懒"的女人自然有办法，平时工作太忙，那就找个钟点工来帮忙打理家庭琐事，最大限度地实现零家务，解放生产力。无须自己动手，地板变得一尘不染，落地门窗亮得惊人，花盆里的花更加茂盛，餐桌上的饭菜更是散发着诱人的香味……

除非是在很特别的日子里，女人才会亲自洗手做羹汤，给丈夫一个惊喜。但这样的时刻不会太多，一是没有时间去磨炼好厨艺，二是工作太忙。如果遇上休息日，聪明的女人大多会选择与丈夫携手去相恋时吃过的餐厅重温旧日时光，既温馨浪漫，又免掉油烟之苦，度过一个高质量的节假日。

她们有自己的理由，既要工作又要做家务，精神渐渐在家务中磨损，这样的生活怎能谈得上品质呢？不做家务，把精力更多地放在工作中，能够创造出更多的财富或是选择做自己想做的事情。因此，平日里工作紧张的女主人，休息日里尽可偷偷懒，从家务劳动中解放出来，让紧张疲惫的身心彻底地放松下来，下周工作时心情

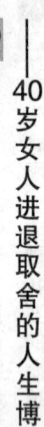

自然很好。

3. 40岁时可以享受素面朝天的轻松。

素面朝天的女人分两种：一种是有美丽的资本，即使不化妆也很漂亮；另一种则是懒惰的女人，懒得化妆去迎合别人的目光。40岁女人完全可以随性而为，自由自在、无拘无束地工作和生活，自然简洁地做自己。

同时，除去表面装扮的虚伪后，将最真实的容颜展现在朋友面前，展现在与自己交往的所有人面前，坦诚的目光、不施脂粉的清纯自有一份独特的魅力，更容易赢得信任，更容易进行精神上的交流沟通。

在繁忙之余不忘休闲娱乐

女人40，如果太多的事情让你应接不暇，不妨休闲一把，让自己轻松一下，到了这个年纪没有必要活得太累了！

忙碌于工作和家庭中，穿梭于事业和孩子之间，面对日复一日、年复一年的重复，生活变得枯燥和乏味，40岁女人变得麻木而了无情趣。于是，越来越多的40岁女人开始开辟自己的"第二职业"，培养自己更多的兴趣爱好，让自己在繁忙的工作和家务之余也休闲一把。

1. 40岁爱上泡吧。

生活在都市里的人们，似乎早已被淹没于行色匆匆的人流之中，物质丰富之后，精神世界却贫穷得有些可怜，彼此间也变得无比陌生。飞快的生活节奏让每个女人顶着越来越大的压力，心中不禁有种孤独的感觉，于是，"吧"文化应运而生。

闲暇之余，走进酒吧来一杯或浓或淡的适合自己口味的酒，慢慢地呷着，排遣心中许久的压抑和紧张，重新寻回那份自由和洒脱。当音乐悠扬地在耳畔响起，仿佛每一个美妙的音符在心中流淌。尽管朦胧的气氛下是一些陌生的面孔，但是每个人的脸上都原原本本地展示着自己内心的喜怒哀乐，那是一种自然不失真的人的本色，在这里心与心之间也不必筑起一道藩篱。

或者，相约三五好友，猫在茶馆里，一起窃窃私语地说一些女人们的八卦话题，可以毫不顾忌地谈论男人的种种。说话、喝茶、嗑瓜子、吃小零食，毫无掩饰，悠悠然地享受着中年女人的优雅和放松。

你可以尽情地享受身边的这份随意和那种懒散的时光，全然没有了职场中的那种凌厉之势和巾帼不让须眉、咄咄逼人的霸气，也没有了拒人于千里之外的冷漠，在这里女人得到的是最本性的东西——胸无城府、心不设防，甚至有点慵懒和柔弱，显得格外地娴静，这时是最有女人味的时候。在这里，你不需要任何的面具，可以素面朝天，可以不用穿着很正式的职业装，可以远离应酬，远离杯盘狼藉，远离没完没了的劝酒、斗酒，远离被迫酩酊大醉、出尽洋相的那种无奈。而喝茶永远不会醉，它就像是一种专门为女人酿造的酒，女人们举起干杯再干杯，没有烂醉如泥，也没有相互谦让的那样虚伪，所以在一起品茶的朋友绝对是那种清淡如水的君子之交。

在今天物质丰富的时代，人们的精神世界却越来越贫乏，书吧可能会更好地填补人们的这种空白。在书吧里，人可以不思不想不说话，只留出眼睛来看世界。静静地坐在那里，品着一杯淡淡的清茶，细细品味那一份平和与谦恭、安详与豁达的心境。在那一剪烛光、一杯清茶再加一缕书香的宁静和简单之地，再多的乏、再多的累也会静静地散去，这样的一个精神家园，也许是现代人一种更好的休闲方式。

40岁女人爱泡吧，不光是为了打发无聊的时间，也不为追求刺激，只是选择一种消除身心疲劳的方式，在多种吧里找到适合自己口味的休闲方式，那么你紧张的心态便可以舒缓放松，这是对生活和生命的爱戴。

2. 40岁爱上拉丁舞。

对于女性来说，拉丁舞是一种非常好的减肥健身的运动，它不仅能让身材得到拯救，还能缓解烦躁的情绪。

拉丁舞并不是所有女人都能驾驭的一种舞蹈，它的内涵需要有热情的女人才能淋漓尽致地表现出来。跳拉丁舞的女人，都是充满热情的女人。热情不是专属于哪个阶段，也不是专属于哪类人，热情是创造出来的，只要内心有那份欲望，热情就在我们身边。

拉丁舞借着它热情洋溢的活力以及动感个性的舞姿，笼络着每个女人的心，拉丁舞流畅大方，充满激情，却又不失文雅。40岁女人爱拉丁舞，是因为它有着让她们心动的浪漫和激情。

人最美丽的时候就是心情最快乐的时候。当都市生活的高压令你感到精神疲惫的时候，不妨听听拉丁音乐，让自己身体律动起来，这样可能给你带来一段欢愉。拉丁舞的音乐非常感人，给你提供非常大的张力，能触动到你心灵当中非常敏感的地方。你可以在拉丁舞昂扬的生命里感知现代都市的韵律。拉丁舞展现了你身上几乎所有的魅力，女人不爱都没有理由。

也许你还在为身体日渐肥胖发愁，也许各种体育锻炼无法引起追求时尚的你的兴趣，那么来吧，来跳拉丁舞吧，在高雅艺术的旋律中体会快乐与健康，展现出女人热情如火的魅力吧！

3. 40 岁爱上自驾。

私家汽车已经不完全是男人的享受，更多的女性也融入了其中，特别是那些事业有成、家庭稳定的 40 岁女性，她们大多有自己的私家车。

对于车，不同的女人会有不同的动机，不同的动机会有不同的选择，不同的选择得到不同的效果，于是演绎出一道道女人与车的亮丽风景线。

有的女人，开车是为了获取知识，增长才干，提升她们的人生境界，使她们生活得很充实，这样的女人本身就是一辆车，一辆耐人寻味的好车。有的女人，驾车是为了愉悦芳心，陶冶情操，她们喜欢开着车在路上漫无目的地溜达，想走就走，想停就停，恰似闲庭信步，不管是增长知识也好，还是愉悦芳心也好，总而言之，开车的女人用另一种方式实现着自己的梦想，追寻着自己的快乐。

开车有一种驾驭的快乐，每个开车的女人都定然领略过这种快乐。但她们的感觉是截然不同的，事业成功的女人，开出的是一份成功的潇洒，一份与男人同比高下的豪迈；比翼齐飞的女人，开出的是一份事业的自信，一份生活的幸福和快乐。

女人爱车，更重要的是她们常常把人生当做一辆车——酸甜苦辣，喜怒哀乐，无不由此得到宣泄，得到体验。在生活中，她们或耕耘或收获，或付出或得到，或沉或浮，组成了一曲曲生命的恋歌。有车的女人，更渴望寻求一种与内心世界相吻合的情感碰撞。在生命的某一天，她们会突然感悟一种心灵的升华和生命的回归，内心深处就有一种淡淡的醉意和神往。她们把对生活的渴慕和追寻，通过开车的方式释放出来，成为一种对生命永久的歌唱。

爱车的女人也都懂得，人生有风有雨，车却能遮挡风雨；人生有险滩有暗礁，车便是明亮的灯塔；人生有山穷水尽时，车到山前却总有路；人生会失去很好的朋友和恋人，车却永远忠诚如一。有车的女人，不会沉沦于悲苦，因为她们晓得车外乾坤大。有车的女人，不会孤独和惆怅，因为车是她们招之即来的朋友。有车的女人，不会怨天尤人孤芳自赏，因为车让她们懂得自己只是沧海一粟。有车的女人开出的是一份生活的自信和洒脱。

宠爱自己，幸福才会向你靠近

40岁的女人一定要学会宠爱自己，学会对自己好一点，不要再指望别人来宠爱你。因为，只有你自己才最了解自己，知道自己最想要什么，知道该以什么样的方式来宠爱自己。

毫无疑问，世界上的每个女人都在孜孜以求地追求着属于自己的幸福，不管其处在什么年龄阶段、从事何种职业。然而，女人的幸福是什么？女人的幸福到底由谁来主宰和决定？

事业、婚姻、家庭、孩子……很多女人曾经都是抱着这些美好的憧憬和希望走进并开始自己40岁的生活的。为了追逐成功，为了追逐名利，也为了使家人过上更美好幸福的生活，40岁的女人总是勇往直前，有时就连吃饭也是匆匆不知其味地胡乱填饱肚子。你忙完了工作还要忙家务，忙完了老公还要忙孩子，像一台高速运转的机器，几乎没有停止的时候。你没有了自己的时间和空间，甚至没有了心情，于是曾经的憧憬与激情渐渐地磨灭在生活的琐碎之中，你对幸福的感觉也越来越麻木，生活的芬芳和美好仿佛与你越来越远。

　　40岁的缪容算得上是个事业成功的女人。前两年她一手创建起来的公司，到现在已步入正轨，渐入佳境，她整个人也随之大变样。和前几年的素面朝天不同，她穿着入时、装扮得体地出入于各种场合，一副风华正茂的成功人士派头，让身边的很多人羡慕不已。但是，她的内心并不像她的外表那样光鲜，实际上，她活得很累，甚至很压抑。正所谓"一个女人风光背后的酸甜苦辣只有自己知道"。

　　一次，她在听完心理专家对成功女性所作的心理演讲后，找到朋友说她需要心理上的帮助。她说，她现在虽然拥有令人羡慕的事业，但她却找不到成就感和幸福感。整天奔波在事业上，没有自己的时间、空间甚至是情绪，来自心底的寂寞和挥之不去的委屈常常让她难以承受。而且事业越成功，她就越感到茫然，人人都觉得她很幸福，唯独她自己体会不到幸福。

　　心理专家在听完缪容的倾诉后，针对她的情况为她量身开具了一个获得幸福的"处方"，那就是"宠爱自己"。所谓宠爱自己，就是说作为一个成熟的女人，当然要爱事业、爱家庭、爱老公，但更重要的是首先要爱自己。只有懂得先斟满自己面前的杯子，学会对自己好一点，让自己变得幸福起来，才能更好地爱他人。面对生活中的酸甜苦辣时才能更从容镇定，体味出快乐和幸福。

　　在生活中像缪容那样的40岁女性并非个别，她们不缺钱、不缺事业、不缺美满的家庭，但幸福的感觉似乎离她们越来越远。如果你也是这其中的一员，当某一天你站在镜子面前，对镜子里的那个女人倍感陌生时，你会作何感想呢？其实，你不应该等待那一天的到来，你应该从现在开始寻找和抓住那份久违的幸福感。

1. 女人40要对自己好一点。

　　从现在开始你就应该把自己当宝贝看待，用心宠爱自己。比如，在餐厅就餐时，你喜欢那道菜，就让自己如愿以偿；在商场购物时，如果你真的喜欢那件衣服，即使价格不菲，也无需犹豫，因为你配得上这种享受。

当然，宠爱自己并不仅仅是舍得为自己花钱，或是满足自己的物欲需求，更不是任性地以自我为中心，而是要学会让自己的生活处于宽心惬意的状态，懂得人生的幸福就是应该为自己而活着。

2. 女人40要留一点时间给幸福。

忙碌不是40岁女人生活的全部，并非只有在工作和事业中你才能获得充实，你的生命中还有很多美好的东西值得你去珍惜和呵护。你现在就可以静下心来想一下：你有多长时间没有和孩子一起嬉戏玩耍了？你有多长时间没和老公一起促膝长谈或外出旅游了？你有多长时间没有回去看望年迈的父母了？你有多长时间没有和曾经一起贫嘴八卦、无所不谈的闺中密友联系和团聚了？如果这些问题让你大吃一惊，那么想必答案已在你心中，你应该知道幸福为什么离你越来越远了。因为，吝啬的你没有给它留出一点时间。所以，你不妨从现在开始，抽点时间尽情地享受亲情的温暖、友情的珍贵……去做所有能让你从心底里感觉幸福和快乐的事情。

3. 女人40给自己的心灵放个假。

40岁的女性要想宠爱自己，一定要先学会宠爱自己的心灵，适时地给自己的心灵放放假，让它远离生活的纷扰和压抑，回归自然，这样你才能继续自信地展示自己出类拔萃的美丽，尽情地抖擞自己风华正茂的精神。你可以在节假日和家人一起出游，在大自然的鸟语花香中尽情地释放你的压力；你可以与闺蜜或是两三个趣味相投的好友一起听场音乐会，做一次香薰SPA，在轻松的氛围中让自己的身心彻底放松；你可以去跑步、登山、高温瑜伽……去做所有自己喜欢的运动，在大汗淋漓中洗去心灵的疲惫和烦恼。只要你能给自己的心灵放个假，放慢脚步，亲近自然，热爱生活，你就能在愉悦的心情中享受宁静、感悟幸福、品味上天赋予你的美丽。

女人40，爱家庭更要爱自己

第八章 放下顾虑，成就40岁的惬意——女人40该为自己做点事了

女人40岁要学会保护自己，哪怕是在家庭中！

一般女人都具有自我牺牲的潜意识，因为在她们眼里，最大的荣耀无非就是赢得"贤妻良母"的光荣称号。但是有时候，这是这个称号，让40岁女人活得很累，很疲惫。

在你的潜意识里，当你走入家庭，家庭就成为你的全部。丈夫和孩子的利益高于一切。每当自己的利益与丈夫和孩子的利益相冲突时，被牺牲掉的总是自己。你即使有委屈，擦掉眼泪之后，还是会无怨无悔地为他们服务。天长日久，丈夫和孩子对你的不断牺牲习以为常。他们不觉得你所做的一切是一种牺牲，仅仅把它们当作是你的习惯和喜好。他们认为：你做这一切都是应该的。偶尔一次，你突破常规，要为自己做点什么的时候，他们会大跌眼镜，甚至觉得不平衡。他们在心里和嘴上把你当作老婆和母亲，可是在现实中你只是他们的保姆。

男人大多很会享受生活，去钓鱼，去健身房，女人大多只懂得在家里劳作，清洗衣物、打扫做饭。很多40岁女人都有抑郁、烦躁、歇斯底里等心理情绪问题，严重的甚至需要去看心理医生，影响了婚姻生活，原因之一就是因为她们不会享受生活，不懂得调适自己的心情。经常有被丈夫抛弃的女人这样抱怨："我对他那么好，为这个家付出了那么多，他现在却要和我离婚。"对于这样的女人，我们除了同情之外，只能说"这只怪你太傻"。

这个时代，已经找不到一只保险箱，可以让你钻进去，风雨不侵。所有的得到都是相对的，都要靠自己的实力来维持，而不是靠牺牲。

家庭不会因为你的牺牲而变得幸福，因为你也是这个家的一分子，你牺牲自我换来的其他家庭成员的幸福，是一种没有根基的幸福。家庭的幸福源自于每个家庭成员的幸福和快乐。并不是如你所想象，你一个人的牺牲就能成全另一个人或两个人的幸福。你的忘我付出，忽视自我，只会让丈夫越来越漠视你；你的不在意穿着保养，只会让丈夫离你越来越远；你对孩子细致入微的照顾，只会让孩子娇纵顽劣。

一个女人为家庭牺牲是无可厚非的，但是你必须要确认自己的牺牲是有价值的。否则，牺牲就成为一种纯粹的牺牲，而不是对幸福的追求与向往，也不会对婚姻与家庭的稳固产生多么良好的意义。女人们，醒悟过来吧。从现在开始，你要从家庭中找回自己。

40岁女人应该从家庭中抽出一部分时间、精力和金钱，对自己好一点。其实，对自己好，就是对丈夫好。当丈夫带着漂亮的你出席商务宴请，别人惊羡的目光会让你的丈夫信心百倍。你对自己好，就是对孩子好。当你出席完家长会，同学对你的孩子说：你的妈妈真有气质。这是你给孩子的另一种荣耀。一如既往地付出，让你已经丢失了自己。多年的习惯，让你不知道该怎样去塑造新的自己。40岁女人早点清醒过来吧，为自己投入一份时间、空间和金钱。

1. 女人40要平等对待自己。

像对待丈夫和孩子一样对待自己，不要只顾着满足他们，也要关心自己的需求。当在外面工作累了，回家就多休息。家务，一两天不做，也不会让日子无法继续。当给丈夫和孩子添置新衣服时，不要忘了自己，不要让别人感觉你在丈夫和孩子的面前相形见绌，也不要让丈夫和孩子因外人异样的眼光而认为，跟着他们的，只是一个家庭保姆。对自己要和对丈夫、孩子一样的好。

2. 女人40要为自己保留一份空间。

你总是把自己封闭在家里，为家庭做这做那，却从没想过要为自己做点什么。找一个自己喜欢的消费场所，心烦的时候去那里坐坐，高兴的时候去那里走走。保留自己的空间，做些突发奇想的事儿，比如年轻女孩子喜爱的十字绣、拼拼图，不一定要告诉丈夫。平日里，也可以约三五好友，小聚一下，畅谈生活。

3. 女人40岁的时候要为自己留出时间。

我们除了工作，把大部分时间都用在了做家务、给孩子辅导功课上，而自己的爱好却早已丢弃。为自己留出一点时间，做一点自己喜欢的事情。爱好不但会让你快乐，而且还会增添你的魅力。

4. 女人40岁要稳固自己的朋友圈子。

40多岁的女人，因为把一切的精力都投入到家庭中，而忽视了自己的朋友圈子。当朋友们邀她一起游玩的时候，她会拒绝，"我哪有时间？家里大大小小还得靠我照顾着呢！"当朋友请她一起去聊天喝茶，她仍会拒绝，"孩子等着我回家做饭呢！"久而久之，朋友们再也不约她了。其实并不是她没时间交朋友，而是她以为自己没时间。朋友圈子窄了，当她感到寂寞，找不到一个可以倾诉的人的时候，又会抱怨自己活得太累。丈夫听到这样的抱怨就皱眉头，反而离她更远。这是一个多么可怕的恶性循环！

5. 女人40要舍得保养一下自己。

40岁的女人虽然经历了岁月的洗刷，但也要爱美，不要把钱全存起来养家，或许这是你的美好愿望，但老公和孩子并不领情。丈夫要的是一个漂亮的老婆，孩子要的是一个漂亮的妈妈。为自己投入一份金钱，花些钱给自己买衣服和化妆品，即使没有漂亮的脸蛋和骄人的身材，也是可以打扮得赏心悦目的。多为自己投入一些，

女人40如金 ——40岁女人进退取舍的人生博弈

买化妆品、衣饰可以让你更漂亮，去健身、做瑜珈、到美容院做美容、去旅游可以让你更年轻、更有活力，心情也更舒畅。

到了40岁，你无论多少都要备一点私房钱，可以和老公讲明也可以私下藏妥，万一碰到亲友落难或者哪天离家出走不必向老公伸手要钱。

当你逐步地关心自己、关怀自己，你会发现自己不再是家庭的牺牲者，而逐渐享受到了家庭的快乐。因为丈夫的目光越来越多地落在了你的身上，孩子也似乎比原来更可爱，更懂得爱护妈妈了。这一切的改变不是因为你为他们做了什么，而是你更懂得爱自己了！

第九章

放下俗气，成就 40 岁的优雅——
女人 40 修炼高贵优雅的气质

女人 40，衣着可以不雍容华贵，却不能不干净清爽；女人 40，可以不施粉黛，但举手投足间仿佛有盈袖暗香。女人 40，可以穿家常布衫，脑后挽一个松松的髻，挥汗如雨地做家务。这就是 40 岁女人独有的魅力！走进 40 岁的女人，没有太多的埋怨，因为她已经获得了岁月最宝贵的礼物：一种阅历洗练出的沉静，一种秋天一般的深邃……

40岁女性的独有气质——优雅

　　一个40岁女人，经历了大风大浪，谙透了世事，夏花的灿烂消退后，便是秋叶的静美。一种成熟的美，一种绝顶的美，一种巅峰的美。这种美，便是高贵与优雅。

　　优雅是一种内在气质，是一种风度，也是40岁女人独特的风格。40岁女人像夏夜的月光下玉色的荷花，高贵而静美；40岁女人像一泓清澈而深湛的湖水，含蓄而蕴藉。40岁女人像茶，品尝过后是令人回味无穷的芳香。40岁女人又像一口井，她的气质是越挖越多的，她会留给别人无穷的想象空间，不像别人"一目了然"。当优雅成为一种自然气质时，她一定显得成熟、温柔又善解人意，无须太多的言语就能与你进行心灵的交流达成心灵的默契。

　　优雅的女人并不一定要天生丽质、沉鱼落雁。三毛和张爱玲都不是倾国倾城的绝色佳丽，但她们都有绝对的气质。她们用文字将她们的美别致地表现出来，她们的一生都充满着传奇，她们的举手投足都流露出修养、智慧和善良。谁敢否认她们的优雅呢？

　　很多中年女性都喜欢以优雅气质著称的女影星奥黛丽·赫本。奥黛丽·赫本的优雅则纯净而清丽，仿佛天上仙女般一尘不染，虽举手投足间仍有些稚气，却难掩那份与生俱来的优雅之气。

　　提到优雅，我们也不能不提夏奈尔，就是拥有这个名字的女人创造了那么多奇迹，不只为她自己还为众多的女性。夏奈尔系列香水和夏奈尔服装的诞生，具有开创性的历史意义，它典雅、简约的美感几十年来征服了全球数亿妇女的心。她让女人们的身体和心灵同时从沉睡中和桎梏中醒来，懂得了自尊与自爱，更懂得了工作的幸福与独立的价值。

女人40，虽然你没有年龄的优势，毕竟无情的光阴会把每个人的外形弄得面目全非。但是，优雅是心灵宁静和简单生活的化合物，它和年龄无关，它和身份无关，它和地位无关，一个优雅的40岁女人，哪怕她老得就剩一把骨头了，她依然魅力无穷！

《花样年华》中的张曼玉，她将20世纪30年代的优雅女人演绎得淋漓尽致：她着一身曼妙的旗袍，薄施粉黛，娥眉轻画，轻挽云鬓，迈着轻盈的步伐，在巷口留一串修长的背影，昏黄街灯下略带伤感的迷离眼神，还有一把古旧的条藤椅、一杯清清的茶，这样的场景无数次在重复，重复一种轮回，这仿佛是一种无尽的优雅，那故事又仿佛没有结局……而故事里的人有一点妖娆，一点含蓄，安静得如同处子，回环往复的是一颗优雅的心。

这是电影里的优雅，是高于生活的优雅。生活在现实生活中的40岁女人，不可能把银幕上的优雅搬到生活中，那不是优雅，是做作。那生活中的40岁女人到底该如何修炼出优雅呢？

有一句名言："一夜之间可以出一个暴发户；但三代也不一定能培养出一位绅士。"是的，绅士不是一夜之间造就的。同样，女人的优雅也是模仿不来、着急不得的事。优雅不同于时髦，时髦可以追、可以赶，优雅却是一种恒久的时尚，它是一种文化和素养的积累，是修养和知识的沉淀。所以，40岁女人比30岁女人看上去更优雅更沉稳。

张曼玉在接受记者采访的时候，记者问她保持优雅的秘诀是什么，张曼玉明白记者的话外之音是自己40岁了为什么还这么有魅力？

第九章 放下俗气，成就40岁的优雅——女人40修炼高贵优雅的气质在张曼玉看来，优雅是一种自然的、后天学来的东西。她说她从小生活在天然淳朴的环境中，对自然有着与生俱来的热爱与感觉，所以她对优雅的追求很简单，自己感到很自然，"舒服"了，就是坦然地优雅着，而这种"舒服"是一种多年努力的结果，积累了丰富的人生阅历，想清楚了人生的许多问题。至于外表的东西，张曼玉认为衣着打扮还是以"舒服"、"得体"为落脚点，她是一个彻底的"自然主义者"。

优雅与年龄无关，年轻只是优雅的一个有利条件，至于是否优雅，更要看后来的历练与修养。

漂亮的女人不一定优雅，优雅的女人也不一定漂亮。女人漂亮与否是在出世的那一天就注定了，女人的优雅却是在后天的生活中所提取的精华。

优雅的女人要有一颗淡泊的心，有着处乱不惊，看云舒云卷、品庭前花开花落的心态。在生活、工作中，每个女人都会遭受各种烦心事，这时候不要抱怨，要静下心来，不要恼火，要知道，冲动、烦躁、哭诉、谩骂都解决不了问题。当然，淡泊也不是一味地忍让与妥协，而是要做到客观地审视问题，并找到合理的方式来解决。

优雅的女人必然有一颗充满爱的心，爱家人，爱朋友，爱周围的一切……这样的女人，心中充满爱，才会在面对一朵云、一片叶，甚至一阵风时，漾出爱的涟漪，漾出诗情画意。这样的女人，虽然也会为生计奔波，也会在职场竞争，也会挤公车，带孩子，也许劳累也会令她的发梢散乱，但你从她眼中看不到怨恨，你看到的只会是纯净、柔情和雅致。优雅的女人还必须要有一种足够多的亲和力。如果一个女人身强力壮，工作起来雷厉风行，但永远是一副女强人的形象，那也绝不是优雅。优雅的女人是那种能和大家亲密地交流，能永远保持着微笑的人。微笑是一个人永恒的魅力，它是优雅的一种外在表现！

优雅的女人不是依附的小鸟，不是攀岩的凌霄花。优雅的女人应该是一只展翅高飞的小鸟，是一棵参天的大树，而事业则是这一切的基础。所以，要做一个优雅的女人，必须明白自己喜欢什么，能做什么，从而去选择自己热爱的并能够胜任的工作，只有这样才能做好工作。

优雅是40岁女人的专长，它不是与生俱来的，只有经过岁月的历练、思想的沉淀，才能在一位40岁女性的身上慢慢散发出来。优雅对于每一个40岁女人来说，心中都有一个说不清却感觉得到的尺度，并非一定要去刻意追求所谓的优雅，人生的每一步都在无形中塑造着优雅。这就是优雅与欲望的不同之处，它是隐性的而不是显性的，不会以非常露骨的、非常直接的形式表现出来，而是在内心深处不自觉地日益强化。随着年龄的增长，成熟自立的女性逝去的是青春的容颜，留下的是永恒的优雅。

40岁女人，已经抛开女为悦己者容的沉俗，她的优雅来得那么自然。女人40，因为优雅而动人！

只要心不老，女人就不会老

女人40岁终于顿悟：青春就像玫瑰一样，短暂而令人怀念，却让人无法把握它的存在，所以它即使失去了花色，你也不会遗憾，因为你已经拥有了花香的味道和愉悦的感受。

女人40如金——40岁女人进退取舍的人生博弈

人的一生算来算去也就是有限的几个十年。10岁之前，你无忧无虑，尽情地享受着童年带给你的乐趣，享受着父母亲浓浓的爱，带着纯真，带着幻想，盼望着快快长大，憧憬着美好的未来。十几岁时，你的心开始有点蠢蠢欲动，世界对你来说充满着各种各样的新奇和诱惑，有人把这个季节比作花一样的季节，含苞欲放的花朵，刚刚开始品味生活的滋味，所以对什么都想试试，而又在不经意间碰得到处都是伤。没关系！年轻嘛！于是再一次投入生活的战场……就这样一次次的失败，又一次次的投入，一眨眼的功夫20年就这样过去了，于是进入三十岁，进入40岁，年轻的你已为人母，眼神里少了当年的灵性、清纯和未谙世事的甜美，多了一份走过婚姻，踏过坎坷的丰富"阅历"，更多了一份成熟的光芒和沧桑的美。这时家庭和事业成了你生活的重心，日复一日，年复一年，你肩挑重担，斗志昂扬地与时间赛跑，幸福地享受着这一份忙中的快乐，这就是40岁的女人！

俗话说"40而不惑"，40岁女人已经懂得了许多……你懂得了什么是成功，你懂得了什么是快乐，你懂得了什么是幸福，你懂得了怎样用一颗炙热的心去感激生命，享受生活。

女人40岁，你懂得了用微笑去迎接困难。你不计较日常繁琐的事情，不为生活的压力而焦虑，更没有现代人儿女情长的烦恼和忧郁。

女人40岁，你懂得了接受生括的种种。这么多年走过来，大风大浪都经过了，再多的苦难已不算什么。你总是以感恩的心情来对待生活的点点滴滴，你深知生活赋予你的是一笔多么宝贵的财富，谁会拒绝这样一笔财富呢？

女人40岁，你懂得了生命的艰辛和可贵。所以，你的每一天都过得很充实。你忙家务、忙儿女、忙工作、忙学习，远远比男人要忙得多，但你却永远有着最充沛的精力去忙这一切。

第九章 女人40修炼高贵优雅的气质
放下俗气，成就40岁的优雅

女人40岁，你更懂得现在所拥有的幸福，是经历了多重磨难换来的，你会更加珍惜这看似微小的一切，也许在别人眼里算不上什么，但在你心里却是一种生活永恒的快乐。你在为自己的爱人和亲人奔忙的过程中，用女人特有的细腻心灵去感受忙中的快乐，轻轻松松驾驭着生活，向前奔跑着。

女人40岁，也许在奔跑的过程中，你看见蝶舞会生出几许羡慕，看见花落会黯然神伤，看见红男绿女恣意地挥洒青春会伤感自己的年轮，看见儿女一天天成长会感叹时光匆匆，然而，这短暂的伤神和失落在你心里只会停留一秒钟，因为你明白了岁月虽然改变了你的容颜，但却让你真正明白了，在现实的生活中，你更需要的是什么。

女人40岁，你明白了身为父母的不易，所以更加体恤老人；你明白了奋斗的崎岖，所以更能体谅孩子；你明白了工作的来之不易，所以更加的努力去做；你明白了"做人"比"做事"更重要，所以更加注重人际关系的平衡。你一路走来，也明白了自己"想要"和自己"需要"的区别：人生有很多东西是自己想要的，但却并不一定是自己所需要的，就好像豪宅大院和钻石翡翠等，这些都是每个女人想要的，但并不一定都需要。于是，你学会了把自己想要的东西当成是一种美丽的风景，只作为欣赏而已。

女人40岁，或许你会有点虚荣。你羡慕过别人的出身和地位；你羡慕过别人的美好和甜蜜；你羡慕过别人的美丽和风韵；你也羡慕过别人的成功和荣耀。但当你走过了风风雨雨之后，你最终懂得了：自己的出身是无法选择的，家庭的和睦和家人的平安就是自己最大的幸福。别人的爱情也许是浪漫的、美好的，就好像一杯葡萄酒一样，光鲜而醉人，而自己的爱情却是真真实实的，持持久久的，就好比是生活中的白开水，纯净却有淡淡的甘甜。由于有了这一份从容的心态，你便明白了美丽的含义和成功的真谛——那就是对自

207

己满意，对生活有信心。

因此，40岁女人在经历过艰辛之后，你要活得更从容，要活得更洒脱，也要活得更精彩。你终于懂得了犒劳自己，对自己好也就是为自己的幸福打基础。你学会了善待自己，给自己的心灵留有一片只属于自己的空间，任思绪驰骋飞扬，让自己生活在"自由自在"的心灵境界里。

女人40岁，你也终于明白：日子是归属自己来管理的，生命之蜜也要靠自己来酿造，所以对自己、对家人、对同事，便有了一种体谅和欣赏的态度，于是不再纠缠，不再争强好胜，不再盲目牺牲。你自主、自立、自信，快快乐乐地生活着。这难道不是美丽、吸引人的女人吗？所以，40岁的姐妹们，不必羡慕年轻，不必羡慕美貌，因为我们自己就是最美丽的女人，我们本身就是另一道亮丽的风景！

女人40岁，你也终于懂得：人生经历就是财富，人都会慢慢变老的，这是亘古以来的自然规律，谁也无法改变，就如一年四季，春夏秋冬，花开花落一样不可逆转，不可违背，但重要的是每个人的心不能老，心老了，人便跟着一起老了。

女人40像一首诗

40岁女人是一首耐读的诗，在寻常的平平仄仄中创出崭新意境；是一首经典的歌，在舒缓悠扬的旋律中演奏出动人的乐章；是一幅深秋的画让人有种"可远观而不可亵玩焉"的感觉；更是一种完美的生活态度内敛而不张扬，端庄而不做作，让人心生敬意。

第九章 放下俗气，成就40岁的优雅——女人40修炼高贵优雅的气质

无论你是否乐意，当30岁一点点地离开你的时候，40岁已经迈着不可阻挡的步伐向你走来，这时候不得不承认拥有青春是件多么令人羡慕的事情！曾经在运动场上的飒爽英姿终成回忆，曾经的一脸阳光，素面朝天，布衣草衫也终成历史。慢慢的，你无意中学会了那些似乎是不久前还自认为很遥远的词汇：成熟、干练、从容、稳重、端庄、优雅……它们已经悄无声息地走进了你的生活轨道。从此，你便有了淡雅的笑，端庄的仪容，处变不惊的镇定以及温文尔雅的女性美。

走进40的女人，没有更多的埋怨，因为你获得了岁月最宝贵的礼品：一种阅历洗练出的沉静，一种秋天般的深邃。每当你读到王维的"空山新雨后"，你的脑海里就幻化出这样一幅画面：雨后的青山，像刚在水中浸润过，洁净无尘，树叶草丛间晶莹的水珠儿摇摇欲坠，清新的空气诱惑着人们想掬于手中，山间的石径旁开满了各色的无名花儿，一个女人，穿着落地的长裙，面带微笑，款款走来……感觉中那个女人的姿态温婉，神韵优雅。

优雅是什么，谁也说不清。只是感觉它是从骨子里透出来的一股气息，只能用心去体会和感受。一个打扮入时、举止得当的漂亮女人不一定温雅，她只会在人们的脑海中一闪而过"真漂亮"，却不会侵入人心。温婉典雅也无法和学识划等号，一个学问渊博、事业有成的女人只会让人心生羡慕，由衷赞叹，却让人敬而远之。当然也和金钱无关，一个衣着讲究、一掷千金的女人只会给人一种虚荣和炫耀，并构成所谓的优雅。

凭着自己的感悟，只觉得温婉优雅是无形中的一道光环，是一种内外兼修的统一美，是由内心渗透到外表而显示出来的一种高贵

209

女人40如金
——40岁女人进退取舍的人生博弈

的气质,一种无以言说的翩翩风度。它就如同春天的小溪,在山间叮叮咚咚地欢唱;如同夏日的清风,给人带来丝丝凉意;如同秋天的收获,展示给人遍地的金黄;如同冬日的阳光,让人心生暖煦。它时时散发出亲和的力量,就像微风吹,直吹进人的心田,却不张扬。生活中随处都有它的身影——不经意间一个迷人的微笑,普普通通一句贴心的话语,简简单单一个扶助的动作,一个温柔知心的眼神……如此种种,只有用心的人才会感觉到她的存在,她们给人的感觉,就像时而飘过眼前的一片云,时而游走在飘渺中的一线纱,总是想抓却抓不住,远离了却感觉离得又很近,让人不知不觉地沉迷和陶醉,古往今来,无论女人还是男人都无所不为之倾倒。

女人40岁,有了时间的酝酿,岁月赋予了你充实的内涵和丰富的文化底蕴,所以你的着装永远都是不张扬而富有格调,那感觉就像静静地聆听苏格兰风笛,清清远远而又沁人心脾。你的爱又总是那样无私和博大,你懂得怎样爱老人、爱孩子、爱朋友、爱同事、爱自己,更知道如何去爱一个男人。你明白,男人最需要爱的滋润,你爱男人的方式有多种——有时是理解,有时是关怀;有时是温柔,有时是刁蛮;有时是平淡,有时是波澜;有时是火的热烈,有时是水的柔情。男人会从你的心里看见明媚的阳光,看见清澈的小溪,看见明天的希望,所有的男人都不会拒绝你的这种魅力。

所以一说到一个女人怎么怎么温婉,首先映入脑海的便是:为她的男人端茶倒水,洗衣做饭,伺候公婆,惟命是从等,其实不然,原来40岁女人还可以这样诠释:工作家庭两不误,生活家务两人担,你洗锅来我涮碗,其乐融融似神仙。不仅如此,现在的女人,不会一味地顺从男人,你更有自己独立的见解,也不会去完全依靠一个男人,你有自己的生活,有自己的事业。除此之外,你也更懂得男人。你也更懂得如何去俘虏一个男人的心,却不失自我,懂得如何用细腻的关爱让男人更依赖,你把温婉诠释得无可比拟。

40岁女人绚丽多彩的魅力

人的个性在30岁形成，在接近40岁的阶段飞速发展，到了40岁才开始真正享受生活，懂得生活。

科学家们曾有过这样的结论——女人在40岁时，情绪是一个"成长冲刺"时期，这种成长让人们更放松，更随和。所以，40岁的女人才真正开始成长为女人，而活动在过去与现在这样一个特殊时代的女人们，正在展示她们绚丽多彩的魅力。

过去，40岁的女人被喻为"三明治世代"，意味处于社会中坚位置的40岁女人又得照顾父母，又得照顾儿女，此外还得预防着自己这一层的"出轨"，夹在中间承受着巨大的压力，而在这时，身体也开始敲响了警钟，皮肤变糙、身材走样等各种危机如潮般涌来，岁月就像是一个无情的时钟，摧毁了她们的年华。

而相对来说，作为现代的40一族，她们既经历了社会一步步的发展历程，也赶上了所有的历史精彩，有了自己的成功事业，实现了自己的人生价值，这种社会参与感与自我成就感，塑造了她们自信积极的心态，与多灾多难的母亲一代相比，她们这一代可说是"天之骄女"了。

39岁的刘亚回忆说，记得当时母亲40岁的时候，已经很老了，就像是直接从年轻跨到了老年那样，而现在的新40一族，从她们身上根本看不到"老"的影子。不过人的生理变化总是不可避免地要

女人40如金——40岁女人进退取舍的人生博弈

来,今年42岁的刘梅对自己身体的"老化"深有感触,现在的身体变得很容易感冒,总是腰酸背痛,睡眠也很少。

是啊,人总是不能与自然抗衡,但想想自己母亲一代,再想想自己这一代,还是幸运和甜蜜的。

既然40岁女人的身体不能避免这些必然的"侵袭",那么你精神就完全掌控在自己手中了。经历了沧桑风雨的你,拥有自己独立的人生观,身体老不是关键,最主要的是心理上要拥有年轻,所以,你要热衷运动、注意健康、专心事业,用积极的人生态度奏响一曲"抗老"之歌。

一位姓张的女士说:"老,对我反而是好事,我全身上下都是挑战的细胞,一点也不在乎老。"从事医务工作的她,每天都坚持游泳和其他一些室内运动,她说她喜欢这种和岁月挑战的感觉,那是一种由内心发出来的喜悦,也难怪现在的她看上去总是神采奕奕,活力迸发,浑身散发着不可阻挡的魅力。

此外,王女士和苗女士也丝毫没有对岁月的恐惧,她们每天都会相约一起跑步、跳舞等,和年轻人一样活跃在社会的每一个角落,这样一个充满活力的群体,她们延长了女人的黄金岁月,将人生的美丽推迟到了40这个最美好的时刻,她们从为人女,为人妻到为人母,走到现在,终于可以从心理上做回自己,拥有真正的年轻。

今年38岁的红梅,从来没看见过她请病假之类,当同事问及她"秘诀"时,她笑笑说,她给自己制定了一个"健康40"的计划,每天都按着这个计划做仰卧起坐,多喝牛奶,多吃蔬菜少吃肉,并且每星期至少游泳三次等,她庆幸并快乐地为即将到来的40喝彩。

章丽也这么认为,她不会为即将来临的40而烦恼,反而每天都早起,在家附近慢跑15分钟,然后兴高采烈地去上班,晚上有时间就和朋友一起参加读书会,有时候也和她们一起去酒吧享受。到了节假日就更忙了,行程总是安排得满满的,她很乐观地迎接40的到

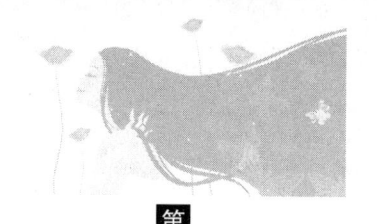

来。

在这样一群身经百战的女人身上,我们看不到40来临时的恐慌和无奈,有的只是无限的自信和快乐,她们不担心自己的身体,对婚姻也是淡然处之,不会半夜失眠,也不会暗自伤心,至于停经危机,她们则认为是一种解脱,再也不用回到"麻烦"岁月了。

40岁女人对社会的参与比年轻的时候还狂热,充分体现了她们自信积极的人生观。据调查,无论中外,40岁女人的社会参与率明显高出其他年龄段的女人,因为她们看到上一代的奋斗,深信一分耕耘一分收获,知道自己必须努力后才会有收获,并且相信自己有能力打造出美好的社会生活。

她们为事业奋斗,但不为事业所累,她们只把成功看作是生命中的美丽一笔,更多的则是对生命探索,对自己内心的探索。她们充满热情地生活着,孜孜不倦地学习着,对她们来说迈入不惑之年反而有种"海阔天空的感觉"。

这样一群别样的女人,用她们独有的魅力组成了一道精彩的风景,她们在自信地实现自己的价值的同时,也关注着市场前沿所有40岁左右女人的服装、化妆品和装饰品等,成为一股又一股的时尚热潮的忠实拥护者。

爱美是女人的本性,经历了社会的变迁,她们用自信打破了美丽只属于年轻人的神话,在这个万花筒般的世界里争相开放,充满热情地打造一个内心感性、外貌性感的女人新时代,尽显着女人绚丽多彩的魅力。

你可以不漂亮，但不能没魅力

女人可以不漂亮，但是不能没有魅力，一个独具魅力的女人才是最吸引人的。就如同珠宝箱里的珍珠一般，尽管钻石白金同样熠熠生辉，但是谁也没有办法忽略珍珠高贵的光泽。

在生活中常常会发现一些40岁女人，她们没有美丽的外表，但却总是那么吸引人，总是能赚到身边一大群人的眼球。不知道为什么，把不漂亮的她们和一些漂亮的女人一起扔进人堆，时间长了，显山露水的却总是那些相貌不够出众的女人。其实没有必要迷惑，40岁女人赢就赢在自己独特的魅力上。

齐思没有出众的容貌，身材也一般，然而很多男人都觉得齐思很迷人，这种论断让大多数女人不以为然，她们常常悄悄研究齐思的相貌——齐思的眼睛小，单眼皮儿，嘴巴太大，皮肤也不是很白，平板身材更是让那些女人感觉到自己的优势。但男人们却对这些自以为有优势的女人们不以为然。

男人们觉得，齐思衣着得体、打扮入时、举止大方；和任何人说话的时候脸上都带着笑容，永远都给人亲切而礼貌的问候；说起话来语气轻柔，让你无法拒绝；工作时才思敏捷，雷厉风行。这个女人的美丽不是来自于外在，而是来自于内心的修养，是那些仅有漂亮脸蛋的女人所无法比拟的。

其实这没什么可困惑的。男人们对女人漂亮与否的判断也不全都是通过女人的脸蛋，大多数的男人总在第一眼的时候注意到漂亮的女人，时间长了就更关注具有独特魅力的女人。所以一个女人要想抓住男人的目光，漂亮远没有魅力可以让男人的视线在身上停留得更久。

没有多少女人生下来就是天生丽质、貌美如花的，也没有多少女人能通过神奇的易容术而一下子变得漂亮起来。但是，并不是只有漂亮女人才更吸引人，真正的修饰是内在的，是身体里那股与别人不同的"味道"。在这个物欲横流的时代，包装一个美女绝不是什么难事，但独具魅力的女人却是无法模仿的，就如同特色小店，总是赚了许多人的牵挂。男人在与一些或漂亮或不漂亮的女人相处过一段时间后，所做出的判断会与初始的时候不同，这就是魅力的魔力。

女人40岁保持魅力的途径很多，但大致讲起来，还是要在生活细节方面多加注意。

1. 烟酒要少接触，吃饭不要过饱，注意清洁身体，保持乐观情绪。在睡眠方面，要保证睡眠时间，每天睡足7~8小时，让自己有健康的身体。

2. 在穿着方面，要符合自己的年龄、性格、职业、身材，不要超越这些去进行夸张的穿着。另外，对于发型、配饰、香水等的选择也要注意整洁和淡雅。

3. 在行为方面，在与人说话时，音量和语调要从容悦耳，在他人说话时要懂得倾听。在与他人交流或交往时要保持尊重，举止合理。在公共场合要有谦逊、容让、亲切的美德。

中年女性着装的独特风韵

女人到了40岁，没有时间去琢磨什么是时尚，什么是流行，她们只是很自然地展现着自己的风采。一言一语，一举一动，不加修饰的美，更耐人寻味。她们把社会更看到了骨子里，看到了个性美。她们不会去仿效雷同，更不会去和无数人抢那独木桥，她们另辟蹊径，品味个性，和别人一样走向世界的前沿。

女人到了40岁，想得多了，做得多了，也现实得多了。女人到了40岁会在风尚的浪潮中寻找最适合自己的那艘船，驾驭它驶过人生的港湾。

40岁女人懂得修饰本身是一种文化，是一种修养，她们将内在的涵养用较好的身体语言表达出来，展示着那一份没有刻意但又不失娇柔的装扮。

40岁女人走进家庭的居多，她们的穿着多简单大方端庄，她们没有更多的时间来打扮自己，但她们绝不会让自己整天披头散发，邋邋遢遢，她们更懂得如何爱护自己，推出自己。她们追求的是一种内在美，很适宜地把握了这个年龄段的优越性，不会再去和时间较劲，更不会哀叹岁月的流逝。她们明白一个道理，青春永驻是一个梦想，世间万物都得遵循自然的规律，女人也不例外。正因为她们看清楚了，想明白了，所以不会执拗地去强求已凋谢的花儿重新飞上枝头，而是在丰富的阅历和经验中寻找真正属于她们的风韵。

40岁女人在选择服装样式时喜欢简洁、大方、线条流畅、自然、造型不夸张、不需过多的装饰的衣服，以中性色和淡雅柔和的色彩为主。偶尔也会有一两件男式衬衫，因为女性妩媚多姿的内在美被具有阳刚之气的外表特征所衬托，另有一番韵味，给人以干练精明的印象。中年女人是家庭的中流砥柱，是家的色彩，是社会的色彩。

40岁女人的着装应突出成熟、自信、端庄的特点，有品位而不乱赶时髦。要有一两套质料好一些的衣服，样子不妨传统一些，比如女士的西服裙装，它们在任何时候都不会显得过时，而且不论上班或其他正式场合都可以穿。如参加酒会，着黑色裙装只要再戴上一枚别致的胸针或胸花。或戴一条项链，就可使黑色由沉闷变为豪华。深蓝色也是一种能衬托女性美的颜色，它可使着装者的身材更加苗条，显得更美丽。如出席公共场合，采用色彩搭配的形式比较好，这种搭配采取同色调而层次不同的变化，符合装扮统一的艺术规律。可给人以端庄、沉静和稳重的感觉，适合于气质优雅的成熟女性，银灰色和驼色很符合这一特点。

选择服装样式宜简洁、大方、线条流畅、自然、造型不宜夸张新奇，不需要过多的装饰。色彩选择中性色和淡雅柔和的色彩，色彩搭配以少为妙。图案宜选用线条、竖条、长条、小花、碎花、隐性、简练的图案。质料宜薄厚适中，比较挺括，悬垂感好的面料。

作为女性，不管处在哪个年龄段，都有其自身的魅力。40岁女人的优势是内在的风度气质。青春永驻是一种不切实际的期望，再艳再美再华贵的花，也有凋谢时。但内在的美是永恒的，40岁女人丰富的生活阅历和经验，在言行举止之间总会显示一种成熟的风韵。有了这种坚实基础，修饰得当，女性风采就会自然展现出来。

女人到了40岁，没有了青春靓丽，但依然风采不减，而且风韵无限。40岁女人有着自己的成熟美，有着自己独特的着装风韵。

女人40，与岁月握手言欢吧

人生就是这样的一条河，不在于目标，而在于过程是否精彩；不在于长度，而在于表演是否出色。

甲说："一年又过去了，在我的生命历程中，又少了一年。"乙说："新的一年来到了，在我的生命历程中，又拥有了一年。"又一个人说："甲用的是减法思维，所以越减越少；乙用的是加法思维，所以越加越多。"而女人面对年龄的增长，时间的流逝，是该用"减法原则"，还是该用"加法原则"？

算"减法"，你正在失去。20岁的女人，失去的是童年的快乐。再不会无忧，再不可撒娇。30岁的女人，失去的是校园的浪漫。一生的学生时代，到此算告一段落。40岁的女人，失去的是恋爱的甜蜜，不是不想，而是因为那个季节已过。50岁的女人，失去的是青春的梦想，生活事业"大局已定"，又何必想得太多？60岁的女人，失去的是健康的体魄，壮心虽然不已，体力却再难拼搏。

但算"加法"，你却正在获得。18岁的姑娘一朵花，18岁的小伙壮如山。20岁，你获得了美丽。30岁，你获得了才干，风情万种。40岁，你获得了成熟，任凭风云多变幻，我却岿然不动。50岁，你获得了经验；或已担当重任，或已荣为智囊。60岁，你获得了轻松，事业已经成功，孩子已经长大，你还有什么放不下、割不舍？

　　女性的魅力是一个综合体，既来自娇嫩的肌肤、年轻的容颜，又来自深邃的思想、隽永的智慧，所以女人抓住了智慧，便抓住了整个世界，还怕不能主宰婚姻吗？一个40岁女博士曾这样说："以前，女人也许因为漂亮而美丽，而40岁以后呢，你必须拥有智慧才能焕发光彩，充满魅力。40岁以前我们忙生计，忙结婚生孩子，忙挣钱养家糊口，等到40岁，一切基本平稳了，我们才有精力和时间来潜心做研究、做学问。"女人对"老"字有了太久太深的宿怨，趁机握手言和一番会有一种出人意料的漂亮。

　　已过40岁的张女士在神态及装扮上丝毫看不出是一个经历了岁月雕琢的女人。都说岁月无情，任何人都逃脱不过它的侵蚀，会老、会丑，但岁月还是偏爱一些人，比如张女士。"20岁的时候，我的美是一种很表面的单方面的美，青春美就是青春美，很短暂，也没有更多的内容。"对于自己的过去，张女士有一套自己的饶舌的加减理论，活在这个理论中，心态永远不会老，老的只是容颜。一个女人的一生按100%来计算，在她还是BABY的时候，她是一个需要照顾的100%的小BABY。后来她长大了，不再是孩子，但那个"需要照顾"的小孩习性的一面依然存在。20岁的时候，她要把这个100%分成两部分，她觉得自己身上的50%还是个BABY，可以撒娇、渴望被疼爱，另外的50%才是这个长大了的她。她40岁了，这个100%的人生又要按三部分来计算：30%是那个BABY阶段的她，30%是20岁时年轻的她，剩下的40%是现在这个40岁的女人。

　　"减法"给女人来了压力。新年的钟声，就是对每个人的警告。时间就是这样的无情，不知不觉之中，就走过了春，走过了夏，走过了秋，走过了冬。看看周围，有多少同伴已走在前面？再看看自己，又有多少愿望没有实现？能不着急？能不上火？

　　"加法"给女人带来了希望。新年的钟声，就是对每个人的祝

女人 40 如金

——40 岁女人进退取舍的人生博弈

愿。哪怕你遭遇挫折，哪怕你历经坎坷，不是又有了新的一年么？新一年是新天地，而且我们已经变得更加理智更加聪明，完全可以重新谋划，重新播种，重新耕耘，重新收获。

在一次女性问题座谈会上，有人提问，"如果男人花心了一回，你如何是好？" 24 岁的第一个跳起来高呼："打倒他！我眼里可不揉沙子！" 34 岁的犹疑了："这个我得看具体情况。" 44 岁的慢慢道："如果他试图回来，我接受他。"前者值得理解，后者值得敬爱。这个"老"字绝不只是岁月的堆砌而已，它是一种飞扬积淀后的精华，细细品味，有睿智的光辉。

从来认为老女人不是年轻女人的对手，所谓青春无敌，但是离婚两次的辛普森夫人造就了几乎整个人类历史上唯一一场"不爱江山爱美人"的大浪漫——未谙世事的小女孩撑得起这个场面吗？可怜戴安娜年轻貌美，似玉如花，魅力四射，却缺乏心计。笑到最后的是年长而容貌平凡的卡米拉，她没有任何优势，除了年龄大于戴妃，其他方面远没有戴妃那样楚楚动人，光芒万丈。如果那个男人竟然仅仅以"年轻"作为抉择的唯一理由，那么他多半脑细胞匮乏，也不值得为之悲苦流连。

英国哲学家罗素在《论老之将至》一文中说："每一个人的生命，都像河水一样：开始是细小的，被限制在狭窄的两岸之间；然后热烈地冲过巨石，滑下瀑布；渐渐地，河道变宽了，河岸扩展了，河水流得更平稳了；最后，河水流入了大海，不再有明显的间断和停顿，而后像毫无痛苦地摆脱了自身的存在。"

女人脸上稍有风霜，便是动人，便是性感，那种无可奈何的风姿绰约，令人着迷。只有成熟，才会对身边的一切看而不语；只有成熟，才有这般的沉静。成熟是岁月的堆砌，是飞扬积淀的精华，是 40 岁女人的最大魅力。

第十章

放下高傲，成就40岁的人缘
——女人40不寂寞

　　40岁女人经历了生活中的大彻大悟后，变得有自信，变得积极乐观，满足安详，从容镇定，变得谦逊善良……总之，40岁女人给人的感觉就是由心灵深处自然萌生的一种亲切和温暖，让人愉悦却不留痕迹。

敞开心扉，女人40不寂寞

女人到了40岁，要想远离孤独和寂寞，必须改掉自卑自怜的毛病，要勇敢走入人群。你要去认识人，去结交新的朋友，无论到什么地方，都要兴高采烈，把自己的欢乐尽量与别人分享。

不管是男是女，人到了40岁，总会有些孤独感，只不过40岁女人的感觉更敏锐，她们对孤独的感受也就更深刻一些。孤独是一种毒品，一旦沉溺其中就会产生严重后果，它会让你丧失进取心，无法与人顺利交往，因此你一定要超越孤独、驾驭孤独。

孤独与寂寞不同，寂寞会在一群人的喧闹中消失得无影无踪，但孤独却赶不走，因为它是在你的心灵深处。

女强人很孤独，事业的成功改变了她的地位，也拉开了她与丈夫、亲友的距离，她们常常会有"高处不胜寒"的孤独感。事业不成功的女人也孤独，她们即使拥有幸福的家庭，也常常会觉得自己是有缺憾的，看着顶着"女强人"光环的同龄人们，心里的孤独感也就更加强烈。40岁的已婚女人也孤独，尤其是那些婚姻不幸或对婚姻不满的女人，她们的孤独更加刻骨铭心。

孤独是人生的一种痛苦，尤其是内心的孤寂更为可怕。一些孤独的女人们远离人群，将自己内心紧闭，过着一种自怜自艾的生活，甚至有些人因此而导致性格扭曲，精神异常。

有一个40岁女人，两年前丈夫去世了，她悲痛欲绝，自那以后，她便陷入了一种孤独与痛苦之中。"我该做些什么呢？"在丈夫离开她近一个月后的一天，她向医生求助："我将住到何处？我还有幸福的日子吗？"

医生说："你的焦虑是因为自己身处不幸的遭遇之中，40岁便失去了自己生活的伴侣，自然令人悲痛异常。但时间一久，这些伤痛和忧虑便会慢慢减缓消失，你也会开始新的生活，走出痛苦的阴影，建立起自己新的幸福。"

"不！"她绝望地说道，"我不相信自己还会有什么幸福的日子。我已经40岁了，身边还有一个11岁的孩子。我还有什么地方可去呢？"她显然是得了严重的自怜症，而且不知道如何治疗这种疾病，好几年过去了，她的心情一直都没有好转。

其实，她并不需要特别引起别人的同情或怜悯。她需要的是重新建立自己的新生活，结交新的朋友，培养新的兴趣，而沉溺在旧的回忆里只能使自己不断地沉沦下去。

有些40岁的女性总是让创伤久久地留在自己的心头，这样她的心里怎么也难以明亮起来。实际上，只要自己能放下过去的包袱，同样可以找到新的爱和友谊。爱情、友谊或快乐的时光，都不是一纸契约所能规定的。人到了40岁，要面对现实，无论发生什么情况，你都有权利再快乐地活下去。但是，你必须了解：幸福并不是靠别人施舍，而是要自己去赢取别人对你的需求和喜爱。

一艘游轮正在地中海蓝色的水面上航行，上面有许多正在度假中的已婚夫妇，也有不少单身的未婚男女穿梭其间，个个兴高采烈，随着乐队的拍子起舞。其中，有位明朗、和悦的单身女性，大约40来岁，也随着音乐陶然自乐。这位单身女性，也和前面的那位朋友一样，曾遭丧夫之痛，但她能把自己的哀伤抛开，毅然开始自己的新生活。

有一段时间，她很难和人群打成一片，或把自己的想法和感觉说出来。因为长久以来，丈夫一直是她生活的重心，是她的伴侣和力量。她知道自己长得并不出色，又没有万贯家财，因此在那段近乎绝望的日子里，她一再自问：如何才能使别人接纳她、需要她。

她后来找到了自己的答案——要使自己成为被人接纳的对象，她得把自己奉献给别人，而不是等着别人来给她什么。想清了这一点，她擦干眼泪，换上笑容，开始忙着工作。抽时间拜访亲朋好友，尽量制造欢乐的气氛，却绝不久留。没多久，她开始成为大家欢迎的对象，时有朋友邀请她吃晚餐，或参加聚会，她处处都给人留下美好的印象。

后来，她参加了这艘游轮的"地中海之旅"。在整个旅程当中，她一直是大家最喜欢接近的目标。她对每一个人都十分友善，但绝不紧缠着人不放。在旅程结束的前一个晚上，她的身旁是全船最热闹的地方。她那自然而不造作的风格，给每个人都留下了深刻印象，并愿意与之为友。

从那时起，她知道自己必须勇敢地走进生命之流，并把自己贡献给需要她的人。她所到之处都留下友善的气氛，人人都乐意与她接近。

女人40岁要有自己的朋友圈

40岁女人如果不想深陷孤独，就要学着主动敞开心扉，多与人交流、沟通，多找一些事情来做，让自己有所寄托，这样做会使孤独离你而去，心灵更丰盈、更悠然。

世界上的每个人都不是孤立的个体。尤其是40岁以后的女人，她们爱凑热闹、爱交朋友，希望生活有滋有味。的确，一个40岁的女人应该有自己的圈子，这样的圈子可大可小，也因为有着不同的含义而存在着，有的是交友圈，有的是由于某项兴趣爱好而缔结的圈子，有的是工作圈，有的是亲友圈。

心理医生曾经说过，女性比男性更需要朋友。现在很多女性，更注重打造多层次、立体化的朋友圈子和良好的社交网络。不论婚前婚后，都享受着朋友圈带来的乐趣。朋友，不管是从小结识、共同长大也好，还是进入社会、志同道合者也罢，都是一个女人成长的记忆和成就的见证。

很多女人都表示，朋友在自己的成长过程当中占据着重要的作用。童年伙伴、同学，关系都比较透明纯粹，在他们跟前，自己不管是什么样的地位，都能够展示真实的自己。进入社会以后，人际关系复杂，形成了职业圈子，可以是战友、可以是朋友、可以是合作者。而由于某种共同的爱好走到一起的人，只谈爱好，不谈其他，结伴学习、出行，让兴趣爱好也有更广阔的空间来发展。女人到了40岁，柴米油盐把生活变得更加平淡，只有一个个圈子的存在，才使你真正的找回了自己，找到了自己的乐趣。

由于男女差异，爱情或家庭生活并不能满足女性所有的情感需求，同性朋友更能全面分享生活乐趣，让40岁女人找寻到"团队感"、"组织感"，甚至归属感。不管是生活、工作的哪个层面，哪个角度，都有女人的精神支持、有女人的精神养分。40岁女人也如鲜花一般，只有精神世界的饱满，才能让花儿绽放，否则也只是一朵凋零之花。

女人40，有了自己的圈子，才能让自己时时刻刻都充满活力，都能精神饱满，都有所追求、有所突破！

人活在世界上，都需要有自己的圈子，尤其是40岁女人，天生群居的高级动物，不可以像男人一样可以选择孤独。各种各样的交往，各种各样关系的缔造和维系，都是女人母性风范、温柔恬静的展示，这也是打破寂寞的本能需求。

各种各样的圈子，也是用不同种东西来维系的，有的用友情，有的用兴趣爱好，有的用名利，更有甚者用距离来维系。无论如何，这只代表了40岁女人的品位和社交的能力，这样不同的圈子，也使40岁女人平添了活力。

古代的女人没有什么所谓的圈子，家像个牢笼一样紧紧地束缚着女人，整天围着丈夫儿女转，平淡乏味的生活，真的是红颜催人老。而现代女性，过上了解放的生活，自由自在，可以选择自己的空间。但是现实往往也不尽如人意，尤其对于40岁的女性而言，有了家庭、有了老公、有了孩子，生活的重心发生了转移，处处陪着老公，惦记着孩子，生活也是压抑的。有的时候，在某种变故之后，不管是好的变故还是坏的变故，很多共同经历为纽带形成的圈子便名存实亡了。40岁女人要想生活有色彩，增添新活力，必须要交友，形成更多的圈子，只要这些圈子不影响正常的生活，不束缚女人的行为，它们都是好的圈子。

现代女性的圈子非常多，有的阵容庞大，有的小而精致，像泡吧、插花、旅游、攀岩、摄影等，都可以形成这样或那样的圈子。兴趣、交际、打发时间和无聊，都成了形成各种圈子的理由，而这样的圈子，让女人的视野变得无限广阔，圈子的外延和内涵也无限扩大。

现在这个经济的时代，很多的时候，你身不由己，利益引导着太多的东西。有些灯红酒绿的辉煌，也使得人们无法抵挡，很多原本纯粹的东西已经消亡，在利益的熏陶之下，人们之间的关系也变得越来越复杂、脆弱、浮躁。很多人的生活方式不同，而小资女人的生活，成为一种新时代、新鲜的生活格调，备受其他女性的瞩目。

现在的社会变化速度真的让人难以想象，当然，体会最多的就是友情内涵的变迁。但人终究是群居动物，你需要朋友，需要沟通，更需要关心，需要安慰，特别是遭遇挫折和困难的时候。尤其是女性，男人可以独自打拼，而女人的心理和生理的特征，要求有友情的滋润。生活的多元化中，她们用心打造多层次、立体化的朋友圈子和良好的社交网络。不论婚前婚后，都享受着朋友圈带来的乐趣，她们和朋友一起逛街、做美容、谈心；郁闷时，来自同性的贴心劝导会显得更加温暖。所以，在感叹之余，她们依然执著地寻找着，追求着，这成就了白领女性的"新圈子主义"。

女人40，你不应该受爱情和家庭的拖累，你的一生需要各种各样的情感，不仅仅是爱情的滋养，友情、亲情，对于你来说也是无可替代的。有很多40岁女人都是因为随着丈夫去了异乡，丈夫工作，自己在家，寂寞独守，消磨了意志，最终也是出门去找工作，寻找自己的一片天地了！她们不甘心只做一个小女人，很多女人，不管是婚前婚后都是因为拥有友情，才让自己的生活拥有朗朗晴天。爱情可能会变，但友谊不会变，在友情里，女人寻找到真我。很多女人都拥有着不同的兴趣爱好，一个人去实施总是显得人单势孤，而大家一起做，成立个协会、弄个圈子，把兴趣持续，丰富了生活，岂不妙哉！

第十章 放下高傲，成就40岁的人缘——女人40不寂寞

选择与 40 岁身份相符的交友方式

40 岁应该是谨慎交友的年纪，尤其是 40 岁女人，一定要结交与自己年龄、身份相符，且对自己有正面引导的朋友。

生活中没了朋友，就如同生活没了阳光。没有了朋友，你的生活便是空虚、寂寞、苍白无力的，孤独寂寞的女人，不是美丽的女人。

女人到了 40 岁，有些交友方式并不适合你，因为你已不再是无所顾忌的女孩子了。

1. 依据个人的地位去择友。

女人的朋友各异，有的是同学、同事，偶遇的人中也可能结成朋友。然而，有些女人，则是根据朋友的社会地位，对人态度也是迥然不同的。若是珠光宝气、身居显赫的人，若是女子，则希望与其情同姐妹，若为男子，则希望保持亲密或暧昧的关系。她们只是希望因此会带来物质上的利益，或精神上的满足。这种严重的媚俗和拜金行为，必将导致男人对这种女人的厌恶，最后结交的也必然是酒肉朋友。所以，40 岁女人要拒绝这种交友方式。

2. 依据金钱而结交朋友。

有些女人贪慕虚荣，拜金倾向极为严重。她们认钱为亲、一切向钱看，她们交朋友时，先看她们的衣着、妆容，再看她们的生活方式，如果浑身上下珠光宝气、都是各大名牌点缀，这些女人就主动地与之交往。她们幻想着自己也有这样的生活，她们希望自己也有王后一样的生活。什么样的物质条件都满足不了她们欲望膨胀的心，这样的女人，没有一处可爱啊！而你，已经结婚，已步入不惑之年，所以这种交友方式不适合40岁的你！

3. 见利忘义，出卖朋友。

天下之大，熙熙攘攘，皆为利来，很多女人就是为了自己一时的利益，出卖朋友的隐私，违背了伦理道德。这样的女人，即使是温柔似水，即使是娇艳欲滴，即使是花容月貌，但是连朋友都出卖的女人，必定是蛇蝎心肠。女人40岁要交益友，同时自己也要对朋友一视同仁，平等对待，人无高低贵贱之分。你既然是温柔有教养的，那么，在对友人的态度上，更是要有修养！

在社交场合，尤其是一些交际应酬中，对待众多合作伙伴应努力做到平等待人，不要使人感到有明显的亲疏远近之分，尤其是在众多朋友面前，不能冷落一个也不能对一个太热情。维护自我形象的一切准备工作应在"幕后"进行，绝不可以在他人面前毫无顾忌地去做。要知道很多事情是需要用软手法做的。

不要以自己的意志为转移，要热情诚恳，同时也要有礼有度。不可以不容商量的让他人接受自己的绝对好意。朋友之间更是这样，只有在了解了对方的真正需求的情况下才能做到好的口碑。

在公共场合，40岁女人应当有意识地约束自己的行为，尽量不要因为自己的言行举止妨碍、打扰他人。同样在与朋友交往过程中，不要打扰朋友正常的生活，在日常生活中要学会观察，了解周围人的生活习惯，小心谨慎，才能做得更长更好。

不要随意抒发个人感情不止，也不要长时间占用电话，不可以随意大声说话，关系越亲密就越不能让对方感受到来自你的压力，不管有什么事情发生都要保持镇定，和声细语，让对方从心底佩服你。

涉及个人隐私和对方不愿意谈及的问题，在交谈中都应该回避，否则会引起对方不悦，也会令自己尴尬。一旦发现自己选择的话题不受欢迎，应立即转移话题，如果因为自己的疏忽选择了令对方不快的话题，但由于是朋友关系，所以也不好怎么说得太明白，只能是在初始阶段把握说话内容的方向。

善待朋友的40岁女人，能够帮助丈夫协调人际关系。现代的社会里，人际关系就像大厦，哪个大厦地基好、建造的高且坚固，那么这幢大厦就是优秀的大厦。人际关系也是一样的。丈夫工作很忙，早晚的应酬不断，虽然说女人也同样的工作，但相对而言，女人的心思更加细密，女人的感情更加细腻真挚，所以，女人经常来打理各种不同的人际关系，为整个家庭奠定良好的社会友谊和私人友谊，有利于自己和丈夫的工作、生活和交际。

40岁女人的精神世界同样需要养分，她们热爱生活，喜好热闹，又有不同的兴趣爱好。女人40岁，如果你能够善待朋友的话，你在人们中的声誉一定大大提高，也有很多的人愿意与你成为朋友，你的生活圈子越来越多，也越来越大，在这样一个个其乐融融的小世界里，你找到了自己的定位，找到了友人带来的真正的快乐。40岁的你，将不再孤单，将不再惆怅，生活将变得生机盎然。

40岁女人拉拢人情的心机

在与人交往的时候，并不是只有那些倾囊相助的义举才能让人对你产生信任和感动。其实，平时的小恩小惠更能拢住别人的心，让别人心甘情愿地为你付出。这就是深谙人情世俗的40岁女人积攒人缘、拉拢人情的心机！

在人际交往中，利用人们无功不受禄的心理，给别人施些小恩小惠，对方一定会对你感激不尽，进而使你轻松地达到目的，收获大实惠。小恩小惠的特点就是投资少，其回报如何，主要看你是否有心。

43岁的张澜是一家公司的董事长，她就是一个懂得用小恩小惠来拉拢人心的管理者。她公司有一个司机，经常患胃痛。张澜知道之后，就嘱咐他多注意饮食，而且每次公司让他出车时，张澜都要给他带上一包饼干，怕他半路上因饥饿而犯胃病。

张澜在公司，总是笑脸迎人。偶尔看到职员手头紧，饭食差，还要"骂"他们几句，然后自掏腰包让他们出去吃点好的。由于公司午餐大家不太爱吃，所以，她干脆专门派个人去饭店点菜，大家一起在会议室里聚餐。遇到因为忙于发货而耽误了吃饭的员工，张澜都会请他们的客，额外还给他们一些补贴。张澜的这种小恩小惠让公司的氛围非常融洽，公司的效益也节节高升。职员见了张澜都亲切地喊她张大姐。

有时候，小恩小惠只不过是多说几句好话或者客气话而已。可如果平时不花精力去做这些事，到了紧要关头，你就只得付出远远高出小恩小惠数百倍的"高额悬赏"才能激励他们了。因此，即使从经济上来说，小恩小惠也是划得来的。而且就公司的长远发展来说，这种小恩小惠的方式也相当有效。

刚步入不惑之年的陈好娟是某小企业的总经理，该公司长期承包大建筑公司的工程。所以，陈好娟需要经常和这些公司的重要人物搞好关系。她的高明之处在于，她不仅奉承公司要人，对年轻的职员也殷勤款待，经常施与小恩小惠。

平时，陈妤娟总是想方设法将那些大公司中各员工的情况做全面的了解。当她发现公司里有个人大有可为，以后会成为该公司的要员时，不管他有多年轻，都尽心款待。因为她明白，十个欠她人情债的人当中，有九个会给她带来意想不到的收益。她现在是在为以后更大的利益投资。

所以，当年轻职员李建平升为科长时，她就专门找了个时间前去祝贺，并赠送礼物。等李建平下班之后，她还盛情邀请他到高级餐馆用餐。李建平从来没有来过这种高档的地方，自然对陈妤娟的招待很感激。李建平认为，自己从前从未给过这位总经理任何好处，并且现在也没有掌握重大交易决策权，可见这位总经理是真的爱惜人才，是个好人！

更为高明的是，陈妤娟却说："我们企业能有今日，完全是靠贵公司的帮助，而你作为贵公司的优秀职员，我向你表示谢意，是应当的。"她的这番话，又给李建平减轻了心理负担。

果然，没过多久，李建平凭借自己的实力，登上了这家大公司的经理职位。自然，陈妤娟的小恩小惠就起了作用了。在生意竞争十分激烈的时期，许多承包商倒闭，破产，但由于李建平的大力支持和帮助，陈妤娟的公司仍旧生意兴隆。

可见，平时的小恩小惠对自己的意义是多么重大。因为平时的恩惠，会让别人觉得你这个人就是这样，并不是做作，更没有故意拉拢人心之嫌。如果你平时不注意对别人小施恩惠，只在关键时候拉拢别人，别人会对你不屑一顾。

女人40靠亲和力影响他人

女人到了40岁，不应再是锋芒毕露的年纪了。人人怕被拒绝，这是人的天性。如果你具有亲和力，不摆架子，也不高人一等，那么别人就会感觉你很"安全"，也就减小了对你的戒备之心，开始接受并欢迎你。

具有良好的人际沟通和亲和力是所有女人都梦寐以求的，良好的人际亲和力给女人带来的是无穷好处，不仅使女人获得更多的友情，感受到人与人之间的关爱与温暖，还使女人获得更多的人际资源，让女人获得意想不到的好前途和机会。

40岁的劳伦女士是一位来自洛杉矶、经验丰富的女商人。她有着时髦的行头，讲究品位。劳伦因为想放慢生活节奏，得到更多的归属感，而搬到西南部的一个小城镇。

尽管她喜欢这个城市和那里的居民，但是她感到她不受欢迎。最终，她的同事给她指出，她的穿着和交谈方式让当地人觉得她在装腔作势、高人一等。

从那以后，劳伦特意穿得很随意，与人谈论当地的事情，多参加社交活动，试着让自己更加容易接近。虽然一开始她很不舒服，不习惯穿卡其布，不习惯谈论经营牧场。但是她发现，她与新邻居和同事更加容易交流了。

亲和力是一种甜美的气质，能让人在不知不觉中被你吸引。亲和力也是一种柔软的积极性，是透过与人亲善的特质发挥更多的影响力。

2000年，全球著名女CEO钟彬娴41岁。这一年，身为记者的常先生赴美对十余家国际著名企业的CEO进行了独家专访，钟彬娴是被采访者中唯一的女性。这一点使这位记者在赴美之前就对她充满了好奇与关注。

当时的雅芳公司正在努力摆脱经营困境，逐步走出低谷，一切振兴的希望都寄托在这位雅芳百年历史上唯一的女性CEO——刚刚上任不久的钟彬娴——身上。常先生想象着这位力挽狂澜的女性将是如何的雷厉风行，骁勇善战。而当她走近常先生，向他热情地伸出手臂时，他被钟彬娴那极富感染力的笑容融化了。那天，钟彬娴一身黑色套装，端庄大方，她的乐观情绪感染着身边每个人，使常先生的采访自始至终轻松而愉快。她的声音富有磁性，讲话富有激情。至今留给常先生印象最深刻的还是她的笑容，自信、亲切、热情，她总是以笑容尽情地表现着她的自立与自强，同时又用会心的微笑给对话者以鼓励，使彼此畅所欲言，如遇故知。这或许就是她在多年的市场营销工作中磨练出来的人际沟通能力吧。在她的笑容中，别人可以体味出那份由衷的幸福，她说，雅芳把美丽带给女性的同时，还给女性带来了机会和自信，因此，作为雅芳CEO，她为能在如此重要的位置替女性做更多的事情而感到充实和快乐。

第一次面对面的谈话，使常先生认识了钟彬娴女士，并且深切感受到她的魅力所在。作为CEO，她的角色比男性更具有亲和力，她不仅是公司的领导者，她更是公司的形象代言人；作为女性，她担负着更多的责任，她不仅拥有更多的梦想，而且具有更多实现梦想的勇气。那次采访甚至改变了常先生对女性领导者的一贯成见，在她的身上，事业的完美与女性的魅力得到了最好的结合。

一个个桂冠被戴在钟彬娴的头上——"全球最有影响力的商界女

性"、"近年来最成功的 CEO 之一"、"最佳经理人"、"美国杰出母亲奖"……而这背后的力量是什么呢？她获得成功的资本是什么呢？

41 岁的钟彬娴热情大方，温文尔雅，谦逊含蓄，坚忍乐观。这位生于加拿大、长于美国的华裔女性，终究身上流淌着炎黄子孙的血液，而且有着一颗地地道道的中国心。在钟彬娴的言谈举止中，处处流露着中国女性所共有的传统美德。

41 岁的钟彬娴总是念念不忘父母对她的教诲，她曾给大家读过一封家书，使人感动不已。那是在她刚刚上任雅芳 CEO 时，她的父亲写给她的，信中说道："记住，成功的中国人具有和其他人不同的特质——所有事情都要努力做得最好；做一个愿意为培育子女放弃自己的快乐的杰出母亲；慷慨、公正、宽容、与人分享你的文化还要热情学习别人的文化。但除此之外，记住远离傲慢和自吹自擂；保持礼节、容忍、理解对别人的同情心，还有最重要的，要化解你的怒气和悲痛，不是压抑它们，而是把它们转变成有帮助的、正面的情感。在虚伪的年代和环境中，你有一个珍贵的中国文化传统，我们为能把它传递给你而骄傲……"

对中国传统美德的继承给了钟彬娴无尽的精神财富，由此她才会在竞争激烈的美国商界游刃有余，独树一帜。

41 岁的钟彬娴懂得宽容与理解，因此她能顺应形势另辟蹊径，打破雅芳百年的惯例，大胆实现了营销模式的转型，在生死攸关之际挽救了公司的命运。同时她致力于为女性提供更多的就业机会和更广阔的事业空间，她为女性同伴的成长而欣慰，为女性事业的拓展不遗余力。

41 岁的钟彬娴懂得谦逊与礼让，因此她善于倾听，她亲自做雅芳小姐逐家推销雅芳产品，从中听取顾客的意见；她倾听来自销售一线的建议，从而做出更为正确的决策。

41岁的钟彬娴具有坚忍与勤奋的美德，因此她不会放弃，即便遭遇国际性的业务危机，她也能化险为夷，在逆境中创造出辉煌的业绩，甚至优于雅芳以往的任何一位领导者。

41岁的钟彬娴更有着热情与真诚，对工作，对家庭，对生活，她都充满了爱。她把市场营销的4P原则增加为"5P"，她认为还有一个不可忽视的最重要的原则就是热情。她说，这是成为一个真正的长期成功的领导者的关键。

41岁的钟彬娴深谙中国传统的"舍得"之道，有舍才能有得，她认为把握好舍与得的平衡是领导艺术的一部分，因此她会放弃白宫的晚宴，而去参加女儿成长历程中一次重要的聚会；因此她放弃了去其他公司晋升的机会，而在雅芳获得了更广阔的发展空间。

由此可见，亲和力也是一种不容忽视的能力，是赢得成功的无形资本。那么，如何让自己看起来更有亲和力呢？

1. 40岁女人要正确认识自我。

人贵自知，尤其是在40岁的年纪，你只有深入地了解自我，才能有了解他人的基础。人最好的朋友是自己，最大的敌人也是自己，你一生一世其实都在与自己相处。只有正确、全面地认识自己，你才能有所进步，生活也才有意义。所以，只有深刻地认识自己，才能真正具备良好的人际亲和力。

2. 40岁女人要多和别人交流。

想和做永远是两回事，亲和力不是从想象中得来的，而是在和别人交流的实践中得来的。在与他人的交流和实践中，可以不断强化自己的实战能力，随时修正自己。所以，实践是增强人际亲和力的必经课程。

3. 40岁女人不要太迷信自己的魅力。

过于相信自己就是迷信自己，这样的女人不仅回避和抵制批评，甚至不能容忍任何不同意见的存在。她内心世界的大门永远是封闭

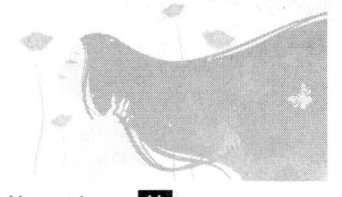

的，与任何人都保持情感上的距离。其实，没有人永远是对的，不如敞开心扉去接纳别人的观点，同时也接纳别人，这样别人才会接纳你。

4. 女人 40 岁要保持轻松愉快的心情。

当你处在高度的压力下，就会出现焦虑的情绪，变得烦躁不安，即便内心懂得与人交往的亲和原则，可还是会不由自主地发脾气，让人不敢靠近。所以在压力较大的今天，你要懂得劳逸结合，有一份好心情，才能有良好的人际亲和力。

微笑是一种魅力，也是一种面具

面对他人，40 岁女人要时刻保持友好，面带微笑，同时也要学会识别他人微笑中的真假含量。

一大早，韩珍女士就穿戴齐整，收拾好随身物品，准备去参加公司面试。当她走到公司的大门外时，迎面看见两张宣传画，其中一个标题是"微笑服务，笑脸迎人"，另一个是"为客户营造友善的环境，微笑的天空"。

她知道，很多企业都在纷纷实行"三步微笑"、"三米微笑"和"微笑服务"，可见这家公司也非常注意微笑的重要性。她突然变得有些紧张不安，因为她在这里既没有门路关系，也没有认识的熟人，更没有提前打点，不知道她等会儿还会遇到什么高标准的要求。

这时，她记起了长辈说过的一句话："微笑能让女人的美貌增色三分。记住，只要你随时面带微笑，你就是一个漂亮的讨人喜欢的女人。"她接连做了几次深呼吸，慢慢放松面部的肌肉，扬起嘴角，两颊顿时挂上了她平时最亲切、最迷人的招牌笑容。

当她走进办公室，开始面试的时候，韩珍发现主考官也是一位中年人，差不多也是40岁出头的年纪，算来和自己是同龄人，但是这位同龄人的表情严肃。他板着脸，不苟言笑，就像传说中的"黑包公"。她在心中暗示自己："伸手不打笑脸人。一本正经可能是他的特色，他可以不笑，但我却一定要用微笑打动他。"

对于主考官的每一项提问和要求，她都尽量回答得仔细全面，而且从头到尾保持着淡然从容的甜美微笑。临近结尾时，主考官竟然笑了："恭喜，你被录取了！你的优点是你始终面带微笑，以后当你直接面对顾客时也要做到这点，让他们都能感受到你友好的服务态度。"

微笑就像是一种情绪，从我们的心底生发出来，并绽放在我们的脸上，即使有时候别人无法直接看见，也会感知到你的热情和真挚。

如果一个人对你横眉怒目、满面冰霜，而另一个人对你和颜悦色、笑意盈盈，你会喜欢哪一个呢？当然是后者！对着一张微笑的脸，你也会回报以明媚的笑容，而且你还会情不自禁地向对方畅所欲言，希望加深了解。对于前者，情况就正好相反。

笑一笑解千愁，笑一笑十年少。微笑的好处自然不言而喻。生活中不能缺少微笑，工作和社交场合更是离不开微笑。多以笑脸待人就能赢得理解和友谊，化解冲突和纠纷。在任何场合都用微笑待人，这也就表示你成功了一半。

从心理学的角度来说，微笑代表了友好与开放的心态，很容易给别人留下乐观、真诚、善意、体贴的印象。任何人都不喜欢用热脸挨冷脸，也没有人会将你的好意拒之千里。微笑就像一种强力胶，会把彼此的心拉得更近。

在职场中，当你希望战胜竞争对手时，也必须微笑。如果你只对上司、领导表示恭敬和尊重，随时笑容满面地问候致礼、点头哈腰，对同事却表现得爱理不理，敷衍应付，或者对下属冷淡漠然、严厉苛刻，你就很难获得大家的认可和好评，迟早会被淘汰出局。

经常对人微笑，让你显得有涵养。学会保持微笑，笑脸迎人，会让你获益匪浅。虽然当你开始对陌生人或同事微笑的时候，大家或许觉得非常迷惑、吃惊，但是他们会逐渐习惯你的微笑，并会表示欣赏和赞许。微笑具有极强的感染力。一旦你养成了微笑的习惯，你会发现每个人都在对你微笑，他们都变得非常和善。

你如果始终面带微笑，当你到一个新地方时，你会很容易讨人喜欢；当你工作时，上司和同事都会对你更加友好，你也更容易得到客户的信任；当跟朋友见面或告别时，他们会很高兴能够和你共度快乐时光。即使过去对你冷若冰霜的人，也会因为无法察觉你的真实内心而变得热情友好。

可见，微笑具有不可思议、超乎寻常的力量。将微笑挂在脸上的女人，代表了她们对生活充满希望，能够驾驭和掌握自己的人生航向；对于那些肩负着工作、家庭压力的人来说，真诚的微笑就意味着希望和鼓励；在对手面前，微笑更是一种自信的力量。

网上有这样一句话：一个女人如果长得不够好，就要让自己有才气；如果才气也没有，那就要始终保持微笑！可见，微笑对于女人是多么重要。

40岁女人应该注意的是，微笑既然是一种面具，在面具背后很可能有某种策略。你周围很多人对你微笑的时候，有可能是笑里藏刀。在我们身边总有这样的人，他们随时都面带笑容，无论是遇到他喜欢的人，还是不喜欢的人，痛恨或鄙视的人，他都保持一种表情——微笑，让你看不穿他的心思，他们用微笑掩饰自己的真实情

女人40如金——40岁女人进退取舍的人生博弈

绪和想法，轻轻松松地做到"绵里藏针"。

　　紫薇最近郁郁寡欢。她不能理解的是，跟自己有两年友情的同事兼死党阿冉竟会在同行业跟自己公开竞争。阿冉是一个离了婚的女人，她刚到公司的时候，对这个行业没什么经验。作为部门主管的紫薇自然成了她的入行老师。那个时候的阿冉对紫薇嘴可甜了，左一个"紫姐"，右一个"紫姐"地叫，阿冉下班后还会到紫薇家串门，对她总有没完没了的笑容。紫薇是个挺人性化的上司，她对于他人的好意从来不懂得拒绝，比如阿冉会常给她两岁的儿子买一个小礼物。紫薇则经常手把手地传授给阿冉一些经验。两年后，阿冉辞职到另一家公司，她竟然成了紫薇最大的竞争对手。她抛出了紫薇曾经给她透露过的一些公司计划，来了一个"先下手为强"，搞得紫薇措手不及。

第十一章

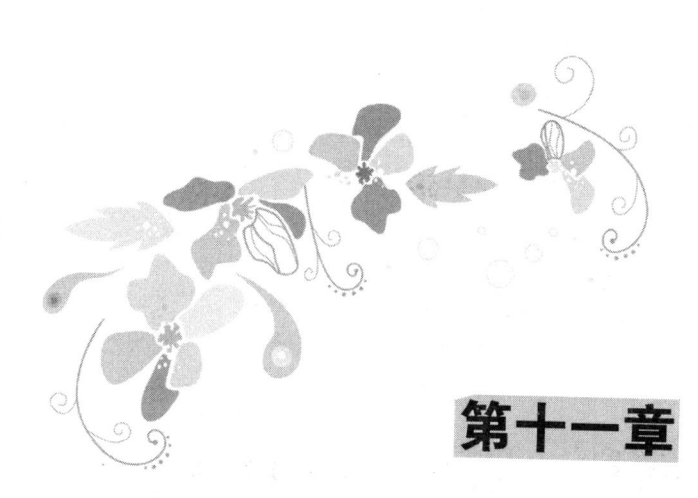

放下冲动，成就40岁的情商——
女人40要控制好自己的情绪

岁月催人老，女人40，红颜已逝，难免有失落和彷徨，总是无缘无故地烦恼，总是莫名其妙地发火，这种生活状态只会使女人更快地老去。女人40要管理好自己的情绪，使其达到一种不高不低的中庸状态，达到一种不阳亢不抑郁的平衡状态，进而实现生活的和谐和自我的和谐。这样的女人才有快乐可言！

40岁女人，你可以不生气

女人的情绪特别容易被外界的事物所影响。落花、流水、枯藤等都会让她们在心中感怀良久。面对生活中那些层出不穷的麻烦事，女人最容易发怒。所以，学会控制自己的情绪，对40岁女人来说特别重要。

如果你刚穿上一件新买的高档时装出门，忽然被身边一辆疾驰而过的汽车溅了一身污水。这时，无论是谁，遇到诸如此类的事情，都难免气愤和恼火。你开始破口大骂，并说着些非常合乎逻辑的话语。这时你的生理开始有些变化，脸色改变，甚至全身发抖，心跳加快、呼吸急促、胆汁增多，最后是越想越生气。

当你遇到意外的沟通情景时，如果你不能理智地控制住自己的情绪，任由怒火肆意而来，那么很可能伤害别人，就会造成人际关系的不和谐，对自己的生活和工作都将带来很大的影响。如果你学会运用理智和自制，控制自己的情绪，就能正确地处理好事情。

高女士是一家公司的职员，她的丈夫是一家大公司的业务经理。丈夫年轻时，是一个帅气的小伙，而现代虽然已经40几岁，但是他的帅气、英俊不仅丝毫未减，反而增添了几分迷人的成熟感和沧桑感。高女士知道，像老公这样的男人，最让年轻女孩迷恋了。为此，高女士特别担心老公和单纯的小女孩在一起。真是怕什么来什么，没过多久，就发生了一件这样的事。

第十章 放下冲动，成就40岁的情商——女人40要控制好自己的情绪

这天，高女士碰巧到丈夫单位附近办事，所以决定下班后去接丈夫，给他一个惊喜。她就在他上班的大厦对面的咖啡屋打他的手机，告诉他，晚上和他一起吃饭，但没说就在他楼下。这时，丈夫说他不在单位，正在和客户吃饭应酬，晚上会晚点回去。结果高女士便到附近的一家湘菜馆里一个人点了份菜。

谁想她一眼就看到了丈夫和一个年轻女孩正在里面共进烛光晚餐。当一刹那，高女士觉得有点蒙了，一股怒气直冲上来，气得她都有些站不稳。本想走过去问个究竟的她，突然想起遇事要冷静的告诫。于是，决定按兵不动，以观其态。

最后，高女士用理智战胜了自己，在自己的心理暗示下，终于平静下来，她觉得丈夫应该不会背叛自己，一定是有原因的。这样想着怒气就消了一半，最后又悄悄地把丈夫那桌的账一并结了，让他有个心理准备，然后回家再问。

丈夫回来后，高女士试探地说："今天吃饭是不是有人替你买单了啊？"丈夫很疑惑地说："是的，你怎么知道……噢，原来是你。"丈夫恍然大悟。紧接着，又开始解释："那是我以前的女学生，明天就要离开这个城市了，非要和我吃最后一顿饭，我不答应也不好。但我怕直接告诉你你会生气，于是就……"听了丈夫的解释，高女士暗自庆幸自己没有一时冲动做出傻事来。

愤怒的情绪人人都会有，任何时候都要让自己去主宰自己的情绪，只有这样，事情才能办好。让愤怒的情绪爆发出来，只会使事情变得更加糟糕。它可以让原来认为你温文尔雅的人一下子改变对你的印象。这种情况下，事后你可能会觉得后悔，但是世界上是没有后悔药可吃的。因此40岁的你应该学会控制自己，学会尽量不发火而把事情解决好。那么如何在一些不愉快的场景中迅速地控制自己的情绪呢？

1. 语言暗示法

在情绪激动时,自己在心里默念或轻声警告"冷静些"、"不要发火"等词句,抑制自己的情绪,也可以做成小纸条放在自己的包里、办公桌或是床头。

2. 转移注意

在受到令人发怒的刺激时,大脑会产生一个强烈的兴奋灶,这时如果你能主动地在大脑皮层里建立另一个"兴奋灶",用它去抵抗或削弱愤怒,就会使怒气平息。最好的办法就是暂时离开引发坏情绪的环境和有关的人或物。

3. 嘲笑自己

用寓意深长的语言、表情或是动作,机智巧妙地表达自己。你可以自己嘲笑自己:"我这是怎么啦?怎么像个3岁小孩子似的。"

4. 回忆愉快的事情

当不愉快的事情发生时,应该尽量多想些与眼前不愉快体验相关的过去曾经发生的愉快事情。

5. 站在他人的角度想问题

站在他人的角度想问题,也就容易理解对方的观点和行为。在多数情况下,一旦将心比心,你的满腔怒气就会烟消云散。

爱护身体,保持内心的平静

生活是个五味瓶,总有酸甜苦辣。当你遇到不快时,就想想开心的事情,因为咀嚼痛苦和不快,反而让心情更不愉快。

女人 40 要爱护自己的身体，尽量保持内心的平静。除了不要大喜大悲之外，也别过度忧虑。"思"，就是集中精力考虑问题。思虑完全是依靠人的主观意志来加以支配的。如果思虑过度，精神受到一定影响，思维也就更加紊乱了。诸如失眠多梦、神经衰弱等病，大多与过分思虑有关。中医认为：过思则伤脾，脾伤则吃饭不香，睡眠不佳，日久则气结不畅，百病随之而起。因此，对待社会上或生活中的某些事情，倘若"百思不得其解"的话，最好就不要去"解"它，因为越"解"越不顺，心中不顺则有可能导致"气结"。很多 40 岁女人始终把一些事情记在心头，心累，神也累。心病还需心药医，自身的缺陷往往自己最清楚，最好的办法莫过于自己的调节。

女人比男人更善于表达情感，有了不快可以和亲人说说，说话往往能收到意想不到的效果。除了寻找外界的帮助外，40 岁女人也要努力克服自身情绪的弱点：

1. 女人 40 不要过度焦虑。

我们常说南方女人性子柔和，北方女性朴实直率，其实是没有定论的，生活里不乏性格急躁的女人，并无南北之分。性格急躁的女人有个共同的特点：希望在最短的时间里，得到最好的结果，这是急功近利的思想在作怪。任何人在愿望没有如期实现时，都会产生焦躁情绪。由于情绪的自控能力不同，造成的结果也不同。我们看到那些最终实现目标的人，都是善于控制情绪的人。

2. 女人 40 不要过度忧虑。

人无远虑必有近忧，对于人这个生物体来说，适当的忧虑反而是好事。尤其是做了母亲的 40 多岁女性，因为担忧孩子的健康、学习等事情，会主动去帮助孩子，为孩子着想。但是忧虑也要有个度，过了这个度容易导致抑郁症，所以不可杞人忧天，或终日为之忧心

第十一章 —— 女人 40 要控制好自己的情绪

放下冲动，成就 40 岁的情商

忡忡，无端愁思。即使确有值得忧虑的事儿，也不能整天闷闷不乐，否则会影响健康。如果碰到不开心的事情，不妨哭出来。忧虑过度，也是没有安全感、猜疑心太重、难以相信别人的表现，会影响女人与他人交往，导致人际关系紧张。

3. 女人40不应再大悲大喜。

大家都知道大悲伤神伤心，其实大喜也伤人。我们认为大悲大喜是个人自控力不足的表现。凡事都有个度，如何把握这个度，是件难事。尤其是突如其来的好事降临，如"中大奖"、"久别亲人团聚"及金榜题名等都要注意别太兴奋，有心脑血管疾病、精神病史的人更要当心，别使好事变成坏事。遭遇故友离散、亲人谢世、朋友反目及失恋等不幸时，要努力控制自己的情绪，学会排解，此时千万不能沉湎其中不能自拔，以免给心理上造成严重打击。

4. 女人40不应猜疑过度。

女人都有点猜疑之心，因为社会瞬息万变，女人也会加强警惕。过度的猜疑是因为人与人之间的沟通不畅造成的。40岁女人往往会根据自己的经验下定论，这是不对的。不仅会增加自己的心理负担，同时对他人也是不公平的。心胸狭窄在日常生活中，表现为对同事、朋友乃至家人都会无端猜疑，从而影响工作、团结和家庭和睦，也会影响自己的心理健康。女人都有几个闺中密友，相互的交流对女性性格的成熟有很大好处。也有许多女人没有朋友，因为她们猜疑心重，很难交到知心朋友。这些女人往往容易感到孤独，如果身边的人关心她，帮助她，时间长了，良好的交往也能够给予猜疑心重的女人一些信心。

5. 女人40不钻牛角尖。

我们说坚持而不执著是最好的状态，过于执著就是钻牛角尖。女人容易钻牛角尖的原因很多，主要是女人心地善良，希望把一件事情做得完满。执著是好事，对事业执著、对爱情执著等都是值得提倡的。但是执著也要把握住度。喜欢钻牛角尖的人，在错误观念的土壤上面，不会开出美丽的花朵。所以，要先审时度势，为健康积极的愿望去奋斗，去争取。

6. 女人40不消极。

月有阴晴圆缺，人有旦夕祸福。人生难免有点失意的事情，面对失意要学会调整情绪。消极的情绪往往会让你对什么事情都提不起兴趣。超过两周，人就会消瘦，而且容易导致抑郁。

尤其是中年女性，不能主动去调节情绪，导致抑郁以后，更是如同进入漩涡，难以自拔。很多抑郁症是由小事引发而造成的，所以，对任何事情产生消极情绪都是不好的，40岁女人一定要调整情绪，抵抗抑郁的产生。

有部分情绪很消极的中年女性并不是因为不积极调整导致的。她们对一些事情的期望太高，希望自己出类拔萃，于是对自己太苛求，结果失败后，对自己的一点点过失都难以谅解。这种问题产生的原因，是心理的欲求在作怪。应该正确估计自己的能力，去做自己可以做到、可以做好的事情，防止消极情绪的产生。

40岁，收起你的脾气和眼泪吧

30几岁女人可以很感性，因为天性使然，而40岁的女人就不行了，需要在感性中添加几分理性，因为40岁女人要比30几岁女人承担更多的责任。

女人40如金——40岁女人进退取舍的人生博弈

人们常说的一句话是女人是感性的，男人是理性的。这句话虽然有些绝对，但也不是没有道理。在大多数场合下，大多数的女人在处理事情时，总是感性多于理性。但在现代职场中，如果你经常发脾气、掉眼泪，那么不仅会让周围的人无所适从，而且还会对自身造成不可避免的损失，更会被归结为心理承受力差和性格软弱，认为你经不起大风大浪的侵袭，难以担当重大责任，最终对事业造成极大的影响。

艳红是一家大型企业的高级职员，她的能力和才华在公司里是有目共睹的，无论是工作能力，还是文字水平，均是堪称一流的人才，这一点连她的上司也是给予充分肯定的。艳红的性格热情大方、率真自然，颇受同事们的欢迎，深得上司的喜爱。但也就是这率直和不加掩饰的性格，在某些时候竟然也成了她事业发展中的致命伤！

最近一段时间，上司对一位无论是资历还是能力和业绩都不如艳红的女同事特别关照，也没见她干出什么出色的业绩。她做事总是磨磨蹭蹭的，却总是好事不断，什么提职、加薪等好机会都有她，一年之内竟然被"破格"提拔了两次，让人很是羡慕。

艳红心里越想越难受，为什么自己工作干了一大堆，也创造了十分亮眼的业绩，却不被提拔呢？她怎么也想不明白，真是又气又急又窝火。为此，艳红的工作情绪一度受到影响，陷入低落状态。

这时，一个平常和她关系不错的同事，见到艳红这副沮丧的样子，便告诉了艳红她的看法，她认为艳红之所以会出现目前的状况，虽然原因是多方面的，但最主要的一条，就是艳红犯了职场中的大忌——太情绪化了！

听了同事的劝告，艳红有些醒悟。其实，艳红也想让自己"老练"和"成熟"起来，然而，一碰到让人恼火的事情，她就是控制不住自己的情绪，尽管事后觉得自己有失理智，但当时就是不能冷静下来。

久而久之，艳红在公司里备受冷落，同事们也不敢轻易跟她说话了，艳红的事业陷入了彻底的困境之中。

类似艳红这种情绪化的反应，可以说是职业女性最容易出现的一大弱点。据调查，有80%的人认为，性别已经不再是制约女性晋升和发展的瓶颈，而性别给她们自身带来的种种性格上的弱点——情绪化，现已成为她们职业发展的最大障碍。

40岁女人一定要学会坚强，因为职场不相信眼泪，你可以有情绪，但发泄时一定要远离办公室，特别是要远离上司。

在很多人看来，姗姗是一个相当出色的职业女性——聪明、漂亮，有上进心，做事力求完美。但是，和她真正接触过的朋友，或和她一起工作过的同事们都十分清楚，她唯一的毛病就是爱哭！有一次她辛苦设计了一个月的方案，本以为一切就要完事了，但方案中一篇重要稿件却被头儿否定了。姗姗头一次碰到这种状况，立刻蒙了。接下来，全办公室的人都被姗姗响亮的哭泣声惊呆了——姗姗大雨滂沱地足足哭了10分钟！从此，姗姗便不再受欢迎。

女人到了40岁，千万不要在别人面前亮出你的底牌，要学会控制你激动的情绪，不要乱发脾气，不要轻易掉眼泪，要懂得如何"伪装"自己的心情、掩饰自己的表情，要勇敢地去面对失败和压力。只有这样，你才能赢得同事和上司的认可，才能顺利开展你的工作，才能为自己赢得那片深邃湛蓝的事业天空。

眼泪和脾气是女性的天性，这无可非议。但这对于你的工作是没有好处的，眼泪只能是让别人在私下里对你产生同情，而在工作上则会对你失去信任，如果遇到一点小小的困难，你就发脾气和流眼泪，而不能够独自面对，别人也会对你的能力产生怀疑。

第十一章 女人40要控制好自己的情绪——放下冲动，成就40岁的情商

女人40不再为吵架而吵架

吵架是一种沟通方式，只不过在沟通的过程中，如果你能把负面情绪从吵架中去掉，那么"吵架"就是帮助双方了解对方，增进双方融合，促进两个人成长的好方法。

有的夫妻吵架吵了一辈子，关系倒挺瓷实，好像越吵越稳固。有的夫妻吵着吵着就走进了离婚的大门，有的夫妻从不争吵，最终也难免分道扬镳。看来，吵架没有什么不好，是心理发泄的一种表现，是发表自己观点的一种方式。相反不吵架，压抑自己，或者维持表面的和谐，压抑到了一定程度再爆发会更加麻烦。女人40要懂得吵架的"艺术"，吵架也就没有什么不好，更重要的是可以驾驭吵架！

有的夫妻非常幸福、和谐，几乎看不到他们吵架。同样的状况，同样的起因，有人吵架"游刃有余"，不影响彼此的关系；有人升级，甚至在大脑中记下来转为仇恨，看来吵架还真是一门艺术。

1. 不要升级，到此为止。

有些夫妻吵着吵着就升级了，大打出手。这已经不是在学习吵架的艺术，而是要学习打架的艺术了。打架是暴力倾向，动不动就打架的婚姻，还是早点散了好，也许对谁都是一种解脱。

2. 不要人身攻击，就事论事。

吵架的原因无论是因为生活琐事，还是事业家庭，应就事论事，莫要对对方贴标签进行人身攻击，甚至翻出陈年旧账。本来吵架的事情已经让人不开心了，再贴标签就会让人刻骨铭心了。

3. 不要轻言"离了算了"。

有的夫妻吵架会很轻易地说，这日子没法过了，干脆离了算了。另外一个也回应，离就离，有什么了不起。时间久了，说着说着就成真的了。因为潜意识的力量是巨大的，婚姻不仅需要忠诚，也需要精心的呵护。

4. 吵架的原因是为了不满情绪的表达，吵架的目的是为了问题得到解决。

从吵架的起因上来说，许多是由不满情绪造成的。而不满来自沟通不畅，吵架是一种沟通的尝试。吵架是为了得到对方的重视，从而使问题得到一定程度的缓解和解决。如果夫妻能够把争吵降格为以解决问题为目的的交谈，将是争吵的一种转化方案。

5. 吵架中产生的"放弃"心态是最伤人的。

吵架往往由于"放弃"心态而升级。吵架的目的，是为了得到重视和问题的解决。如果一方采取了"放弃"方式，对方为了引起更高的重视程度，可能会采用"报复"的方式让吵架进一步升级。这种报复会演化出一种仇恨感，而由仇恨引发的行为往往具有很大的伤害性，甚至是不可挽回的。

6. 吵架提供了表达爱和满足爱的机会。

亲密关系中的吵架，为夫妻双方提供了一个强烈的信号。一旦吵架，双方应该立刻意识到，这是一个让双方的关系更加亲密的契机。在吵架的不满情绪下，掩藏着渴望被爱和被关注的内心。如果处理得好，在这个时候能够倾听伴侣的心声，将会极大地增加婚姻幸福指数。

7. 迁善让吵架化解。

迁善的意思是说，见到好的东西就相应地改变。在婚姻中，迁善可以最大限度地化解吵架。

吵架从本质上没有什么不好，它表达了一种沟通的愿望，可以增进双方的了解。相反不吵架，压抑自己，或者维持表面的和谐，到了一定程度再爆发将更加麻烦。懂得迁善的艺术，就可以驾驭吵架。迁善是一个自我完善的过程。在察觉自己由于对方的行为，而内心积累了不满的时候，要通过迁善和自己对话，问自己问题。迁善可以让自己看到更多的可能性，给自己一个选择更好处理方式的机会。迁善可以在吵架前就把吵架化解，也可以在吵架后帮助心理恢复。

8. 放下情绪，"立地成佛"。

俗语讲："放下屠刀，立地成佛。"吵架也一样，在吵架中给对方造成伤害最大的是我们的情绪。尝试着把情绪和吵架分离。吵架是吵架，情绪是情绪。试着在吵架中察觉到自己的情绪，并尝试着将其分离，不要带着情绪对待对方，学会放下情绪，不让情绪继续传染。

9. 可以吵架，但目标是要幸福。

没有人不想过幸福快乐的家庭生活，可很多人在生活中忘记了自己的目标，尤其在吵架的时候，双方都让情绪主导了自我。你要的生活是幸福、快乐、和谐。现在的吵架是你们相互了解过程中产生的，是个过程，你们的目标并没有改变，我们要的是幸福的生活。

任何夫妻也有吵架的时候。但是，这些吵架在你的记忆中却没有留下任何灰暗的血色印象，相反我们却感受到吵架的颜色是清晨阳光的淡粉色、淡黄色、淡蓝色，散发着大自然中土壤的馨香，它们是那样的柔软和温暖。为什么会是这个样子呢？

确实有太多的家庭，男女的吵架可以用惨烈来形容。两个人针锋相对，唇枪舌剑，恨不得用自己的话语把对方割得流血不止，有的甚至大打出手，而所有的伤害并不仅仅是肌肤上的淤青，已经深深地烙在了两个人的灵魂里，那是一种灰绿色的恨，就像长年无法痊愈的暗疮，一碰就会渗出血来。为什么会是这个样子呢？

　　世界上确实没有两个人是一样的，一对男女走入婚姻之中，一个全方位的融合的过程就开始了。婚姻的本质是将两个不同的个体，整合成一个内在的统一体，以共同的形式来面对外在的世界。两个人从外在行为习惯到内在观念系统完全不同时，可以想象他们之间的融合过程会非常激烈和缓慢。在这个过程中，两个人会有烦闷、孤独、窒息，甚至绝望的感受。

　　在街头偶尔会看到等待出售的圆笼子中的小松鼠，各种各样颜色的小松鼠，白色的，灰色的，褐色的，大眼睛的，尖嘴巴的，长尾巴的，它们可以是各种各样的，但是却都用小爪子不停地蹬着笼子的边缘，笼子不停地转，一圈一圈周而复始，它们越用力，笼子转得越快，但是不能改变的是它们永远还是在笼子里边。

　　这一幕让我们联想到的是婚姻中的男女，一次又一次地发生冲突，周而复始，就像被施了魔咒一样，只能一次又一次地痛苦，最后不得不分开。可是，造物主出的题，总是有办法解出答案的，我们觉得无能为力是由于我们的认识还有限，我们还没有打开视野而已。

懂得欣赏，生活才会更幸福

　　懂得欣赏，情人眼里出西施，不懂得欣赏，情人眼里也出仇人。

女人40如金——40岁女人进退取舍的人生博弈

经历了多年婚姻生活的40岁女人都明白这个道理：婚前睁大眼，是一种机敏；婚后睁一只眼，闭一只眼，则是一种睿智，"睁一只眼，闭一只眼"，绝不是麻木的忍让，而是彼此包容、彼此欣赏的更高的爱情境界。

天下没有绝对的缺点与优点。如果男人懒惰，那么他就会有更多的休息时间，使他有充足的精力去工作；如果他没钱，那么他会少一些出轨的可能，这样你也就不会整晚地想，都快十二点了，他是不是真的在加班；如果他长得难看，就会少些第三者出现的可能；如果他没有野心，他会把全部注意力集中在你和孩子的身上；如果他每天回家都一身的酒气，那他也是迫不得已，为了应酬，为了多留住一个客户，为了这个家。所以，对男人的缺点，也不能一概而论，而要一分为二地看待。

这里说的一分为二不是一半对一半、不分主次地进行拆分。一般来讲，要先看优点后看缺点，在发挥其优点的过程中克服缺点，而不是首先死抓着缺点不放。

每个人身上都有其独特的一面，也有不被人了解的缺点。正因为老公每天都和你在一起，老公的一切你都看在眼里，所以，不论是优点还是缺点，他在你面前都毫无掩饰。正因为你是他的妻子，正因为你和他朝夕相处，所以你常常会只看到他的缺点，把缺点看成全部，却忽略了他身上的闪光点。因此，当你发现心爱的老公有自己无法容忍的缺点时，应循序渐进地帮助他改进，而不是大肆指责。结婚以前，男人在女人面前，会尽量表现出能干与大度的一面；结婚以后，两个人就生活在一起了，夫妻之间难免有些磕磕碰碰，男人好像也不是婚前自己想象得那么完美了。面对眼前这个不完美的男人，抱怨、挑剔非但没有用，还会葬送了你一生的幸福，所以，聪明的你，不妨用另一只眼来看老公。

陈红的老公爱打麻将，交的朋友也常常是麻坛干将；不善读书，常读的文章都是关于足球的报纸；又不善交际，尤其不喜欢和领导拉关系；固执保守、刚愎自用；脾气暴躁、情趣单调……陈红想："咳！我要委托终生的老公，哪是这样子的呀？"

日子一天天地过去，平淡的婚姻生活没有一点转机，陈红终于无法忍受下去，决定出国去姨妈那边走走散散心。老公一直不同意她去。在办手续的那段日子，他依然与平时一样时不时地打理一下家务，擦一擦地板，洗洗衣服。陈红以为要和老公有一场艰苦的谈判，或者是亲朋好友的好心劝说，也许是一场恶吵，然后各走一方。

出国的日子一天天地临近，陈红心上的坚冰却一天天地在消融。试想：可容忍女人不料理家务的男人应该是宽容的，能迁就女人撒泼使性的男人是有涵养的，知道关心老婆和家人的男人该是个有心的男人，从不把香烟和烦恼带进家里的男人是沉稳有责任心的男人……当陈红拿另一只眼睛看老公时，发现的他优点还真不少。

老公爱打麻将，但却从不主动约局，往往是被别人三缺一叫走凑局；对他喜欢的事情着迷得到了忘我的程度，这就是执著，为了看足球世界杯，他可以一夜不睡；老公不善交际，却有着良好的群众基础，他走到哪儿，总有很多人聚到他身边一起侃大山；他的固执准确地说是定性强，现代社会诱惑多多，没有定性怎么成？保守吗，是有一点儿的，男人保守点儿不就是女人的福分？性情暴躁却不失温情，去年的生日他还送了她一束花。

人总不能十全十美，有缺点当然也有长处，作为妻子应该多多挖掘老公的优点才是，而不是一味地为老公的缺点来生气，因为夫妻之间哪能真生气呢？

第十一章 女人40要控制好自己的情绪——放下冲动，成就40岁的情商

让爱充满你40岁的生活

> 年龄不是一个女人的唯一选择，留住青春需要的是一颗永不认输的年轻的心。

女人40岁，应该是这样一个状态：带着春的生气，拥着夏的阳光，享受着秋的成熟，眺望着冬的安详。你在冬天里买春天的衣服，在秋天里唱过季的歌。萤火虫只在夏夜里闪光，白雪不会覆盖在月季花上，但你却有资格颠倒四季，有能力延长春天，有条件拥有爱美的本性、善良的人性、爱子的母性和爱家的天性。本性、人性、母性、天性是40岁的你经历过或正在经历的人生，有了这些，就有了爱世界的基础，而爱永远是春天的感觉。

林洁是一个让人羡慕的女人，她的脸上从来没有过烦恼忧愁，虽年近40岁，浑身却充满无穷的力量。她有着一份普通的工作，在一家杂志社做编辑，朝九晚五，固定的休息日，十余年如一日，若是有些人，肯定受不了这种可怕的安静，即使不被摧毁，估计也磨得没有知觉了，而她却不是，在她眼里每天都是五彩斑斓的好日子，用她的话说："这样的恩赐，你忍心把它浪费掉？"她不希望每一天白白从自己的生命中流走，除了工作、家务，她学画，写书，上网聊天，玩游戏，饭后茶余一家子逛公园，逛商店，打羽毛球，真是好不惬意。朋友夸她越活越年轻了，她也毫不谦虚，说自己从来都没老过，闺蜜问及她的秘方时，她说："心态好，想得开看得开，心情自然就放得开了。""就这么简单?""是的,就这么简单,另外再加一条:付出你的爱。"

　　林洁的话确实很有道理。一个女人到了40岁,不可能没有任何事情可牵挂,但你要告诫自己要活得无牵无绊,没有烦恼。你不必刻意地拘束自己不敢放声大笑,不要怕皱纹爬到脸上。人生本来就很短暂,既然我们留不住青春的面容,那么就保持一份充沛的活力吧,这样会让自己平淡的生活呈现出春天般的绚烂。

　　女人无法选择时间,但却可以选择心情。经过多年的风风雨雨,40岁女人对生活有了丰富的积累,性格不再那么脆弱,对家庭执著的爱已经成为一种生活的动力,为丈夫,为子女,无论做什么你都无怨无悔,付出是一种无私的快乐,把爱给了别人,把青春留给自己。十几年的婚姻生活,已经教会你,为人妻为人母就要准备付出更多的艰辛,付出更多的爱。因为你是生活和感情的顶梁柱,是丈夫和孩子的定心丸,没有你,家就不再是一个温暖的港湾,生活也没有了斑斓的色彩。

　　生命就是一个过程,每一个季节都有自己美丽的内涵:春天拥有绿叶的生机,夏天拥有鲜花的灿烂,秋天拥有红叶的成熟,冬天拥有白雪的深沉,而40岁女人拥有的是每一个季节中的亮点,她们没有在年龄这道门槛处受到羁绊,依然生活在青春的队伍中,释放着成熟与热情的魅力。

第十一章　放下冲动,成就40岁的情商——女人40要控制好自己的情绪

40岁女人应对婆家与娘家的经验

在对待娘家和婆家的问题上，40岁女人一定要做到一视同仁，甚至对婆家还要更好些。这不是讨好谁的问题，而是女人的智慧。这样你才能真正得到老公那颗心，而他则会不知疲倦地在外打拼，为你和孩子争取幸福！

爱情可以是两个人的事，但婚姻却是两个家庭的事情。两个成长背景、生活环境完全不同的人，组成一个家庭，这不是简简单单的一个男人和一个女人的相加，它涉及到隐藏在婚姻背后许多与两个家庭有关的问题。

40岁的女人自从步入婚姻的殿堂后，使原本没有任何关系的两家人变成了一家人，自己原本是父母身边的乖乖女，现在却成了另一个家庭的儿媳妇，称呼公公婆婆为爸爸妈妈，同时要开始面对和处理来自两个家庭的种种琐碎生活问题。在婆家、娘家两个家庭之间怎么周旋，并平衡两者的关系，是所有40岁女人要处理好的问题。家庭生活中的琐碎问题，说大也大，说小也小，如果处理得好，自然相安无事，如果处理得不好，不仅会影响到自己小家庭的生活，也会波及婆家、娘家两个家庭的平和。

贾雯和老公之间的感情那是没得说，为了多享受两年二人世界的幸福，两人婚后一直没有要小孩。可是，这两年她过得并不像想象的那么轻松，她被来自婆家的各种各样的问题缠绕着。

贾雯的老公是农村出来的，大学毕业后留在这座城市打拼。留在农村老家的父母随着年岁的增高，身体每况愈下，大病小灾常年不断，她的老公得隔三差五地给二老寄钱，同时还要贴补一下小妹的生活。

光是钱的问题她也就忍了，毕竟那是含辛茹苦把老公培养成人的公婆，小妹和老公同父同母，从小老公就很疼她，这也没有什么说的。关键的问题是，他们婚后贷款买的二室一厅也成了老公老家亲戚往来的收留、中转站。每次有老家的人过来，老公总是一副很谦卑的样子提前和贾雯商量，说这个亲戚是在他家最困难的时候给予过帮助的，那个亲戚是他上大学时借过学费给他的……总之，连她自己也想不起这样的事情发生过多少次，各种各样的理由有过多少种了。

每次在那些所谓的亲戚面前，她都给老公留足了面子，可在心里却很不是滋味。为此，小两口也闹过矛盾，最后总是以贾雯选择包容收场，因为她知道老公还是爱她的，抛开那些不开心的事情，老公对她还是疼爱有加的，小两口的日子也过得很滋润。

后来，在公司一帮好事且号称是经验丰富的"过来人"的指点下，贾雯尝试将自己的想法和老公沟通，并取得了很好的效果！老公现在对她更宠爱了，对自己的家人也体贴入微、照顾得无微不至。而且，最近他们夫妻二人还兴致勃勃地开始准备他们的"造人计划"。

经过"高人"指点的贾雯，和老公的沟通心得就是，老公的出身、成长等已成为定局的东西无法改变，既然已经选择了老公，并要继续和他一起生活下去，那么老公孝顺公婆，对曾经给予他帮助的亲朋好友给予回报，自己也应该给予理解。选择包容是最明智的。当然，包容也是有限度的，可以在尽量体谅老公的前提下，在可接受的范围内接受老公的家人和亲戚朋友，让老公觉得她是爱他的。

女人40如金——40岁女人进退取舍的人生博弈

同时她也将自己能接受的范围坦诚地和老公做了一次交代，她希望老公也尽量考虑自己的感受，如果有其他的"接待"方式可以选择，最好不要让自己的家庭生活受到太多的打扰。

贾雯想了很多，她明白家庭生活中的问题并不会因为一次沟通就消失殆尽。两个家庭之间这样那样的问题依然会层出不穷，但只要双方敢于面对，在彼此包容的情况下尽可能多为对方考虑、为自己的小家庭考虑，这样家庭问题就能处理好！

其实，婚姻生活中像贾雯这种情况的女性很多，面对刚刚组建的家庭，面对来自于老公家庭和亲朋之间的诸多问题，往往会显得尴尬或束手无策。不过，千万不要因此为难你的老公，影响你和你老公的感情。只要老公是爱你的，你也是爱老公的，你们就应该静下心来共同商量解决问题的办法。假如你和老公一时都找不到办法，不妨向那些有经验的"过来人"取经，办法是不难找到的。

婚姻不是两个人的事，它涉及到两个背景不同的家庭，乃至家族。假若你不接受老公的家人和亲戚朋友，那你老公又如何在他的家族面前抬得起头来。一个男人如果不能被自己的家人和亲朋认可，你又凭什么指望他在社会上出人头地，为你们的小家庭争取幸福呢？

第十二章

放下清高，成就 40 岁的低调
——女人 40 要高调生存低调做人

在生活中，有些 40 岁的女人很低调，在与人交往的时候，她们懂得宽容，懂得绕弯说话，懂得给别人留面子，懂得如何赢得人心。这种女人是魅力与智慧的结合体，她们洗去了 20 几岁的单纯与幼稚，磨去了 30 几岁的棱角与清高，她们拥有的是洞穿世间万象的明智。女人 40 要让自己低调一点，其实，这也是适应现实生活的需要，也是一种心态上的成熟。

女人40，要适当世俗一点

40岁的女人懂得人世间的冷暖厚薄，但她们不会落入俗套，她懂得什么时候进什么时候退，但并不是俗气的圆滑；她懂得与周围的人和事合作协商，但绝不会失去自己的原则。

对情商，你或许不会陌生，但是你听说过俗商吗？什么是俗商呢？俗商是一种看待问题和化解矛盾的生活艺术，通俗一些讲，就是人生活在这个世界上，用最有效的生存技巧解决发生在自己周围的一些事情。俗商是经过了一定的时间的打磨发酵而成的，所以40这个阶段的女人最有资格谈俗商。

俗商就像是一团面发酵的一个过程，如果用年龄来比喻的话，那么20岁只是刚刚着手和好的一团面，静静地放入生活的盆里，30岁就是面半发半没发的状态，而40岁就是面刚刚到了发好的火候，过了面就会发老。

女人40岁，拥有了这种生活的艺术，会把周围的一切看得更清楚，同时也更清楚自己，更热爱生活。她的人生也因此而变得淡然、平和、包容，面对人生的起起伏伏，她们不会逃避，也不会过度地自我，她们懂得站在别人的角度，去看待事物的性质，去体味生活的乐趣，从来不会和某一个问题较劲。她们大多学会了顺应环境，因为大自然的规律是无法改变的，就像人生活的环境，因此，她们自始至终都保持着与社会的和谐统一，保持着和他人积极协作的态度。她们把这份生活的能力，变成了一副圆融的眼光去看待周围的一切，持有着一份不慌不忙的心态走过人生的日日夜夜。

每个40岁女人都会有这样的设想和经历，在自己30岁以前，想的是怎样把这个世界看得清清楚楚、明明白白、真真切切，然后，按着自己看好的轨迹进入婚姻的殿堂。当走进婚姻以后，在了解了和明白了世界和生活真谛的过程中修炼数年，而后走进40，便拥有了一颗俗商的心，也具备了在往后的日子里拼搏的实力，从而成为一个内心真正有力量的女人。

拥有生活艺术的女人，她们随着年龄的增长，看人生的态度也有了变化，她们对身边的人和事不会再非此即彼地那样绝对了，她们获得了人世的金钥匙，所以对世界也有了一份拿得起放得下的轻松。

深谙世事的女人，具有一种"出污泥而不染"的气质，她们成熟自信地融入到生活中去，但不会成为生活的附件，她们是主导世界沉着应战的先驱者。

深谙世事的女人，她们不会放过一切看似琐碎而平庸的生活，因为她们深知，那里有着自己最需要的营养，从而不断地填充自己，充实自己。

深谙世事的女人，她们会不断地结识新朋友不忘老朋友，并从朋友那里汲取生活的甘露和精华，待自己细细品味。

深谙世事的女人，有着一双锐利的慧眼，周围的所有都在她们的掌握之中，但她们不会忘记自己经常做的一件事——自省。

深谙世事的女人，懂得积攒自己的人生经历，从而成为一种丰富的资源，也懂得瞬间捕捉他人的经验和感受，把它融入到自己的生活中，更懂得从别人不在意的一本书、一首歌、一幕电视剧里获得别人不曾注意和发现的东西，使之成为自己的经验。

女人40如金——40岁女人进退取舍的人生博弈

深谙世事的女人,更能游刃有余地处理好自己的生活。因此,处于40岁这个阶段的女人,在对待生活的态度和策略上要注意以下几点:

1. 40岁女人在困顿难耐的时候,要活得"糙"一点。人这一辈子没有一帆风顺的,成长的过程都会遭遇很多的意外和变故,比如爱情的迷茫,婚姻的破裂,工作的不如意等,当遇到这些困顿时,能解决的尽力去做,解决不了的就随它去吧,别跟自己较劲。活得"糙"一点,无所谓,不要感情用事,要用理智去考虑所面对的问题,这样就会摆正自己的心态。

2. 女人40岁不要再清高了,不要再举世皆浊我独清了。如果你持有这种高姿态的生活态度固然是可敬的,但处理不好就会成为生活的牺牲品,而且会输得全盘皆尽,没有给自己留下一点翻身的余地。人无完人,更何况是凡人,要学会从善如流,在嘈杂的世界里保持一缕内心的清静,便足矣。有时候觉得自己特别在意的事情,反而在别人眼里也可能就是过眼云烟。

3. 40岁女人做什么事都要有最坏的打算。即使自己做得很失败,但在做之前就已经想得比现在还要糟糕,相对而言,就会有一种成就感,会使自己变得更乐观、更自信。

40岁不是搬弄是非的年纪

女人到了40岁,应该懂得人情世故,懂得为人处世中的玄妙之处,更要做到低调,人生过了一半,你不要再像

30 几岁那样高调张扬了。

女人爱说人是非，也更容易被人说是非。女人三五个一群，就时常可以说个没完没了，上到明星谁谁最帅，下到某男人如何如何，某女人如何如何。说人长短、道人是非是不少女人的通病，有时候觉得说说没什么，但是总是说着说着就变味了，再被好事者一传，就有口难辩了，到时候怪罪下来，你也难逃干系。

曾经在路上看到两个女孩子在吵架，女人甲说，你为什么对别人说我被我男朋友甩了？女人乙说，我没有说你被你男朋友甩啊，我只是说你们两个性格不适合做情侣！女人甲气呼呼地说，我们两个性格合不合适要你管！女人乙说，那又不是我要你们两个分手的！要是你俩性格合适了能分手吗？而且你还跟别人说我暗恋那个谁呢！你也说我了，扯平了！

听了这样的对话，真让人忍俊不禁，这样的背后是非真是可爱，大概只属于年轻人吧！但是也从侧面说明了一个问题：女人真的是很爱在背后论人是非，不经意什么时候就祸从口出了。这个习惯不好，因为很多时候，说者无意听者有心，好事者稍做加工，责任可都在你身上了。

金无足赤人无完人，每个人在交往的过程中，或多或少都有摩擦。合不来的人，你可以远离，但是不要在背后评论是非，有扯是非说闲话的功夫，还不如去逛街购物、看书上网学习呢！所以，当你和别人一起聊天的时候，你要控制和管好自己的嘴巴，哪怕她们现在正在说的这个人你非常讨厌，也不要轻易发表你的看法，更不要去扎堆附和，那只是逞一时口舌之快，对你并没有什么好处。

你不喜欢的人、不喜欢的事，不代表所有的人看法都和你一致。现代社会的复杂性往往是令我们想象不到的，一个女人曾经很委屈地说，她不就说了一句她们公司的副总是靠裙带关系往上爬的……

第十二章 ——女人 40 要高调生存低调做人

放下清高，成就 40 岁的低调

265

还振振有词地说，这事情在她们公司又不是秘密，简直是公开的秘密，她说怎么就被开除了呢？原因很简单，因为哪怕这件事是真的，也轮不到你去数落这个是非，而且你说了又有什么意义呢？无端变成他人眼中钉而已，说了就能把别人从副总的位置上拉下来换你上？你不会有这样天真的想法，人家也不会，只是说的不好听了，嫌你多嘴，官大一级压死人，直接请你走人而已。吃亏的还是你，倒霉的还是你。这样说话显得多没劲，最终的结果还是害了你自己，是不是？社会的残酷性就在这里，很多时候往往不会给你辩解的机会的。

所以，如果聊天聊起他人的八卦，你可以不发言的时候就不要发言，如果必须发言时，说点好话也没有关系，哪怕是违心，总比说坏话来得好。就算没有人会因为你那几句好话而感激你，至少你不会损失什么，更不会祸从口出。顺便提醒你一句，有些话错了要勇于说，说话分场合看情况，尽量说好话，但是要保留自己的意见和态度，在恰当的地方说出来！

40岁女人应该明白：说话也是一门艺术，不要在背后说别人是非，搬弄是非的人往往会被人提防和讨厌，多说好话，为自己积聚人气，是你接人待物的必修课！

女人40要懂得"示弱"的艺术

向人示威，人人都会，向人示弱却只有少数女人才做得到，因为示弱更需要智慧和勇气。

第十二章 放下清高，成就40岁的低调
——女人40要高调生存低调做人

在日常生活中，我们常用"毫不示弱"来形容一个勇敢的女人，但时时处处不示弱的女人能得一时之利，有时却难成为最终的成功者。倒是有些女人，凡事忍让，不逞能，不占先，心境平和宽容，能抛除私心杂念，不受外人干扰，做事持之以恒。她即使遇到打击，也不会万念俱灰，因为心境平和，所以能处之泰然。这种女人跑得不快，但能坚持到终点。

聪明的女人，把示弱当成一种允许和必须的价值取向和人生态度，天生的柔弱气质，能够保护她在人生中得到呵护，拥有幸福。示弱是生存的艺术，柔弱是女人的天性，但在现代社会男女平等的浪潮之下，很多女人开始变得像男性一样独立强硬，这本来无可厚非，不过在生活中，聪明的女人即便不柔弱，也要懂得"示弱"，这是一种生活的艺术，是一种人生的大智慧。

人，无论是强者还是弱者，都有被人需要、被人尊重的需求，都有超越别人获得心理优越感的需求。太聪明、太独立的女人容易在事业上取得成功，可是一个女人的能力过强，会给他人以很大的压力，与之相处仿佛总是在提醒自身的无能和低劣，这样的女人反而让男人感觉不到温暖，很难与她分享浪漫。因此女强人们千万不要把职场上的咄咄逼人带回家，在爱人面前，要懂得迅速转换角色，要学会收敛过强的上进心和自尊心。"清官难断家务事"，夫妻矛盾的解决，既不能冲动，也绝不能靠逞强，只要心里有爱，不妨装装糊涂。一个常犯小错误但能力出众者降低了对他人的压力，缩小了双方的心理距离，既维护了他人的自尊，也满足了对方的好胜心理，因而也容易赢得更多人的喜爱。所以，越是事业成功的40岁女人，越要懂得示弱，"白璧微瑕"比"白璧无瑕"更能赢得男人的怜惜与喜欢，少一些指手画脚，男人会感觉轻松一些。

性格倔强的40岁女人，也常用强硬的态度对待生活，宁折不弯，不肯退让半步。但过分要强，会让身边的男人显不出自己的重要性。她们常常很"理智",却不够"聪明",在两性关系中,应该强调示弱,并且需要把它和适当的退让和放弃结合起来。这不是在否认女权和独立,而是如何去合理经营家庭感情,或是如何抱着一种正确的心态去寻找幸福。一句话,就是让自己看起来更像个传统意义上的40岁女人,而非一个赚钱机器或"女强人",但内心还是应该勇敢坚强独立。

在情场上,不肯向男人低头、拒绝男人的照顾,结果除了把自己弄得伤痕累累之外,大多只能落个独自垂泪的后果。刚劲的旋律缺了柔美音符的点缀所造成的遗憾,等同于女人不会示弱,从而丢掉了应有的魅力和美丽。

示威容易示弱难,面对困境与困难时,微笑是40岁女人防止自己受伤害的最好保护伞,别人暴跳如雷也好、心生怨恨也好,心存宽容,处处包容,始终沉着微笑,以不变应不变,然后终有冰释前嫌的一天。

美满婚姻需要女人不断调剂,热情时骄阳似火,让爱人情不自禁;而柔弱如蓓蕾初绽,更令人怦然心动。生活当中,适当地示弱不但是40岁女人的一种生存技巧,也是40岁女人的一种坦诚,可以帮助你赢得他人的信任与好感,使自己的发展之路更平坦。

与陌生人相处,适当示弱是一种真诚接纳的态度。但大多时候,你都习惯于在别人面前展示坚强美好的一面,自然地想掩饰自己脆弱不堪的一面,太在意在别人心目中树立完美形象,而那种形象多少是不完全真实的。有研究社会心理的专家指出,适当地在别人面前表现你比较脆弱的一面,才会让别人相信你有真诚交流的心,会让别人产生想接近的感觉,心理距离可以很快拉近。

生活中你也会看到,特别好强爱出风头的人总不如平和谦逊的人容易得到大家的喜欢与信任。

女人示弱是与男人和谐相处的一个妙招,这叫以守为攻。夫妻相处久了，容易对立，为一件很小的事情偏要争个高下，女人这样是很不明智的，本来家庭生活中就没有道理可言，而女人善于感情用事经常使道理变得更混乱。争论与执拗或许能取得一时胜利，却容易给男人留下不讲理的印象，伤害两人的感情，长此以往，两个人都会觉得无聊与疲惫，只有示弱才是明智的解决办法。40岁女人，你要明白，示弱不是软弱、懦弱、退缩，而是一种尊重、礼让和宽容。

女人到了40岁更要懂得保护自己

女人到了40岁，要保护好你自己，不要再给人伤害你的机会了。当你有隐私实在不说会难受到寝食难安时，不妨对着一棵大树说你的秘密吧，因为只有大树不会背叛你，当然，要确定这是一棵树后无人的大树！

新兰说她有一个很好的"闺蜜"，她们一起长大，一起读书，一起工作，彼此之间几乎没有秘密，一起交换和男人交往的心得。新兰无比地信任她的"闺蜜"，甚至她内心深处最难以启齿的秘密，她也会告诉她的好朋友。每次当她把心里的话倾诉给她的"闺蜜"之后，她就觉得心里痛快多了，仿佛身上压的重石一下子被搬开了一般轻松许多。可是，新兰工作的单位却莫名其妙地传言新兰曾经和上司"一夜情"，正是因为那个"一夜情"，新兰的工作才得以转正。新兰知道这件事后几乎是晴天霹雳。这件事只有两个人知道，一个是老板,一个是她的"闺蜜"。老板在"一夜情"之后一直在驻外分公司坐镇,那么惊爆这个秘密的人只有一个,那就是她最为信任的"闺蜜"!

新兰无法相信。直到她亲耳听到"闺蜜"和单位其他同事在厕所里聊她的八卦,说她残花败柳,说她勾引老板,她才明白自己犯下了多么严重的错误。有些秘密是永远都不能说出来的,有些秘密深藏于心一辈子、哪怕烂到肚子里也不能说……

好在这些事情没有传到丈夫的耳朵里,新兰说,但是她也不得不放弃了这份福利丰厚、升职在望的工作。她说工作不是最重要的,如果因为这件事影响到她现在所拥有的幸福,那就太得不偿失了。她现在依然觉得身边埋伏着定时炸弹,因为她的"闺蜜"实在太了解她的过去了。她甚至畏惧她的"闺蜜",生怕哪天一切都被抖出来,到时候她怕自己会失去全世界,她甚至做梦都害怕会失去丈夫和她现在拥有的家……

在你30几岁的时候,总有一些事情身不由己,你很可能会做一些让自己后悔一生的事,那些事情没有必要非要"坦白从宽",真的没有必要,谁没有做过错事?完美到零缺点的人也许有,但是很少。40岁以后的生活,才是你最应该把握的,过去的事情既然你已经没有办法改变,何不放弃呢?

每个人都需要朋友,当你遇到矛盾的时候,当你左右为难的时候,"闺蜜"往往会给你提出真诚的意见——前提是,她是一个真诚的朋友。女人的心思难以琢磨,朋友之间的交往是需要界限的,再好的朋友,你们可以一起奋斗一起努力,但是事关隐私的话,还是烂到肚子里吧。没有非说不可的必要,一吐为快的结果往往是你为自己埋下一颗定时炸弹。

倾诉只是一种方法,但不是所有的事情都"全盘托出"才能证明你们之间的友谊?这是一个切记、切记、切切记的问题,不要老去打探别人的隐私，更不要把自己的秘密动不动说给别人听，嘴巴长在自己身上时你可以控制，但是长在别人身上的嘴巴，你能控制吗？

40岁女人，说话办事要给人留面子

给别人一个台阶下，不仅是一种高明的生活方式，还是一种积极的生活艺术。

生活中，每个女人都免不了会处在尴尬的境地，此时，你若能够帮助对方摆脱尴尬，给别人一个台阶下，则常常会赢来他的信任，为你们的交往奠定良好的基础。毕竟每个人都有着强烈的自尊心，能够帮他挽回自尊，对他来说是一件值得感动的事情。而且，在你以后遇到类似的事情时，他一定会给你台阶下。

给别人一个台阶下，不仅是一种高明的生活方式，还是一种积极的生活艺术。例如家庭生活中，夫妻之间也常常会出现某些问题，此时，你若能够巧妙地给他一个台阶，必定会换来他更加忠诚的爱，生活也必定会更加幸福美满。

李玲和谢娜本是一对非常要好的朋友，一起上中学，一起读大学，最后还有幸在同一家公司上班。两个人在一起了这么多年，情同姐妹，让很多人心生羡慕。然而有一天，李玲却发现，她最好的朋友谢娜差点背叛了她。

那天，李玲因为工作的事情，要外出与客户见面。可她走到半路，却发现经理要的企划书忘记带了，这份企划书对她来说非同小可，因为这关系到她未来是否能够升职。而升职的候选人就在她、谢娜和另外一个女同事中产生。

无奈，她只有回家去取。可她刚刚走到楼下的时候，却发现谢娜慌慌张张地打开自己的房门，然后又四下打量了一番。小心翼翼地关上了房门。因为关系要好，她们一直都有彼此房门的钥匙。隔着窗户，李玲发现，谢娜正准备翻看自己放在床头桌子上的企划书。

按照常理推测，李玲此时应该怒发冲冠地冲进屋去，把她逮个正着。但是，李玲拼命地冷静下来想了想，如果她真的那样做，不但让谢娜难堪，她们十多年的友谊恐怕也会就此搁浅了。这是她最不愿意看到的结果。更何况她坚信谢娜并无恶意，只是想要升职，一时把持不住自己而已。但她也不能装聋作哑，否则自己的利益肯定会受到损失。

思来想去，她觉得这件事情最好的做法就是给谢娜一个台阶下，让谢娜自己意识到错误。冷静下来，她果断地拿起手机，给谢娜打电话说："娜娜，你现在在哪里呢？能不能帮我把我床头的企划书给我送到小区门口，我有点忙，没有时间上去了？"

五分钟不到，谢娜就出现了，她故作平静的脸上掩饰不住紧张和慌乱。李玲优雅地接过文件，真诚地说："真的谢谢你了！"然后骑车告辞。转过头来，李玲心里一阵难受。她心想：如果谢娜还没有意识到自己受到了伤害，那自己还要不要继续和她做朋友？

但最后的事实证明她的这一做法是明智的。后来，她如愿升职，而且与谢娜之间的友情更加坚定和甜蜜。而谢娜，对她不恨反敬，她曾经不止一次地告诉别人说，李玲是自己生命中见过的最聪明的女人。

40岁女人办事的过程中，适当给别人一个台阶下，不仅挽回了自己的友情和幸福，还赢得了他人的尊重。能有这样的结果，我们何乐而不为呢？俗话说"种瓜得瓜，种豆得豆"，你能够拥有什么样的结果，在你播下种子的时候就已经知晓。所以，与人交往办事，只要自己过得去，不妨给别人留几分余地。无论什么时候，都不要把事情做绝，宁可自己吃点亏，也应该适当给别人一个台阶下，这样别人会对你心存感激，在以后的办事过程中绝对不会再为难你。

很多人都意识到，与人交往、和人办事的时候，一定要尽量避免因自己的不慎造成别人下不了台。但是如果真遇到别人下不了台的情况，应该巧妙及时地为别人提供一个台阶下。那么，这个台阶应该怎么给呢？

1. 注意不露声色。

给别人台阶下的时候，最重要的是要使当事人体面地下台阶，所谓体面，就是要求旁观者很少或者没有人察觉。这才是最巧妙的台阶。一位客人在请朋友们吃饭时，十个人点了三瓶酒。服务员小马意识到可能是因为这位客人囊中羞涩，于是她不动声色地亲自给每个人斟酒。最后一道菜上来的时候，所有人的酒杯都还满着。客人非常满意，在以后的日子里经常光顾这家饭店。

2. 运用幽默语言作为"台阶"。

一句幽默的话能使对方在欢声笑语中相互谅解，彼此愉悦，这也堪称最轻松的"台阶"。在美国做访问时，一位美国友人的儿子鞋也不脱就爬上了冯骥才的床，站在上面拼命乱蹦。冯骥才心想：如果直接请他下来，肯定会使孩子和孩子父亲都不高兴，也显得自己没有礼貌。最后，冯骥才对这位父亲说："请你的儿子回到地球上来吧！"那位朋友很高兴地说："好的，我和他商量一下。"人活一张脸，树活一张皮。你在与他人交往的过程中，要懂得给他人留面子，必要的时候给对方一个台阶下。这样的女人，看似有点傻，其实她才是最聪明的女子，也常常能够换来他人的尊重。

办事要稳重，说话要谨慎

　　满嘴饭不能吃，满口话不可说，载物船不可装货太多，帆只可张满八九分，这些可是无数人生活智慧的结晶。人到中年，做人做事千万莫把话说死，别将事情做绝，留有回旋的余地，于人于己都有好处。

　　喜欢中国画的人都知道留白的重要，留白就是空出画面上那了无一墨的空白部分，这不仅仅是构图布局的需要，更可反衬主题，进而给观赏者以无限遐想的空间，所以有句行话说"留白天地阔"。同样，40岁女人要描绘出美好的人生，也要遵循这样的原则，做人做事要给自己给别人留有余地。

　　有句谚语说："人情留一线，日后好见面。"你无论是做人还是做事，都要量力而行、适可而止，用大度之心来看待是非得失，心态平和了，自然就乐意给人一个机会、一个空间、一个希望。与人方便，自己也方便，这实际上就是给自己创造了很多发展的机会。

　　建造楼群，都要留出一些余地给绿地、花草，让人们心情放松；铺筑路面，每到一定的距离，便要留下一条名为缩水线的"余地"，以免路面发生膨胀而破裂；高速公路每过一段路程，就要在路边留出一块"余地"，供有毛病的车辆应急停靠检修。

　　过去人们常说，己所不欲，勿施于人，而现在呢？哪怕"己所欲"，也最好"勿施于人"。比如我们喜欢吃的中餐菜肴，介绍给老外，人家不一定爱吃，千万别为了展示中华饮食文化是天下第一而强人所难。这正如生活中有人喜欢吃酸，有人喜欢吃甜，有人喜欢吃辣一样，各有各的口味，没必要强求人家改变口味，况且那也是改变不了的。

30岁的小柳在一家贸易公司做出纳，由于她工作干练，经验十足，工作业绩很出色。在公司里同事与领导都看得满眼，只是她个性比较强，很爱面子。40岁的同事老乔与小柳做同样的工作，虽然办事能力没有小柳强，但是老乔态度比较好，工作上遇到问题都能灵活地解决。

有一次，老乔在工作时忘登记了一样东西，月底汇总时主管发现了漏洞，就批评老乔做事马虎大意，以后要精心，害得主管在经理面前很没面子。老乔受了批评，她知道是自己一时疏忽造成的，就径自到经理办公室去道歉，主动承认自己的错误，保证以后不再出问题。经理很高兴，觉得主管工作做得很到位，员工亲自到自己这里来认错了。在一次会议上经理还当着大家的面表扬了主管，表扬了老乔。

小柳一次也出现了问题，将库房动用的桌子登记成了书柜，第二天用桌子就不够数了，后勤人员很恼火。主管月底也发现了，就在办公室批评了小柳，嘱咐她以后工作要细心，还让小柳到经理办公室认错。小柳觉得很委屈，屁大点事还要到经理那里认错，多没面子啊，一旦自己在主管与经理那里留下坏印象，以后还怎么在公司混啊！小柳说什么都不肯去。偏偏部门经理是个很爱面子的人，属下犯错误是可以的，一次改不了也可以，只要接受批评，态度端正就行了。小柳两次都出了问题，她一次也不愿去向经理认错。主管提醒过她好几回，说如果经理生气了会惩罚她的。小柳就是怕丢面子，始终不愿去。一个月后经理就让人事部将小柳调到后勤部了，整天布置会场，打扫卫生，搬运东西，又累又受气。小柳后悔当初

第十二章 放下清高，成就40岁的低调——女人40要高调生存低调做人

自己过于爱面子，如果承认一下错误，怎能干这份又脏又累的活呢？

这就是不同年龄阶段的女人不同的处事方式。不同的处事方式，带来的结果往往是不同的。

女人到了40岁，要学会给别人留面子，这才是成熟的为人处世方式。每个人都有自尊心，每个人都有好胜心，你想联络感情，就必须处处重视对方的自尊心，重视对方的自尊心，必须抑制自己的好胜心，成全对方的好胜心。也就是说，给人面子是联络感情的最好方法。自己丢了面子，却能赢得对方的宽容，或者挽回你的损失，还是值得的。

40岁女人要懂得隐藏自己

40岁女人比30岁女人更成熟，更有城府。40岁女人懂得把自己的聪明隐藏起来，这样可以减少竞争对手，还可以避免与别人发生不必要的争斗。

根据心理学家分析，当你表现得比朋友更聪明和优越时，那个朋友就会感到自卑和压抑；相反，如果你能够收敛与谦虚一点，让朋友感觉到自己比较重要时，他就会对你和颜悦色，也不会羡慕和嫉妒你了。

30岁出头的李静刚到公司的时候，最喜欢吹嘘自己以前在工作方面的成绩以及自己每一个成功的地方。同事们对她的自我吹嘘非常讨厌，尽管她所说的都是千真万确的事实。她与同事们的关系因此弄得很僵，为此，李静很烦恼，甚至无法在公司里继续工作了。

她不得不向40多岁的"老江湖"李大姐请教。李大姐在听了李静的讲述之后，认真地说："唯一的解决方法，就是隐藏自己的聪明以及所有优越的地方。他们之所以不喜欢你，仅仅是因为你比他们更聪明，或者说你常常将自己的聪明向他们展示。在他们的眼中，你的行为就是故意炫耀，他们的心里难以接受。"李静顿时恍然大悟。她回去后严格按照大师的话要求自己，从此，她非常认真地倾听公司其他人口若悬河的谈论。很快，公司同事们就改变了对她的态度，慢慢地，她成了公司最有人缘的人。

古希腊著名哲学家苏格拉底一再告诉他的门徒："你只知道一件事，就是一无所知。"而英国19世纪政治家查士德裴尔爵士则更加直接地训导他的儿子："你要比别人聪明，但不要告诉人家你比他们更聪明。"

无论你采取什么方式指出别人的错误：一个蔑视的眼神，一种不满的腔调，一个不耐烦的手势，一种难以让人舒心的脸色……都可能带来灾难性的后果。你认为对方会认同你吗？绝对不会！因为你否定的不是一件事，而是对方的能力和智慧。你的直白会打击一个人的荣耀感和自尊心，用三毛的话讲，在此时，你用你的聪明伤害了他的骄傲。所以多数情况下，他非但不会改变自己的看法，还会进行反击。这时，你即使搬出柏拉图、康德、黑格尔也无济于事。

一个女人知道了别人都不晓得的事，难免会产生一种优越感，对于你这种别人不及的优点，你必须隐藏起来，以免招祸。

齐国一位名叫隰斯弥的官员，住宅正巧和齐国权贵田常的官邸相邻。田常为人深具野心，后来欺君叛国，挟持君王，自任宰相执掌大权。隰斯弥虽然怀疑田常居心叵测，不过依然保持常态，丝毫不露声色。一天，隰斯弥前往田常府进行礼节性的拜访，以表示敬意。田常依照常礼接待他之后，破例带他到邸中的高楼上观赏风光。

第十二章 放下清高，成就40岁的低调 —— 女人40要高调生存低调做人隰斯弥站在高楼上向四面瞭望，东、西、北三面的景致都能够一览无遗，唯独南面视线被隰斯弥院中的大树所阻碍，于是隰斯弥明白了田常带他上高楼的用意。隰斯弥回到家中，立刻命人砍掉那棵阻碍视线的大树。

正当工人开始砍伐大树的时候，隰斯弥突又命令工人立刻停止砍树。家人感觉奇怪，于是请问究竟。隰斯弥回答道："俗话说'知渊中鱼者不祥'，意思就是能看透别人的秘密，并不是好事。现在田常正在图谋大事，就怕别人看穿他的意图，如果我按照田常的暗示，砍掉那棵树，只会让田常感觉我机智过人，对我自身的安危有害而无益。不砍树的话，他顶多对我有些埋怨，嫌我不能善解人意，但还不致招来杀身大祸，所以，我还是装着不明不白，以求保全性命。"

这一段故事告诉你，知道得太多会惹祸，有些事即使你知道了，也要装作不知道。女人40要低调做人，千万不要小聪明，让自己始终处于冷静的状态，你才能赢得更完满的人际关系。

放下30几岁时的自命不凡

40岁女人应该懂得低调，不能因为别人与自己脾气不同，身份有异，价值观不一致就显示出不耐烦或瞧不起别人的样子。

女人30刚出头，一般天生骨子里就散发着一股清高劲，凡事有自己的一套行为标准，有自己的做人原则，一旦别人的举动不在自己的标准和原则之内，就开始疏远、鄙视别人。而40岁女人，一般在骨子里就透着一股亲和力，想他人所想，虽然她也有自己的原则，但有时候她也能"随大流"，办事灵活，主动与人亲近。这就是30岁女人与40岁女人之间的差距，这也说明了人都是在成长的。所以，我们说，女人30如银40如金。

莉莉所在的工厂很大。她开始进工厂上班时，工友们都很喜欢这个30岁刚出头的大姑娘。莉莉在工作中发现，一个小时加工300个部件很容易，但是，她周围的工人平均只加工200个，并告诉她要放慢速度，悠着点。莉莉心想："为什么要放慢？我喜欢多干！而且你们一个个生产效率这么低不是有损工厂利益吗？"

因此，她仍然坚持每小时加工300个部件，并认为工友们都是些懒惰、爱占小便宜的家伙！还没等她鄙视完她的工友，她就发现，工友们早已不愿意搭理她了。只要莉莉过来，人们就停止了谈话，有时大家还笑话她！虽然她从未有意识地讨好大家，但她的产量一个星期后也下降到了每小时200个，很快她又融入了工友之中。

从上面的这个故事，我们可以看出，莉莉开始的清高，让她的同伴们有意地疏远了她，她把自己孤立起来了。清高，"清"意思是无色，洁净；"高"又代表着高处不胜寒。那些自认为洁净的人往往被人孤立。清高的人常常独来独往，并不是因为他们喜欢这样，而是他们认为自己鹤立鸡群，周围的人都不配与自己一起交流，一起娱乐。这样就免不了被他人疏远。

所谓"木秀于林，风必摧之"。从心理学的角度来看，任何的群体都有维持群体一致性的特点。对于同群体保持一致的成员，群体的反应是喜欢、接受和优待。而对于偏离者，群体则会厌恶、拒绝和制裁。因此，任何对于群体的偏离都有很大的冒险性。

很多年轻女人被同伴疏远了都不知道是怎么一回事。认为自己

第十二章 —— 女人40要高调生存低调做人

放下清高，成就40岁的低调

女人*40*如金——40岁女人进退取舍的人生博弈

不过是坚持了自己的原则，却受到他人的排斥。问题就在所谓的"自己的原则"上，经常，你所坚持的原则并非真正的原则，而是自己的偏好甚至乖僻，由此产生与他人的格格不入也就是很自然的事情了。

有句话叫做"水至清则无鱼，人至察则无徒"。水太清了，鱼就无法生存，要求别人太严格了，就没有伙伴。所以，女人40做人不要太苛刻，看问题不要过于严厉，否则，就容易使大家因害怕而不愿意与你打交道，就像水过于清澈养不住鱼儿一样。

经常有年轻人说："我不喜欢和他们玩，他们太爱招摇了！""我不喜欢和他们共事，他们都太俗了！"当别人劝她别太清高时，她会说："那可不是我的性格，我的理想可不是靠这个去实现的。"比如，在工作上，一些刚参加工作的年轻女孩，突然进入一个新的环境，对这个看不顺眼，对那个也不喜欢，认为老板没多大本事，认为同事都不如自己，对公司的制度不满意，对一些潜规则更是不屑一顾。在社会生活中，一些自认为有个性的所谓"愤青"，自我感觉良好，自命不凡，总觉得自己超凡脱俗，对一些人情世故看不惯，甚至唾弃、鄙视。如果这种不满的情绪时常表露出来，肯定是对自己的人际关系非常不利的。

如果你要融入某个圈子的话，就不要太挑剔圈子成员的某些共同的、在你看来是缺点的"缺点"。不要自己把自己孤立起来，要懂得和周围的人打成一片。

因此，女人40，千万不要再像30岁那样自命不凡，自以为了不起，对周围的人一律瞧不起了。实际上这样做是愚笨至极，更是得不偿失。你等于自己给自己砌起一道高墙，有意割断与别人的自然联系，让自己陷入孤家寡人的绝地。

40岁女人应该懂得低调。不能因为别人与自己脾气不同，身份有异，价值观不一致就显示出不耐烦或瞧不起别人的样子。殊不知，

280

在别人眼里，你就是个脱离群体的怪人。因此，即使你真是高人一等，也要懂得放下架子，放下学历，放下背景，踏踏实实地，谦虚地向人学习。更何况有时候只是我们自我感觉良好。即使你真的很优秀，在别人面前你也不可能有绝对的优势。

有一天，一名大学教授到一个乡村游山玩水，他雇了一条小船游江，船开动后，教授问船夫："你会数学吗？"船夫回答："先生，我不会。"教授又问船夫："你会物理吗？"船夫回答："物理？我不会。"教授又问船夫："你会用计算机吗？"船夫回答："对不起，我不会。"教授听后摇头说道："你不会数学，人生意义已失去三分之一；不会物理，又失去六分之一；不会用计算机，又失去六分之一；你的人生意义总共失去三分之二……说到这儿，天空忽然飘来大片黑云，眼看暴风雨就要来到，在暴风雨笼罩的江面，小船是很危险的。船夫问教授："先生，你会游泳吗？"教授一愣答道："不会。"船夫说道："那你的人生意义快要全部失去了……"

在某些方面，即使不同意别人的观点，也要谦虚一点。如果你做不到这点，那么你至少要懂得尊重别人，礼貌待人。你可以不同意别人的说法，但是你要尊重别人说话的权利。你用不着刻意奉承别人，但你一定要学会真心地赞美和欣赏别人；你不一定要请客送礼，但你至少不要吝啬自己的微笑；你不需要说那些言不由衷的话，但要懂得尊重别人的感受。

记住，人到了 40 岁，就得在一些人和事上妥协，放下清高的架子，不妨做一个低调而沉稳的女人！

第十三章

放下烦躁，成就40岁的从容
——于从容中绽放40岁的精彩

女人迈过了40的门槛，开始慢慢告别热烈、灿烂的青春季节，岁月不只是刻在你的脸上，更沉淀在你的心里。这时的你，被一种淡然、从容、柔和的氛围所包围，淡淡的风，淡淡的云伴随的是淡淡的梦。从容的女人总是笑看人生，只有经历岁月的沉淀，女人才会从容地拥有选择权。

在从容中品味幸福的味道

> 旅行、音乐、舞蹈、画画、游泳……凡此种种,只要是你喜欢的事,只要条件允许,你都可以尽情去做,这样你的40岁人生才会富有生气,时刻洋溢着美的气息。

在物欲横流、气息浮躁的现代社会,从容、自信不经意间竟成了种奢侈品,尤其是对于女人而言。40岁的女人如果拥有了从容自信,你就多了一份魅力、一份成熟、一份坚韧、一份优雅,你的美丽人生将在这份从容和自信中精彩绽放!

姚娜现在是一名成功的外企管理者。早在几年前,一起走出校门的同学还在为自己的饭碗苦苦挣扎时,她已经是外企的一名拿着高薪的白领。如今,她事业、家庭、钱财样样不缺。更让朋友们羡慕的是,她没有像身边的很多女性那样牺牲自己的健康或容颜去换取今天的一切,40几岁的她看上去依然那么精致、神采奕奕,岁月似乎没有在她身上留下任何痕迹。

朋友们问她成功的秘诀时,姚娜淡淡地说:"其实没有什么,就是要保持一份从容淡定、不失自信的心情,就这么简单。"当然,要养成这样的心态,也是需要一个过程的。

姚娜刚参加工作时,和许多人一样,总感觉有做不完的事情,时间不够用,她因此放弃了自己的很多爱好,甚至很少参加家人和朋友的聚会,结果还是把自己搞得疲惫不堪。不仅工作上没有起色,精神上也更加空虚，没那么自信了。后来，有着多年工作经验的爸爸向她建议："从明天开始，你每天早出门半个小时，一切都会好起来的。"姚娜不解地看了父亲一眼，她并不能完全理解父亲的话，但无奈之下她决定从明天开始试一下。

第二天，她开始比正常时间早半个小时出门。当她走到公共汽车站时，发现等车的人还不是很多，到了车上又发现有许多空位，比平时人挤人的状况惬意多了。而且，由于避开了上班高峰期，没有遇上交通堵塞，她很快就到了公司。离上班还有一段时间，同事们都还没来，她一边悠闲地听着音乐，一边整理自己的办公桌，并梳理了一下今天要做的工作。

当同事们都匆匆忙忙地打卡、手忙脚乱地打开抽屉时，她已经泡好了一杯热茶，准备好了工作所需要的资料，接下来的工作便井然有序，且效率极高，不到中午下班时间，她就完成了全部工作。于是，她有了充足的时间去享受一顿丰盛的午餐。这样一来，她在下午的工作中精力就更显充沛，脸上也更加从容自信，不仅顺利做完了一天所有的工作，而且还有时间审视工作中有没有遗漏和做得不好的地方。而此时的同事大多还在手忙脚乱、疲惫不堪地赶工作。

姚娜万万没有想到，早出门半个小时竟然能使自己在这一天感到如此从容自信。她从心底里感激年迈的老父亲，是这半个小时教会了她如何掌握时间和命运的主动权。在以后的工作和生活中，她将这种心理上的主动权进一步发扬光大，并逐渐使之成为她为人处世的一种心态和习惯，于是，一个优雅、成熟、淡定的女人出现在同事们的眼前。

40岁的女人面对年龄危机、面对来自生活和事业上的压力，最重要的是要保持一颗从容淡定的心，美好地看待生活。有了这样的心态，一切压力和烦恼都不会成为你生活和事业上的障碍。要养成从容淡定的心态并不难，以下处方就能帮助你达到这样的目的：

第十三章 放下烦躁，成就40岁的从容——于从容中绽放40岁的精彩

1. 40岁继续将你的优点发扬光大。

如果40岁的你已经开始固执地认为自己不再年轻，自己的身材和容貌已经不能再用美丽来形容，那么你应该为自己列出一份长长的清单，将你能想到的自己所有的优点和缺点都详列其中。然后，你再仔细看看，其中哪些特点是你欣赏的、哪些是你排斥的、哪些是你想改善却一直没有改善的。然后将单子上的内容慢慢地转移到自己的脑海中，扪心自问：如果我想更加喜欢我自己，我能做些什么？我还有哪些美丽潜能没有发挥出来？最后，你需要做的就是将答案写出来，着手设计自己以后的美丽生活。

2. 女人40岁要好好保养自己。

女人的一生都是美丽的，所以美丽是女人一生的追求。只是每个年龄段的美丽各不相同，要求有所不同而已。作为40岁的女人，你应该知道自己所处的年龄应该展示什么样的美丽，并开始着手打扮和保养自己，让自己每一天的心情都跟着自己的衣装美丽起来，既不为虚荣，也不为取悦谁，只是对自己热爱美丽生活的一种从容展示和自信表达。

3. 丰富自己的业余生活。

缺乏自信的女人绝大多数都是兴趣爱好比较少的人。她们总是把自己封闭在工作和家庭之间，没有自己的兴趣和爱好，除了工作和家务活儿外，她们的业余生活枯燥无味，久而久之，美丽的心灵就干涸了。所以，40岁的女人，爱老公、爱事业，爱家庭，这些都是值得推崇的，但在付出爱的同时，一定不要失去了自我。如果你不再是一个"丰富"的人，那么很多美丽的东西都会离你而去。一个真正懂得生活的女人，往往也是一个丰富多彩、有滋有味的美丽女人。

女人40，要从容淡定地面对生活

女人40，要从容、优雅地漫步在人生的又一个黄金时代，要去体验由这独特的年纪所带来的自信、自立、积极进取、快乐与活力、爱与被爱等诸多幸福的感受。

二三十岁时的单纯懵懂，是人生的必经历程；岁月的积累，让逐渐成熟起来的女人充实、丰盈，散发出独特的韵味。40岁的女人，从浪漫的神坛上走下来，为自己的爱情生活注入了人间烟火的气息，虽然少了一些激情，但却明白了爱情和婚姻的本质，懂得了婚姻可能是平淡的，但并非是枯燥的。

40岁女人学会了把浪漫、体贴、温柔、宽容、细腻酿成一杯鸡尾酒。对于情感，要做到"不以物喜，不以己悲"太困难了，但应该懂得缘分和感情是不能强求的，重要的是怀着一颗平常心，静静地等待。

40岁女人对生活乃至生命有了全新的感悟。因为成熟，她们不再为人生的失落和挫折大喜大悲，她们理解那是生活的必然；因为成熟，她们不再为爱情的跌宕起伏而沉沦，她们知道有些时候自己必须停下来歇口气，并且耐心等待；因为成熟，她们不再随波逐流，她们相信适合自己的才是最好的；因为成熟，她们不再担忧未来，她们相信积累和阅历会让她们更加从容地拥有选择权。

青春的花开花落使女人有些疲惫，四季的风花雪月让女人有些

女人40如金
——40岁女人进退取舍的人生博弈

憔悴。世事的纷乱，滚滚红尘，磨砺着40岁女人细腻柔软的心。迈过了40的门槛，开始慢慢步出热烈、灿烂的青春季节，岁月不只是刻在40岁女人脸上，更沉淀在40岁女人的心里。这时的女人，被一种淡然、从容、柔和的氛围所包围，淡淡的风，淡淡的云伴随的是淡淡的梦，从容淡定的女人总是笑看人生。虽然她们不再青春逼人，也许容貌刻上了岁月的印痕，但自信坚强的女人不会惧怕岁月在她们脸上走过的轨迹。也许病痛已经在折磨着她们的健康，或许世态炎凉已把她们年轻时的梦打碎，但她们永远不会灰心。人生路上，她们仍会以矫健的步伐勇往直前，把欢乐和笑声传递给他人。她们是生活中的强者，也是最具人格魅力、最美丽的女人。

从容淡定的女人总是微笑着面对生活，面对环境。她不为日常琐事而计较，不为生活的压力而焦虑，不为儿女情长而痛苦。失意之时，她用笔记录潮起潮落的心绪，寄给远方的亲友一同勉励；挫折面前，她告诫自己要重新振作，适应新的环境；苦难面前，她鼓励自己跨过沟坎，去拥抱新一轮的太阳。

40岁这个年龄，和其他任何年龄段一样，只是个符号，没有什么特别重大的意义，然而也正如每个年龄都有它独具特色的优势一样，40岁女人所体验到的生命实质，的确韵味无穷。所以，无论你是否将要、已经或者正在经历40岁，对于这个特别的年纪，谁都想留下自己的一些记忆。40岁，你懂得了做女人的滋味，沏一杯香茗，或是在雨夜、雪天，或是在音乐缭绕中，去品味自己的花样年华。

人到中年，你的理想不用太高

> 有时要忘记许多太高贵的东西，反而要时时记住自己只是一个人，尽力而为就好了。

为什么从来没有人告诉你，当一个平凡人真的很快乐呢？有一次宋佳女士去一个地方演讲，那是一个妇女团体，几乎每一位都是平凡的家庭主妇，她们每个人都笑容满面，十分亲切，都年近40，孩子们也大了，她们就在午后时光聚在一起学习一些理财、烹饪、花艺、生活专题。虽然这几年经济不是很好，许多人都为了生活忙到焦头烂额，可是宋女士遇见的这些40岁女人，每一位都有稳定的经济基础，稳定的家庭生活。她们当然还没有优裕到可以每天做SPA、每天买精品，但是某种程度上已经可以说是无忧无虑了。

当媒体一直宣传着嫁入豪门的种种幸福、优裕的时候，这些很遥远的美梦造成很多现代女性有压力，为了要达到那样的境界，你迫切要做的事情就是改变自己，改变自己的容貌、身材、说话方式、工作和居住环境，如果可能，恨不得也改变自己的家世背景。你追求着一个很遥远的梦，就连你所做的努力也变得很虚幻，到最后，你不是虚晃了青春一遭，就是被别人制作的梦给骗了人生。这种梦想，是现代人无力感的来源。

有些年轻女人做着一步登天的梦，才入社会不久，就希望自己立刻成为亿万富翁。媒体宣扬着许多年轻、理财有道的人，让很多

女人40如金——40岁女人进退取舍的人生博弈

人迷失了方向，有些女人甚至贷款去投资，到最后反而落得债务累累。因为她们追求的是一个很不切实际的梦，所做的努力也一样不切实际。这种梦想，是让女人在困难的时候更迷惘的源头。环境越不景气，理想就越不切实际，因为除了一个梦，好像再没有更好的地方可以去，也没有更好的力量可以抵抗现实的种种难处。而宋女士所遇见的那些女人们，过的生活其实很平凡，但是身边没有那些太不实际的梦，就没有太多无力感。她们只是很真实地面对每一天的生活，家里的菜没了，就上街去买菜；上课时间到了，就到教室来上课；晚饭时间到了，就回家做饭。她们面对的生活很简单，也都可以处理得了，不需要想太多，只是抱着简单的心情过日子，这就是一种平凡的幸福。

其实，这些40岁女性赢在早早就知道安排自己的人生，她们没有做过太昂贵的梦，假如遇见一个能正常给她们爱和家庭的男人，她们就决定结婚，然后生孩子。这些过程虽然也让她们早早结束了单身女子的惬意生活，却也让她们早早就学习如何应付复杂的家庭成员，应付整个家庭的经济问题。当别人还在当大小姐陪着光鲜亮丽的男友们喝下午茶的时候，她们正在家带小孩、煮饭，面对一个柴米油盐的生活。过了几年，她们已经可以适应这样的生活，那些关于家庭的问题再也难不倒她们，也不再困扰她们。再过几年，她们渐渐有了自己的城堡，有了金钱支柱，也有了家庭支柱，她们可以选择自己要过的生活方式。她们当初之所以愿意很果断地走入婚姻，不只是因为爱情，而是她们已经想好到了人生这个阶段，她们要过舒心的生活。什么是舒心的生活呢？那就是不用紧张因为老去而减少选择对象的机会，也不用紧张因为老去而渐渐孤独的心情。

女人结婚会老，不结婚也会老，岁月对任何人都是平等的。老了之后人就会无可奈何地变得弱势。老了究竟要如何照顾好自己？只有自己可以决定。这些平凡的40岁女人决定用最平凡的方式来决定自己的人生，也包括面对其中的难处。

这些40岁女人之所以愿意选择平凡，只是因为她们认清这是她们唯一可以努力得到的梦想。如何努力？就是认真选择对象，认真恋爱，认真生活，认真面对困难，如此而已。每一个人都应该接受自己的缺陷，你也应该接受自己最悲惨的人生。这种接受不是忍耐，而是一种潇洒。有一些日进斗金的女老板，经过环境变化而失败了，最后落得破产的境地，一无所有。有些女人选择把自己封闭起来，好像已经决定从40多岁之后就要用这种方法惩罚自己的失败一直到死；可是有些女人却选择站起来，走出去求人给她一个工作，时时想着她要怎么重新站回自己的位置上去；而有些人没有接受事实，像赌徒一样，从那么高的山上掉下来，却只想着到处找直升机把她接回去。

接受现实的女老板卖掉了名车，卖掉了好房子，从一天进账数千万元，到一个月就等着那三万元不到的薪水，她的衣食住行全部压缩上百倍。别人看她的眼光，人情冷暖，是她每一天都要面对的，但是她说她很庆幸她还能有所选择，选择找到一个好时机往上爬，或选择就像这样过着平凡的生活到老。有选择就可以做一些努力，有努力就可以做一些改变，很好啊！她说这样也不用就此放弃，至少不用流落街头。至于那些可怕的冷暖人情，她说，她只要接受自己现在的情况，就可以接受那些人的无情了。至少她还有机会，还有努力的空间。

不管命运给你多少东西，你始终要怀抱着惜福的心情，虽然你不必人格伟大到要去布施付出，但是至少自己所拥有的一切要珍惜。你至少要珍惜身边对你好的人，珍惜物力，也要珍惜自己努力得到的名利。如果你珍惜，这些人或物就会和你紧紧相随。你常常看到一些人，富贵的时候就忘记苦难时的朋友，看轻自己苦难时的物质，一碗饭、一颗鸡蛋是如此微不足道，哪里比得过鱼子酱、鹅肝酱的

第十三章　放下烦躁，成就40岁的从容——于从容中绽放40岁的精彩

美味？一件平常的衣服也微不足道，因为它再也没资格穿上他们富贵的身体。

交富贵的朋友，做富贵的事情，可以的话，甚至想欺骗自己就是生来富贵命，他们根本就是属于这些昂贵和奢华生活的。他们遇见的人只有比他们更好的，没有比他们更差的，为了高攀比他们更好的人，他们只有付出更多金钱去和这些人吃饭、交往。但是却没有想过，别人在追求的也是更富贵的人，自己想办法去穿鞋，在别人眼中可能还是猴子。

为什么老祖宗要说，做人不能忘本？其实也是不能忘记自己一开始努力那种执著、认真、珍惜的心情，你就是因为有这样的心情才成功的，如果失去了，你同样也会失去后来所拥有的一切。

面子是一时的，里子才是永远的。你应该忘记环境的虚假、人的虚幻，别人怎么看你，你也还是自己；环境怎么给你，你也只需要一张床一碗饭。最重要的是，人到40不要失去了自我。

要确定人都是怕死的，包括你我在内都很怕死，所以你千万不要逞英雄，做一些生死边缘的事情，当你说不怕死的时候，其实你只是离死亡不够近。要确定人都是怕穷的，所以当你有钱的时候千万不要挥霍，逞强去做一些你做不到的事情，包括好事情或坏事情，因为当你说非花钱不可的时候，只是因为你还有钱花，如果你今天身上只剩下十块钱，这些非花不可的钱其实都不用花。

确定人都是自私的，所以不管是你身边的应声虫，还是掌声部队，都没有你想象中的那么爱你，他们可能只是希望从你身上得到一些好处而已。如果你老是不给好处，又继续好运下去，那么，他们最希望看到你跌倒。

让你在某时某刻一起忘记那些昂贵的梦想，重新审视自己内在的声音，看看自己能做什么，不能做什么。把这些整理出来之后，你一定会发现，比起怀抱那些高不可攀的梦想裹足不前的时候，你

292

这一刻能做的事情太多了。所以，40岁女人的理想不用太高，先确保自己老有所终最好！

"40智慧"——大彻大悟之后的坦然

"40智慧"是一种人生体验到极致的感悟，是感悟到极致的平静，是一种"淡泊以明志，宁静而致远"的最高境界，走过40岁的女人更有资格去品尝这份成熟与智慧并存的别样风情。

智慧对男人来说是睿智与深邃，幽默与潇洒，对女人来说是博爱与仁心，是自信与干练，是大度与平和，更是在得到与失去之间慧心的平衡。在这个世界上，没有哪个人天生就被人称赞或赞美，即便是上天赋予了无穷的智慧，那也需要用一把钥匙来慢慢开启。

让20岁的女人拥有青春亮丽的美，30岁的女人拥有丰腴妩媚的美，40岁的女人拥有成熟豁达的美……每一种美都有它骄人的亮点，就像如今已走过半生的你，走过了花季，来到了40的门坎，深知鱼和熊掌不能兼得，所以你要选择智慧美。

古称"腹有诗书气自华"，"秀外慧中"，女人的娇颜和气质因"慧中"而更显得熠熠生辉。女人到了40无法挽留青春的影子，却更容易吸引"慧中"的青睐，随着智慧的积累而不断成长起来的女人，是一种果子熟透的美，是一种由内而外所散发出的美，是一种令人欣赏和赞叹的美。

女人40如金——40岁女人进退取舍的人生博弈

有人说，一个女人到了40岁才算是真正的成熟，因为这时的她们才真正懂得了生活，懂得了社会，懂得了家庭，也懂得了自己的人生价值。

40岁女人在忙碌的生活中，不断为自己充电。工作之余带着孩子去图书馆走走逛逛，既博览了群书，获得了广博的知识，又让自己的孩子懂得了学习的重要性，还培养了平时没有时间建立的母子情，可谓"一箭三雕"，何乐而不为？！

40岁女人与周围的人相处平和，取人之长，补己之短。岁月磨去了尖锐的锋芒，她们变得更豁达，更宽容，更懂得珍惜拥有和谦虚让人。她们掌握了生活的主动，更懂得去追求美的权利和自由，所以时时会告诉自己：最美丽的天使就在自己身边，她们不会放弃也不会退缩，勇敢地为自己赢得了一片片灿烂的天空。

"不要羡慕别人所拥有的，要羡慕自己的才对。因为自身有许多别人所没有的东西……"这是一位青年作家曾说过的话，现细细拿来品味，还真有一番意味和哲理，春兰秋色，各有芬芳。40岁女人学会了追求赞美和被别人赞美，她们用智慧的武器把自己认识得更全面，也更深刻，岁月一点点挖掘出了她们内在的潜力，届时才发现自己原来有这么多"美不胜收"的优点。

有人曾说，智慧是女人一种永恒的哲学，一个女人因拥有智慧而让自己轻盈的气质变得厚重起来，一个女人也因智慧的存在而让自己变得更加引人注目。她们谈吐不俗，气质超人，即使是在人头攒动的大街小巷也会显出一种"鹤立鸡群"的魅力。

智慧于女人是不可或缺的保养品，获得它的根本途径便是饱读"诗书"。漂亮的容颜已不再是女人独傲群芳的武器，浑身洋溢着的高贵气质以及言语间流露出来的知识修养，使她们显得与众不同，书是她们经久耐用的"时装"和"化妆品"，使她们焕发出异样的光彩。

在这个因女人的存在而变得多彩的世界里，时尚而智慧的女人更懂得抽一点时间为自己的心灵扫扫尘土。她们明白真正的智慧是一点一滴累积起来的，就如同盖一间屋子，年轻时所打的只是一个根基，中途的一次休息，只是为了以后更好地展现女人的风采。她们知道婚姻是加油的一个驿站，心灵得到了满足以后，扬帆启程，最终的美丽只属于持之以恒。

有人作过这样一个总结：20岁的时候靠拼劲吃饭，40岁的时候靠智慧吃饭，50岁、70岁的时候靠经验吃饭。其实，"40智慧"就是拥有独立自信的人格，拥有宽容豁达的胸怀，拥有坚忍不拔的品质，拥有追求事业的执著，拥有对家人的关爱。她们对自己充满信心，对未来满怀憧憬，激情中不乏沉静，理智中不乏幽默，平淡中不乏神奇……

"40智慧"是大彻大悟之后的坦然，是身临其境中的轻松，是沧桑岁月的成熟，这份坦然、轻松和成熟是40岁女人一笔不可多得的财富！

不惑之年，要学会坦然地面对一切

时间慢慢地从你身边流走，不经意间你迎来了不惑之年。搏击于生活之海的女人，你活得并不轻松，因为有了家庭的磕磕碰碰，再加上年龄的困惑，你总免不了心烦气躁，焦虑不安。所以，女人40要学会在紧张的氛围中，保持生命的一份从容和淡定。

女人40如金——40岁女人进退取舍的人生博弈

生活中，保持着一份淡然，你就不会慌乱于应对种种风雨。尽管残酷的竞争时时渗透到生活中每个角落，人们的紧迫感和危机感随时充塞着绷紧的心弦。但是，只要有了这份从容，生活便会留给你一份平静和坦然。也许，许多事情你无法预料，更无法强求；也许，很多的悲欢离合使你无所适从，更无法面对。但是，只要保持一份从容，一份坦然，那么，人生一世，无论平凡与显贵，都会如小溪流水般自然清澈宁静，生活自然也就不会有所遗憾了。

某公司老总，慧眼识英才，他的用人之道别具一格，那就是往往在公司职员没有任何思想准备时，突然宣布对他们的降职命令，从而静观其变。灰心丧气、怨天尤人者终被淘汰，而处变不惊、从容应对者最终获得晋升的机会。

由此可见，从容是现代中年女性必备的心理素质，有了一份从容的心情，生活也会轻松自在。在这个纷繁复杂的社会中，到处充满着竞争与挑战，所以更要保持一份从容淡定的心态，这样便会换得生活赋予你的真诚。

有句名言说得好："淡泊人生，生命难得恬淡，难得从容。得之淡然，失之坦然。"对于踏进40的女人来说，患得患失更容易让自己失去成熟后的美丽。

一位著名女演员曾对40岁的女人建议说："一个人最重要的是灵魂的充实，能做一些自己喜欢做的事情。我闲来就会不断地充实自己，如画画、看书、旅行……人生只不过是过客，一生追求、寻觅得来的东西，到头来一样也不会带走。因此，做人就不要太过执着，这样反而可以开心一些，可以美丽一点。"谁说不是呢？现代生活的压力已经像重重大山一样压在人们肩上，对于成家立业的女人是难上加难，她们肩负着家庭、工作和亲人的重担，如果没有安详平和的心态，生活简直就会崩溃，那样于己于人都是一份不轻的伤害。

第十三章 放下烦躁，成就40岁的从容
——于从容中绽放40岁的精彩

忧也一天，喜也一天，你何不选择一份轻松随意的心情来度过呢?！时间是宝贵的，谁也不忍心浪费，所以，你要学会坦然从容地面对一切，生活会有更多意想不到的收获。

有时候从容就是在不经意间的挥洒。当一个人在逆境中奋起时，这是一种从容；当一个人失意而微笑面对时，这也是一种从容；当一个人在灾难面前凛然自若时，这还是一种从容；当一个人面对荣辱而仍是一副坦然的神情时，这更是一种从容；当一个人面对世间的功名利禄而仍然保持淡定，拥有不迫的心境时，这更是不折不扣的从容。从容是一种大家的风范，也是一种海阔的气度，更是一种自然而然的成熟。

女人40，无论面对怎样的生活境况，无论生活带来的是欢乐还是忧愁，你都应有一份从容的心态，有一份淡泊的心情。你成功时，也不再沾沾自喜，反而会更加欣赏自己的努力；你失败时，也不再垂头丧气，反而会从中获得经验和教训，继续努力；你给予时，也不再因自己一点小小付出斤斤计较，反而会放宽心情，收获快乐和幸福；你宽容时，也不再因自己的"小心"后悔错失了美丽，反而会为自己的博大而自豪……

光阴荏苒，青丝成白发，这些很容易从指间流走的从容，让随意的女人捕捉在一瞬间，她们总能品味出生活的乐趣，发现身边的美丽；她们总是处变不惊，安详宁静，不以物喜，不以己悲，呈现出一种从容、洒脱、随遇而安的美丽，人有此等境界，夫复何求！

女人40要静心，宁静是幸福的极致

宁静致远，淡泊于怀。在这喧嚣的纷繁尘世中，40岁女人试着尝试一种慢生活，保持一颗宁静之心，做一个不为物欲所困的中年智慧女性。

女人40要做个宁静女人，这是成为幸福女人的最好的一种修养。

有一个中年女性，没有选择去外资公司而是选择去学校任教，完全缘于她喜欢宁静的生活。这个女士既有教书的小小成就感，三个月的假期还可以自在安排，平时安心授业，听歌品书，寒假就在家里写稿，暑假开始四处行走，遇见喜欢的地方便停下来小住。

人在年少轻狂时，最爱呼朋唤友，流连酒吧，与喧嚣同乐；如果走向职场，工作上也是一路狂奔，去几个地方，换几个职业，这就是我们所说的"朝三暮四"，可快乐却离自己越来越远，不知道怎样才能使自己宁静下来。

宁静下来的女人，因为没有了过多的繁杂之事，所以总会找寻一些赏心悦目的事来安慰自己，她们有的学了一技之长，比如刺绣、弹琴，有的养了一隅的花花草草，有的在文字中怡然穿行，也有的喜欢小烹小炒，被造就成了一位可爱厨娘。

这样的女人往往笑容淡定，举止从容，总会带给男人很多无端的遐想。他们会猜测会揣度这个女人的心思，关注这个女人的动向，而点点模糊、神秘，会让相处变得奇妙异常。通常外表炫目，但灵魂一眼便可以看穿的女人，在智者看来，只是街景，不是风景。

或许，没有经历过波折的女人，是不能体会宁静的内涵和厚度的。经历过波折的女人，不是缺憾，是沉淀；而宁静，是生命沉淀以后的一片清亮底色。

女人40如果学会了宁静，那么她一定是很幸福的。

容貌对于女人固然重要，但它不是永恒的；而宁静能使40岁女人获得一种由内而外的迷人高贵的韵致，使女人思路清晰，步态悠闲，充满万种风情。"闲静似娇花照水，行动如弱柳拂风。"宁静能使40岁女人超然物外，与世俗环境和琐屑事物保持恒定距离。拥有了宁静的40岁女人便拥有了柔情、优雅、智慧。这种美是永恒的，不因岁月的流逝和年龄的增大而改变。

宁静，不是说让一个女人不开口说话，不说话的女人是愚笨的。女人的宁静是：热烈似火，柔情似水，这就要取决于女人的把握程度了。

女人40红颜已老，但宁静可以抚平你的皱纹，宁静可以使你懂得什么是真正的美。

每天，当你望着墙上的时钟，望着四壁的墙，此刻，它们显得这样宁静。把握宁静的女人，最能够享受这份宁静，在这充满嘈杂、喧闹的世俗之内，恪守住自己。

如果你是一位爱花人，你可能会发现花的一个秘密：所有的白色花都有着沁人的清香，而颜色愈浓烈的花反而愈是缺少悠悠的香气。

人生也一样，越是淡泊宁静的朴素人生，生命越是散发悠长绵绵的芬芳。

过多的欲望会湮没一个女人的志向和才气，只有洗尽铅华，沉静下来，摆脱对物质的贪恋，执著的去追寻，梦想才能神清气爽，引领你达到可能的高度。

第十三章 放下烦躁，成就40岁的从容——于从容中绽放40岁的精彩

女人40如金——40岁女人进退取舍的人生博弈

宁静是幸福的极致。一颗宁静的心对花开花落，云卷云舒，宠辱不惊，去留无意，达到这样的境界，内心该是何等的快乐自在，收放自如？

在淡泊宁静的滋养中，人生好比一朵雪白的栀子花，片片花瓣散发出的是无尽的素洁与幽香！

在如今这个繁华的、处处充满诱惑的世界里，太多的欲望充斥、侵蚀着你的大脑，鼓舞着人，也伤害着人，你想得到的太多太多，于是就有太多的欲望满足不了的痛苦与忧郁。为了获取自己想得到的，你原本纯美的开始慢慢变得复杂、污浊，甚至灵魂也开始变得丑恶。

获得功名利禄的同时，你却早已失去了真正的自我。难道真正的人生价值必须要以名利地位来衡量吗？

宁静的女人最明白生活的本质，其实还是宁和、淡泊的拥有。在一颗静美的心灵中，手握一杯清茶，拥有一片阳光，风轻月圆夜，信步空庭，如水月光刹那间照遍全身，浸透肺腑，此时，心如明镜，这是一种境界：自然、平静、清澈、如淡漠无痕，似海阔无边。这是宁静女人的一种大智。

所有的人来到这个世界上都在匆匆的追逐着自己心中的目标，并为此付出各自不同的代价。但宁静中的女人知道，如今的不少"成功"或许已失去神圣、崇高光环的围绕，而被世间一切的浮华所湮没掉，它只是个人取得心里安慰、社会地位的一种符号。其"成功"的成本实在太高、太高，比如忘掉亲人、出卖朋友、苦苦思索、勾心斗角……具有平和心境的女人，会将淡泊宁静存于生活中的每段时光，而自己能恰然自得，快乐无比！

钝化自己，有些事你不必太在意

第十三章 放下烦躁，成就40岁的从容——于从容中绽放40岁的精彩

女人之所以多愁善感，原因就是她们太敏感。有的时候，太敏感反而没有钝感效果好。对有些事情，你可以调动钝感来达到目的，或者调动身体的钝感来进行自我保护。

二三十岁的女人往往太敏感，所以她们有无尽的烦恼，但当她们经历了岁月的洗礼之后，经历了世事沉浮之后，才懂得将自己的敏感神经钝化一点是有好处的。

阿莲和老公坐飞机回国，欢迎他们的是一次精心策划的大型晚宴。的确，对于这对夫妻来说，这无疑是件令人开心的事情。

下飞机后，他们稍事休息就收拾打扮准备赴宴了。老公梁立高大帅气，是个标准的帅男人。阿莲娇小可爱，口才很好，但是长相平常。他们相处得很好，而且梁立觉得阿莲是世界上最适合他、最可爱的女人。他从来不会拿自己的妻子和其他女人比较，在他心里，妻子是用来爱的，不是用来比较的。

晚宴上，他们与同学们亲密交谈，很多同学都带了自己的另一半，气氛好极了。晚会穿插了几曲不错的舞曲，大家都会交换舞伴。梁立获得了全场女性的青睐，大家都喜欢和他跳舞，他翩翩起舞的样子，帅极了。梁立博得了大家的欣赏，也非常开心，有问必答。结果宴会的气氛被他们弄得热火朝天。

阿莲则一边和老朋友们叙旧，一边关注着梁立。结果梁立跳了

女人40如金——40岁女人进退取舍的人生博弈

没有几场,就被美女们包围了,梁立抽不开身到阿莲身边来。看着梁立携美女舞得那么开心,姿势那么美,阿莲心里有些不太舒服。终于梁立找到个喘息的机会,拿着阿莲的杯子给她倒红酒,发现阿莲一点都不开心。他不知道是谁招惹了这位可爱的天使,经过多次询问,阿莲才说:"你和美女打得那么火热,还能想起我啊?"梁立赶紧道歉,但是阿莲还是不高兴,梁立知道,她一定吃醋了。阿莲是个很敏感的人,他觉得可能是自己冷落了妻子,于是想带阿莲跳舞,但是阿莲一点兴趣都没有了。晚宴还没有结束,阿莲就说不舒服,提前回到了宾馆。梁立并没有故意冷落阿莲的意思,但是敏感的阿莲却吃醋了。醋很酸,不是好吃的东西,为什么吃醋的不是梁立呢?梁立和美女打得火热时,如果阿莲依然兴高采烈地聊天,会有什么结果呢?估计跳完舞后,梁立会走到阿莲身边,阿莲说:"你的舞姿越来越棒了,难怪那些美女对你还那么热情。"梁立肯定会想:不会吧,她一点都不吃醋,是不是对我没感觉啊?这回该梁立吃醋了。太敏感有时候容易伤害别人,也容易伤害到自己。

40岁女人保持钝感,要做到以下两点:

1. 分清场合

有的场合,我们要调动钝感神经,因为太敏感,容易让自己受伤。比如,当男人和女人吵架,如果不是为了什么大事,最好不要过分敏感,不要追求对方说话的具体含义。钝感就像一堵墙,会把你和伤害隔绝开。

2. 分清对象

对于那些说话有口无心的人,要调动自己的钝感神经。有口无心的人,可能会突然说出什么天大的秘密,或者对你进行攻击,这个时候,如果你太敏感,就容易被对方伤害。

情感细腻的女人,经常会为感情的事情产生纠葛,很多事情本身没有缘由,而女人都会为此受伤。适当地保持钝感,能让你免除许多伤害。当女人心灵受到伤害，身体一般都会主动进行自我保护，钝感就是这种保护功能的一种，它像一个巨大的降落伞，让你着陆的时间推迟了。对于那些你还不能接受的事情，对于那些严重挫伤情感的事情，不妨保持钝感，让心灵有一个复苏的时间。

女人40，把握当下最重要

> 人生短暂，女人40要保持一种快乐的心情，保持一种怀有希望、愉快、明朗、朝气蓬勃的精神状态，过好眼前的每一天！

历史很漫长，人生太短暂，青春犹如银河里划过的一颗流星，耀眼但转瞬即逝。女人到了40岁，已经走到了生命的二分之一。所以，你一定要过好今天，享受现实生活每一天是非常重要的。你可以多陪一陪家人，享受一家人其乐融融的幸福；你可以主动联络朋友，享受关心别人后的满足；你可以让自己喜欢的人了解自己的心意，减少心里的遗憾。

谁知道明天，甚至下一分钟会发生什么？很多事情一点都不难完成，只是以前给了自己太多拖延的借口。从今天起，从现在起，要怀着一颗感恩的心，珍惜并享受每一天。

"明日复明日，明日何其多？我生待明日，万事成蹉跎。"是啊，今日事今日毕，今天的快乐今天享受，今天的痛苦今天解决，何必事事等到明天呢？过好今天才是最重要的呀！那么，40岁的你不妨做一些释怀，来过好今天吧。

1. 记下当天的快乐

养成每天写日记的习惯，记下当天的快乐心情、使你快乐的人物和地点，心血来潮时就拿出来重温快乐时光（日日是好日，年年是好年），留住生活中美好的时光，千万不要将不愉快的情绪留到明天。

2. "血拼"的快乐

试试每逢星期天，就到超市大肆采购一番，将冰箱装得满满的，以富足快乐的心情，迎接每个星期的第一天。

3. 打扮下一周

用相机拍下自己拥有的每一双鞋子的"长相"，贴在鞋盒的显眼处，并于星期天安排好下个星期的服饰搭配，如此就不需要每天一早起床，为当天要穿哪件衣服而伤脑筋，省下来的时间就可以不慌不忙地享用美味的早餐，或花些时间做脸部按摩运动了。

4. 记住每个小快乐

习惯数字带给你的兴奋，利用数字带来的推动力让自己慢慢进步，就算今天比昨天只多做了一两下的仰卧起坐，也能带给你小小的快乐及成就感，毕竟一想到今天的我将会比昨天更接近保持体型的目标，那种快乐是无法形容的。

5. 发现新乐趣

每日利用一点时间，打开电脑浏览喜欢的网站，在你吸取无边的知识之余，又可享受比别人早一步发现新知的乐趣。

6. 帮助别人就是快乐

不论是扶老人过马路，在公司里帮同事们一点点小忙，或是在办公室制造欢乐气氛，都算是好事，这会使你一整天都拥有一个快乐的好心情。

7. 为今天确定主题

依照你喜欢的方式，为自己精心计划今天的特定主题，譬如是打球日、逛街日、约会日、睡觉日、学习日，积极快乐地享受每一天。

8. 今天大扫除

你一定有过有时发现家中某种东西不翼而飞，但日子久了也就不了了之，然后无意间在今天的打扫中它突然出现在你眼前，那种在家寻宝失而复得的心情真的很开心。而且定期清理杂物和旧物，让家里窗明几净，空气流通，也有除旧迎新增加能量的功效。有时也会有不大不小的意外的收获。

9. 确定目标

专家说过，没有设定目标的人，就永远达不到目标。将你的理想、目标视觉化，以图片的方式，剪贴在硬纸板上，有空就拿出来欣赏，图片看多了，可以刺激我们努力地去达成某个目标，让你早日享受梦想成真的满足感。

10. 找回记忆

你一定很怀念小时候等待过年的兴奋心情，因为只有在过年时才有足够的压岁钱，可以买心中很想拥有的东西。长大后的我们可以随时买到自己需要的东西，已经完全不懂得珍惜自己身边拥有的，也忘了什么叫得来不易。不妨训练自己在发薪水的那个星期才购物，平常的日子便感受一下节制的乐趣，找回那份童年的记忆。

11. 享受早起

今天一大清早起床，感觉一下众人皆睡我独醒的优越感，早睡早起，头脑清醒精神爽，心情自然也会快乐舒畅。试着培养早起一小时的好习惯，你不但会多了宝贵的宁静时间及充裕的精力，你也一定会爱上那早晨恬静清新的感受。

12. 储蓄的快乐

买个漂亮的小猪储蓄罐放在你的办公桌上，作为你旅游、买大衣或做善事的基金来源，每天喂它一次，会带给你细水长流的快乐。

13. 付出的快乐

为自己买盆花或养个小动物，它会使你心情愉快，而在你的悉心照顾下，看着它一天一天地长大，你一定会体会到经过付出而获得收获的快乐。

14. 珍惜天伦乐

家人永远是你最重要的精神支柱，好好珍惜及培养和他们的感情，定期为自己安排喜欢的家庭活动，有了家人亲切的支持，做起事来必定更加起劲。不跟父母同住的朋友们，平日虽然不能常抽空见他们，下班后可别忘了打个电话问候他们。

15. 享受音乐

辛苦工作后，利用短暂的休息时间，听听自己喜欢的音乐，好好地奖赏自己一番，陶醉在优美的音乐旋律中，就算是只有短短的10分钟时间，也能帮你松弛疲劳，带给你不可思议的美妙感受。

16. 过好周末

在不用上班的日子里，你也可以过得既浪漫又有效率，如果不想让假日空白，平时就应该做好休假的规划，利用周末的时间，做你平日想做又一直没有时间做的事，让自己过一个有价值又充实的周末。

17. 爱上想象

人类的潜能是非常奇妙的，好好运用我们的第六感和意志力，乐观进取地想着经过努力后所带来成功的美好情景，让自己经常有着正面的思想，它会在不知不觉中使你越来越接近成功。

18. 学会分享与分担

经常跟爱侣分享生活中的点点滴滴，在对方沮丧或不开心时给予适当的安慰与关怀，不但能使彼此之间的爱情更加滋润，更可激励我们不断向上。

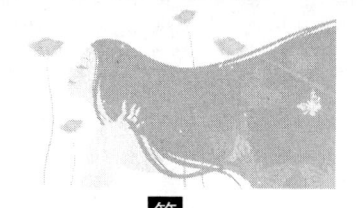

19. 记住快乐

乐观的人容易遇上有趣的事，如果你常常不开心，可能你已忘了快乐的节奏感。只要你常到使你快乐的地方，再花点心思，留意周围的事物，你不难发现一些令人开心的事物，其实快乐是无处不在的，只是一直被我们忽略了！你一定听说过，笑口常开的人比较容易青春常驻，想要保持青春，就别忘了一定要常保持乐观进取的态度，积极快乐地过好每一天。

第十三章 放下烦躁，成就40岁的从容——于从容中绽放40岁的精彩

第十四章

放下劳碌，成就 40 岁的享受——
女人 40 学会宠爱自己享受生活

40 岁之前，你总是以为自己在创造幸福，总是不辞辛苦地奔波和忙碌。在这种奔波中，你送走了青春火热的 20 几岁，送走了热情奔放的 30 几岁，却渐渐地忘记了自己。一直到 40 岁这一天到来的时候，你才突然意识到该要享受生活、享受幸福的时候，你都已经错过了最好的机会。对于 40 岁的你来说，丈夫固然重要，孩子固然重要，房子也很重要，但最重要的还是过好你当下的生活，学会享受眼下这一刻的生活！

女人40如金——40岁女人进退取舍的人生博弈

醉在咖啡里的40岁女人

40岁的男人喜欢醉在酒里，40岁的女人喜欢醉在咖啡里。

说到咖啡，我们总是不由自主地会将它与时尚联系到一块，正如，QQ代表的是青春、时尚、流行，而咖啡与MSN联系在一块儿，则让人想到的一定是成熟而不失温情的女性。

淡蓝色的橱窗内，翠绿色的蓬勃植物，粗犷原始的原木桌椅，精致典雅的细木壁灯，一位衣着精致的女人很优雅地斜坐着，保持上身的端正，她的脸上永远带着一种妩媚的微笑，享受着咖啡的情怀。偶尔和几个闺房好友喁喁低语，享受着咖啡带来的乐趣。有时候就一个人静静地坐在那，笑容永远如沐春风，让人永远无法猜透，她的心中究竟在想些什么？

40岁的王欣女士至今还记得上学的时候，室友钟情于咖啡，在那个年代能喝得起咖啡算是一种奢侈，也算是一种时尚、一种品位。然而对于咖啡，王欣的感受是：闻起来的味道还算勉强，可喝起来的味道实在不敢恭维，于是不再喝咖啡，不再追求时尚和奢侈，不如青睐于绿茶，淡淡的一杯香茗，啜上一口，齿颊留香。

后来王欣参加了工作，繁重的任务，巨大的压力，琐碎的家务，常常忘记品茶，代之以匆匆饮下的白水一杯，也无暇再去体会茶的那份清淡，生活在忙忙碌碌中周而复始，为了一点点的蝇头小利而

第十四章 放下劳碌，成就40岁的享受——女人40学会宠爱自己享受生活

费尽心机，为了一句道听途说煞费苦心，生活在所谓的多彩中失色，在所谓的丰富中枯燥，生活真正成了白开水，失去了味道。

爱上咖啡，是在王欣经历了生活的蜕变之后，当她步入40岁的那一刻，她发现自己早已失去了破茧而出的美丽，但却多了一份成熟的积淀，多了一份稳重的魅力。一天，一个闺蜜约王欣去喝咖啡，咖啡馆的名字——"妈妈的味道"吸引了她，给她的感觉很温馨。

王欣和闺蜜选了一个靠窗的位子，随着缠绵的萨克斯曲，一杯咖啡放在面前，久违的味道徐徐地飘了过来，白色的瓷杯衬着浓浓的咖啡在灯光下显得妩媚、明亮，缕缕的热气传递着咖啡的温情，王欣啜饮一口，再不是原来的苦涩，和朋友谈及先前的感受，朋友说，咖啡里加了伴侣，怪不得如此的甜绵，如此的醇香。王欣仔细端详手中的这杯咖啡，颜色纯正，味道浓郁，就像是岁月在慢慢的流逝中不断飘出生活的香味，也像是女人在渐渐成熟中释放着无尽的魅力。

从此以后，王欣便一发不可收拾地爱上了咖啡。有人把咖啡分成几种境界，就像女人的一生。30岁的女人就像原汁原味的咖啡，不加任何修饰，只保留其原有的单纯与本色，任性的苦，妄为的涩，一味的释放自我，体现自我，放纵自我。而40岁女人，经历了生活的种种磨难和坎坷，变得不再任性，不再放肆，在生活中学会了保留一份淡泊的心情。

记得昆德拉曾说，心灵如咖啡一样香醇。一个寂静的晚上，你可以独斟一杯咖啡，伴着音乐在耳边流淌，感觉现在的我就像是眼前的这杯咖啡一样，有着淡淡的苦，有着淡淡的香，心灵在夜空中自由地舞蹈，退却的张扬一点点地慢慢地释放着……

没想到年轻的时候不近咖啡的王欣，在步入40岁之后，竟然出奇地喜欢上了它。它或深或浅或浓或淡的色泽，让王欣感觉很温润，所以很莫名地喜欢周围一切带点淡淡咖啡色的东西，着装、饰物、

311

女人40如金——40岁女人进退取舍的人生博弈

家居等，都是浓淡相宜的咖啡色系列，于是咖啡的情怀便伴着咖啡的香味揉进了她的生命里。春天在咖啡里品到了草的清香；夏天在咖啡里品到了阳光的清凉；秋天在咖啡里品到了细雨的浪漫；冬天在咖啡里品到了雪花的轻盈。

曾经浪漫的思绪和难以忘怀的情感，使得王欣对苦苦的、带点追忆的滋味产生了依恋。每当丈夫出差，一个人在家的时候，王欣就会煮上一小壶咖啡，让陋居溢满咖啡的香气，然后放一颗方糖在小小的咖啡杯里，缓缓掛入煮好的咖啡，细细地看方糖慢慢溶化，于是心情也跟着融化了。依卧床头，手里捧着心爱的名著，让大仲马、左拉、罗曼·罗兰、司汤达、雨果统统走进她的心里，那是一种无法想象的陶醉，一种自己营造的、温馨而浪漫的氛围瞬时将她包围，心灵浸透在浓浓的香气里。

现在的王欣女士没事时就喜欢泡在咖啡以及咖啡的音乐里，感受着时光的迁移带给容颜的改变，慢慢地啜饮，细细地品味，让咖啡融进她的思绪和周身的每一根神经，生活中所有的疲惫和不快都化作了淡淡的咖啡香，飘得很远很远……

一般而言，人随着年龄的增长，记忆力和精力会不断地下降和衰退，但加州大学研究表明，经常喝咖啡的妇女，记忆力等各方面比同龄不喝咖啡的妇女有着明显的优势。他们曾做过一个试验，请多位年龄相近的妇女来做游戏，通过各种游戏的比赛，最终经常喝咖啡的妇女胜出。

实践证明，咖啡因不仅能提高人的记忆力，而且能修补记忆。不论是年龄还是教育程度，抑或是否使用过荷尔蒙替代治疗，喝咖啡与妇女的记忆力之间都存在关系，咖啡有助于提高脑力。这对于爱咖啡的女士来说，不失为一个好消息。

咖啡，男人喜欢它的媚惑和性感，女人喜欢它的浪漫和多情。咖啡，是男人的宠儿，是女人的最爱。咖啡赋予了女人浪漫和风情，也赋予了40岁女人各种各样的咖啡情怀。卡布其诺的温柔，蓝山的高贵，爱尔兰的忧郁……40岁女人喜欢咖啡带给自己的所有奢望和遐思，也喜欢咖啡和音乐带给自己那种如梦如幻的氛围，悠悠的布鲁斯伴着香浓的气味，令人陶醉。咖啡于40岁女人而言，是一种温暖的情谊，是一种永恒的爱，它使人遐思，使人感伤，也使人欣喜，40岁的男人喜欢醉在酒中，而40岁的女人却喜欢醉在咖啡里。

从40岁开始享受生活

> 对于40岁的女人来说，丈夫固然重要，孩子固然重要，房子也很重要，但最重要的还是过好你当下的生活，学会享受这一刻的生活！

没有哪个女人不想享受生活，不想享受幸福，只是在该享受的日子里，很多女人背负了太多的家庭和社会责任，被这种没完没了的责任充斥并无休止地付出，从而无暇享受。很多时候，你总以为自己是在创造幸福，所以总是不辞辛苦地奔波、忙碌。在这种奔波中，你送走了自己最光鲜亮丽的20几岁，送走了热情奔放的30几岁，并渐渐地忘却了自己。一直到40岁这一天到来的时候，你才突然意识到该享受生活、享受幸福了，却发现自己早已皮肤松弛、牙齿松动、身材走样了，这时再想吃好一点、穿得时髦一点或者天南海北地走一走，却已经没有那份心境和心力了。

毛颖是笔者在一次旅途中认识的朋友。认识她的那天，正好是

女人40如金——40岁女人进退取舍的人生博弈

她40岁的生日，但看上去她根本没有40岁，感觉只有25岁左右的样子。我很难将她的那种笑容、乐观还有那张阳光般的脸庞与她的真实年龄联系到一起。

毛颖是家里的老大，下面还有两个弟弟，从小家境不好，从懂事起她就开始照顾弟弟，为家里付出。大学毕业后，考虑到两个弟弟还在读书，于是，她告诉自己一定要减轻父母的负担，供弟弟们毕业成家后，再考虑自己的事情。后来，两个弟弟都相继独立。这时她又告诉自己先把父母养老的钱攒够了再说吧……虽然并没有人要求她这么做，但这么多年来她早已习惯于在肩挑责任中生活。就这样，她把自己的事一拖再拖。其间，她的家人和朋友也常常为她的婚姻大事犯愁，母亲甚至对她进行逼婚。

33岁那年，她无意间听到父母的谈话。她从父母的谈话中得知对于她这么多年的付出，父母并不希望她这么做，只希望她能够对自己好一点，过得快乐一点，他们就心满意足了。这对她的触动很大，她终于明白，一个人不仅要为父母兄弟而活着，更要为自己而活。

从此，她卸下了没完没了的责任感，不再诚惶诚恐地忙碌和奔波。她开始享受生活，欣赏沿途的美丽风景，学着和自己快乐相处。她定期到美容院保养肌肤，去健身房锻炼身体，到祖国的各大风景、名胜区旅游。直到后来未婚夫和她见面，并不可救药地喜欢上她，被她迷得一塌糊涂，似乎他多年的等待就是为了她的出现一样，一切都显得那么理所当然，自然而又真实。不久，她就步入了婚姻的殿堂。

40岁的女人，无需再用各种理由和借口去阻碍和拖延自己享受生活、享受幸福的脚步。也许你现在会说：孩子还小，房子要换，车子要买……至于享受，来日方长，并安慰自己：好日子还在后头，等我们赚够了足够的资本，再潇洒地享受也不迟呀！

事实上，日子久了，你会慢慢地发现"资本"永远没有足够的那一天，美好的梦想却在无限期地往后拖延：去年本打算今年攒够了钱全家出去旅游，但明年又有房贷要还，还想买辆车子，所以出游肯定又不行，何况休息一天就要少一天的工资，想想只能作罢。但是你想过吗？青春有限，亮丽的容颜实在太珍贵，生命中的很多东西是不能用资本来衡量的，过了保质期，一切作废。比如健康、时间是不等人的，等到你苗条的身材、亮丽的容颜、健康的身体都成为了过去，那个时候你还能化着彩妆出游吗？身上有再多的钱又有什么用呢？

对你来说，生活原本丰富多彩，除了工作、学习、赚钱以外，还有很多美好的东西值得你去享受，只不过需要你从繁忙的时间里将自己解脱出来，为自己做一道可口的饭菜；为自己精心挑选几件衣服和礼物；和几个闺中好友一起毫无目的地逛街、吃饭、聊天，而不用担心家人的晚饭和晾出去还没收回的衣衫……

享受生活原本就是如此简单的事情，你不必将其看得过于复杂，不妨参考以下建议：

1. 享受幸福需要心情。

很多时候，生活中不是缺乏幸福，而是缺乏享受幸福的心情。其实，享受幸福、享受生活并不是一件奢侈的事情，它不需要大量的金钱，只需要你保持一份快乐积极的心情。我们身边有很多40岁的女性，她们有着健康的身体和丰足的收入，却与幸福无缘，这并不是因为她们缺少幸福的物质条件，而是因为她们缺少享受幸福的心情。其实，很多时候，只要我们把心胸打开，幸福的感觉就会扑面而来，良辰美景、赏心乐事，生活中的快乐和幸福随处皆是。你不妨尝试着去观察身边所有幸福的人们，你会发现他们的相似之处，其中最重要的一点是，在大多数情况下，他们的幸福本身就是一种心情。

2. 女人的幸福是自己给的。

一个女人生活得是否幸福，可以由自己来决定。你可以选择自己的生活目标以及生活方式，最重要的是你可以选择自己的生活态度。享受生活、享受幸福也是一种习惯。在每天的生活中，你可以不间断地给自己找一些享受生活和幸福的理由，比如今天的阳光很灿烂，窗外的树叶好像比昨天绿了。你可以放下手头所有让你焦头烂额的事情，出去走走，去享受阳光的温暖、空气的清新；从不擅长做饭的老公中午突然打来电话说晚上他会做一些你喜欢吃的饭菜，那下班后你不妨早点回去和老公一起奏响厨房的锅碗瓢盆曲，重温久违的二人世界里的温馨和浪漫；好久没有联系的好友今天突然发来信息问候自己，你可以借此给她打电话约她一起逛街买自己喜欢的东西，吃自己想吃的美食，一起聊天侃八卦，重拾往日的纯真和烂漫，这又何尝不是一种幸福……诸如此类的做法，都可以让你占据生活的主动权，调动起你内心幸福的因子，享受生活、品味幸福。

3. 学会创造也要学会享受。

享受生活和幸福需要一定的物质基础做保障，所以，享受生活、享受幸福的前提是我们必须努力学习和工作。但是，你在创造生活的同时，一定要明白工作和事业并不是你人生的目的，人生的目的应该是懂得享受由自己创造出来的幸福生活。40岁的你如果学会了享受，就会发现幸福无处不在。作为一个女人，做一次美容是享受，买一套漂亮的衣服是享受，交一个知心的朋友是享受，读一本好书也是享受，正是在这种种的享受中，你会感受到，原来40岁的人生是如此的幸福！

40岁的生活应该是多姿多彩的

第十四章 —— 女人40学会宠爱自己享受生活
放下劳碌,成就40岁的享受

爱情在左,情趣在右,走在生命路的两旁,随时撒种随时开花,将这一段路途,点缀得季花弥漫,使穿枝拂叶的行人,踏着荆棘,不觉痛苦,有泪可落,也不是悲凉。女人到了40岁,有了情趣色彩的陪伴,苦也是甜。

几十年的生活过去了,家里还是那个样子,墙上还是那几件挂饰,闭着眼睛也知道都有什么。家里如此,办公室也一样,多少年了,除了文件就是文件。生活在不断地重复着,单调而乏味,使你时常幻想到世界以外的世界去寻找些新鲜和快乐,这样一板一眼的生活,令你总是希望有一天可以打破它,迸发出点欣喜来。有时候也想抛开所有一切,一个人到一个没有人烟的地方,感受着美妙的风景,那是何等的惬意;有时候也想一个人背起行囊去浪迹天涯,体会那份自由自在的舒服……

在这个高速、高压的生活里,你往往是想着别人的精彩来满足自己麻木的心,殊不知,在你的周围,精彩时时刻刻都没有离开过。生活就像是一片广阔的田野,主人是自己,用心去栽培属于自己的情趣,营造属于自己的精彩生活。

女人天生是制造情调的高手,不要以为工作忙,做饭忙,照顾孩子忙,就没有时间忙自己。时间掌握在自己手中,要学会忙里偷闲。比如,在封闭的办公室里,忙得焦头烂额,看见厚厚的文件就犯怵，没心情做事。这时给自己10分钟，做一次精心的化妆，对着镜子，给自己一个笑脸，美丽的妆容会带动灿烂的心情，接下来再做事，会是阳光明媚的另一片天空。

看着自己办公桌上总是一些冷冷冰冰的办公用品，人的心情也会变得低落，女人天性浪漫，在这个一成不变的"世界"面前，还怎么会有信心去为事业拼搏，为家庭奋斗？当这种反感情绪出现时，用生活中的一点小浪漫来解决会有很好的效果。比如，在自己的办公桌上放一个可爱的笑脸杯垫，摆一个加菲猫的手机座等，它们会唤醒那小小空间的生机和活力，给每一天都会带来好心情。

另外，在家里也可以布置一些浪漫休闲的饰品，如新式食器、玲珑的浴缸、精致的茶具，再把那些尘封多年的小饰品拿出来，比如，当年谈恋爱时丈夫送的小礼物，自己青春跳动时所买的一些有趣的小玩意儿等，把它们统统摆出来，别具一格又增添了不少情趣，偶尔看到，心思会随着它一起飞到那些久远的甜蜜里。

花也是女人发挥情趣的另一种方式，搬几盆自己喜欢的鲜花放在阳台处，放在客厅里，放在卧室里，随处都荡漾着自然的气息，会令人的心情不由得明朗起来。

笔者有一个朋友，她是一个很有情趣的45岁的女人。孩子大了，不用操心，于是她有更多的时间来打理家里的一切。阳台是她最得意的改造工程。她在中间放一张原木方桌，周围再用木板钉成几排靠背椅，再放一把撑开的布洋伞，周围零星地摆放着几盆花草，滴水观音、铁树、五针松、金橘等，围坐在这样一个充满情调的阳台上，相邀三五好友烧烤聊天，没有了城市的急躁与茫然，回归的是一片难得的清静。

怪不得人说有情趣的女人一定显得年轻快乐。笔者这位朋友便如此，虽然她又要工作，又要照顾家庭，但45岁的她看上去只有30岁，每当她向人介绍自己的儿子已经18岁了，别人总是不相信。

她总说:"人这一辈子总是在看别人生活,看流行盛典,看美女时装,女人们怎么就不会想着装扮一下自己的生活,做一个有情趣的女人呢?"

是啊,女人40岁,更要学会放松自己,做一个有情趣的女人,做一个视野宽广的女人。著名社会活动家陈香梅曾说,她从未有过退休或自己已经老了的念头,她一直在工作,学习,读书,看报纸,始终对这个社会充满关怀,自己也充满活力。

女人40,要学会为自己营造一个有情趣的生活。平时多积累一些属于自己个性化的东西,比如穿着的风格,衣服不一定需要都是名牌,但必须懂得色彩、款式的搭配,要选择一些适合自己的风格,能够体现自己的个性。偶尔要去参加一些文化活动,比如看看画展,听听音乐会,参加书法比赛等,让自己的心静下来思考人生。生活中所谓的品位、素质等,都是发自人内心真实的境界。

女人40,有了家庭的磕绊也不要忘了围城内的浪漫,选一个特定的时间,与丈夫在家里进行温馨的二人烛光晚餐,品尝着丈夫笨拙的厨艺,就像回到了恋爱时期。

女人40,女人不要把厨房的一套家什都当作是自己的权利和义务,偶尔拉着丈夫的手,一起去采购柴米油盐酱醋茶,享受那一份细微的情调。

生活的情趣是一点一滴积攒起来的,就如画一幅画,刚开始是一张白纸,很纯,挥着生活的笔墨,蘸着生活的情趣,它逐渐就成为一张色彩斑斓、吸引人的艺术作品,供你在40岁以后的人生里去品味。

第十四章 放下劳碌,成就40岁的享受——女人40学会宠爱自己享受生活

每天留下 10 分钟给自己

让自己慢下来，免得健康跟不上我们的脚步。

"烦忙"的生活使疲于奔命的人们饱受着各种压力。这种天天绷着脸，扛着包袱的生活，把许多女人压得透不过气。忙碌所带来的损害，已超出了人们的心理承受能力，"烦忙"让许多女人的心灵迷失了方向。有句话说得好：当一个女人没有时间去慢生活时，她就会有充分的时间去生病了。

让现代人的生活慢下来的确是一件不容易的事，但是你不可能等到自己卧至病榻时，才学会停下脚步去欣赏美妙的生命风景。

有人会说："我实在太忙，每周要工作六七十个小时，没有时间去锻炼身体，甚至没有太多时间去休息，我有做不完的工作。"其实这种"烦忙"是在用自己的健康和快乐作为透支的代价，一个疲劳的身体状态是不会出好成绩的。

一个热爱生活的女人，也是一个热爱自己身体的人。懂得让身体在张弛中为自己的思想服务，懂得在自己感到疲倦之前就去休息，哪怕只去休息片刻。

从40岁开始，每天你必须给自己的身体两个10分钟：第一个10分钟是静心放松；第二个10分钟是赞美自己。

第一个10分钟是通过静坐的方式来调整呼吸放松自己。

静心是一切灵修方法的统称，是指一切走向内在的方法。包括传统的静坐、瑜伽、太极拳、气功、冥想、参禅等。静坐或冥想只是静心的方法之一，二者比较容易产生混淆。这里主要指静心的一种方法：静坐。

你可以在任何地方完成这个10分钟过程。办公室、家里休息期间，在等候朋友的时候，只要你感到疲劳的时候。你可以选择坐着，或是在家里仰面"大"字形躺在床上。这10分钟里让自己完全的放松，让自己的情绪安静下来。闭上眼睛或者半睁半闭，保持不动，保持清醒。通常用5：3：5的节奏进行吸气、屏气、吐气的练习。即通过有节奏的呼吸，用5秒钟的时间呼气，中间屏气3秒钟，再用5秒钟吸气。这种方法主要能降低血压和减缓焦虑，放松紧张情绪，能造成一种自我放松的内心平衡感。

在这个10分钟里，不要去想任何工作或其他事情，让身体沉浸在一种小睡的感觉中，但要保持意识的清醒。只做反复的呼吸，集中注意力倾听自己的气息，专注地感觉呼吸，感觉当下的你自己。我们大家都知道，生命从出生到结束，呼吸伴随着我们生命的始终，呼吸就是生活。呼吸随着我们情绪的激动、愉悦、紧张、恐惧在发生着变化，可是呼吸的存在很少被人们关注过，当我们进行呼吸练习时，可以放松紧张的肌肉，安静我们的情绪，缓解情绪压力。

国外的心理学家在研究中已经发现：过度焦虑和烦躁的人，每天花10分钟时间静坐，集中注意数心跳，使自己心跳逐渐变缓慢，10个星期后他们心理紧张的感觉会有一定程度的减轻。当一个人处于完全放松状态下，会使身体感觉变得柔软。人在这种放松状态下，紧张的情绪会得到释放，放松的身体就不会产生抗压激素，受压的肌肤也随之获得了休憩。当睁开眼睛之后，你会惊奇地发现，自己猛然间有焕然一新的感觉，人也会达到一种清醒的状态，整个身体有舒适宜人的感觉。每天10分钟的静心放松，就是给自己的身心做了一次有氧SPA。

第二个10分钟是通过语言来进行自我肯定和赞美。

你可以在任何有空暇的 10 分钟里去做，散步时自言自语或闭目养神时默默地叨念。用任何想象到的方式和赞美的语言来自我肯定，去肯定自己今天已做的一件事、一个小进步、说的一句得体的话、安排的计划已完成了一部分、得到自己喜欢的一件物品后的感受、听到了一个自己等待许久的好消息等。抽空想一想或回味一下发生在今天的令人感动和快乐的事情。感恩生活中出现的每一件事情和每一个人，在感恩中会感受生活的美好。

任何人在听到他人夸奖和赞美自己时，都会很开心和舒服。当你用积极的语言对自己进行评价和肯定时，同样会让自己很开心。

赞赏是照在人心灵上的阳光。在现实生活中，每个女人的内心都渴望得到这缕阳光。你每天需要给自己的生命注入一缕赞美的阳光，微笑地去欣赏自己，肯定自己，爱着自己，让身心在温暖的肯定中进步成长。做自己主人的最佳方法，就是你想走的时候就走，想停的时候就停，随心所欲地去发现乐趣和值得珍惜的东西。只有拥有了好身体，才能让身体为你的心灵服务终生。

从 40 岁开始，要"滋润"地活着

女人到了 40 岁一定要活得"滋润"一些。其实，做一个滋润的女人，并不是件"难于上青天"的事情。

"滋润"的女人拥有完整独立的自我。在经济上，决不依靠任何人，在精神上，决不依赖任何人。她们能够包容，懂得尊重别人的

选择，也认同别人的生活方式。她们活力四射，用全副精神来打理事业，即使只是一份工作，也要用对待事业的热忱去经营。她们永远追求美丽，每天进步一点点不断自我充实，提升自我的知识和技能。

古时女人被休，如果写不来像卓文君那样"闻君有两意，故来相决绝"的诗句，去打动郎君的铁石心肠，就只能悲戚戚哭回娘家。但现在，弃妇本身已没有那么严重的悲剧意义。做弃妇不可怕，可怕的是被抛弃后一蹶不振，终生潦倒。弃妇所要做的就是不动声色，继续生活。像王菲那样漫不经心地赚大钱，没了你，我也能爱上别人；或像邵美琪那样，被你抛弃后，只字不谈。这样的女人很争气，绝不将个人哀怨放到桌面上，即使向隅低泣，也不做祥林嫂。

在感情方面，女人再优秀也会有被抛弃的可能，永远不要相信什么"他不要我，只是我不够好"这样的蠢话，事情往往是你再好也没有用，甚至问题的症结很可能就是你太好了，让男人产生了压力，他觉得与你在一起不能彰显他的强大，他感到了深深的疲惫，渴望挣脱你的阴影。永远不要相信坚贞这个词是用铁打的，很多时候，之所以坚贞，仅仅是因为诱惑的力量不够大。

男人可以有赛马俱乐部、高尔夫俱乐部，女人为什么不可以有自己的社交圈子呢？所以，不久前，一场名为"炫彩霓裳风尚之夜"、要求"盛装出席"的聚会在青岛绚丽举行时，竟吸引了岛城600佳丽穿着各式晚礼服参加。作为"首届岛城女士俱乐部联盟会员大型聚会"的主办者，金海岸时尚沙龙设计总监周明蓉身着自己设计的修身黑色晚礼服，自信地说："今天的女性，有足够的理由去追求精致漂亮的服装，让自己毫不压抑地舒展自己的美丽，尽情散发现代女性独立自主的尊严和自信。看得出，参与今天活动的女士们，着装都是经过高人指点的。"

你可以做个短线的旅行计划，一次去一两个地方，那是在整整几个月的疯狂工作之后，把所有的一切都抛到脑后，离开一切需要集中精神注意的事情。离开市区，无目的地漫游到一座不知名的小镇上。在田野里懒洋洋地散两个小时的步，什么也不想，什么也不做，晚上一个热水澡，一杯热牛奶，然后酣然入睡！

不想接听电话，不想开会，逃离熟悉的办公室，忙里偷闲地放松一下自己，调适一下自己。独自上街"吃吃喝喝"，要一壶冰茶，享受那种沁人心脾浸透全身的凉意；在轻音乐的环绕下，随意翻翻当前最流行的时尚杂志。身在这样暧昧的环境中，感受到一份踏实，心灵就会得到小小的休憩。在家和办公室两点一线之外找一处让心灵短暂出逃的第三地，虚度一下光阴，更专注地感受生活。

"滋润"女人享受生活中的每一天，受惠于现代物质文明的21世纪女性，生活不仅仅是活着，而是充满色彩、趣味与生机的生命之旅，所以她懂得在起伏不定的生活中周旋打理，找寻快乐。

女人不是因为生为女人才为女人，是因为要做女人才为女人。让自己充满自信。每天早上梳洗完毕，对着镜子里那个袅袅婷婷的女人大声朗诵："我很好！"

一个女人可以生得不漂亮，但是一定要活得漂亮。无论什么时候，渊博的知识，良好的修养，文明的举止，优雅的谈吐，博大的胸怀，以及一颗充满爱的心灵，一定可以让一个女人活得足够漂亮，哪怕你本身长得并不漂亮。女人在40岁以后更要活得漂亮，就是活出一种精神，一种品位，一份至真至性的精彩。一个女人只要不自弃，即便是50岁，相信没有谁可以阻碍你进步。

第十四章 —— 女人40学会宠爱自己享受生活

放下劳碌，成就40岁的享受

拥抱人生的秋天，女人40而不惑

过去的人生就让它过去，没有什么哀伤；慢慢追求未来的岁月，已不再徘徊；宽阔的思路从这一天展现，心的快乐从这一天又回来，这就是40岁女人的新生！

当女人30岁的时候，常常以为自己永远年轻，不知道年老正向她们袭来，也无法设想老年的实际状况。但是，当岁月的皱纹逐渐爬上你脸庞和手背的时候，精力渐渐不济，这些身体的信号，都在毫不留情地将你带入到中年人的行列。这就是女人40岁的境况，刚刚进入这个年龄段的很多女性缺少心理上的认知和准备，因此所付出的代价，将会是一段莫名其妙的40岁时的狂乱，许多困惑也就随后纷至沓来。

谢秀芝30岁时是一个很能干的女人，也曾风光一时。而今人到40，感觉就有些恍恍惚惚，凄凄切切，看自己恍如隔世。镜子里的影子已不与心同，只有在忽明忽暗的灯光下，影子才显出迟迟疑疑的微笑，那个笑容好勉强，笑得人心里好酸苦。她还有几分憔悴，40岁的女人，告别了那段忙碌的日子，她一下班就匆匆赶回家。她有一个温暖的家，家里的温暖足以让她放下年轻时的梦想，放下一身疲乏，感受家庭的天伦之乐。家里的温馨与甜蜜让她忘掉了一切劳苦，而美好的回忆总是萦绕在她的脑海。

过了30岁，谢秀芝也想过从事属于自己的事业，为了自己年轻

女人40如金——40岁女人进退取舍的人生博弈

时的梦想。她在适当的时候,也曾尝试过,那种尝试是一种上山搂草打兔子似的努力。老公一笑:"还是女人好,干也好,不干也好,总是捎带手的。"那时,她却不以为然。老公这样对她说:"亲爱的,就在我的身边吧,这个家就需要你这个贤妻良母,以后家里的事就由你来打理。"于是,她也有过心痛,有过留恋,但她还是慢慢地、悄悄地淡漠了本来属于她的事业,经营起家庭这个"新事业"。这是一个好温馨、好累人的事业,孩子伸出小手,叫着"妈妈",她的困乏融在孩子深深的依恋之中。那时,老公也苦,他要奋斗,初涉商海,手中没有多少资金,脚下找不到路,身边没有支撑。他很想很想这个家,女人在家操持,给他一片遮蔽,给他一个港湾,让他坐下喘息,让他抬头看见远远的那片彩霞。当他再次上路的时候,他有了一个希望。为了这一切,她不感到寂寞与孤独。

而今迈进了40岁的门槛,她感觉一切都变了,往日的一切正在离自己远去。她像往日那样去亲热孩子,而孩子已与她一般高了,躲着她的目光,避着她的抚摸,轻轻地央求说:"让我静一静,好不好,妈妈!"她退缩了。孩子依旧还在喊着她"妈妈",话音里少了亲昵,多了许多尊重。多少回,梦里想的、嘴里说的对孩子的希望,那么突然地出现在眼前,一个像自己有过的一样年轻的人面对着她,她却恍然梦醒。于是,她只能看着像自由飞翔的风筝一样的孩子,默默祝福着他,惦念着他,却轻轻地放开了手里的牵线。

她转向老公,言语中多了些温柔,伸出的手犹犹豫豫,这是她最后一片土地。然而,男人淡淡地推开她的手,说:"让我静一静好吗?"她惊得后退了,悄悄地、慢慢地退在了一边。40岁的男人,有事业,有成功的自豪,有鹰击长空的能力与勇气。他笑,笑围绕在他身旁簇拥的人群之中;他叹,叹息在成功的喜悦之中。只有那么一点点的时间,他回家了,与她共度,这就是她最大的幸福,家就是她的,家是40岁女人的港湾,她却进入了惶惑。

女人到了40岁竟是苦的，而且浸透了骨头、浸透了心，让她有些感伤。她也需要静一静，好好休息！回头看一看，才知家里家外，天上地上，都已经恍如隔世。一场甜甜的梦做到了头，女人最精彩的前半辈子就这样走过了。谢秀芝不禁有些感叹，一个女性，努力了半生，心智成熟，才情不凡，风度也优雅，到头来却都离自己远去，这是不公平的，也绝不是她想要的生活。春天和夏天过去了，她要挽回自己的秋天，秋天是收获的，也是最美丽的，不是吗？40岁的女人还不老，还有许多未竟的事和心愿。

为了打破传统的习惯，重塑自信魅力，谢秀芝果敢地公开庆祝自己的40岁生日，并且在许多的公开场合，她也毫无隐晦地坦白自己的年龄。此举的目的，她是想让自己拥有一颗平静、坦荡的心，从此不为人生易老、红颜不再的传统束缚，活得潇潇洒洒，无欲无求。不用春再来，不用花再开，谢秀芝就悄悄地将新的希望种在心里。

对于一个女人来说，无论在哪个年龄阶段，机会都要争取，失之东隅，收之桑榆，自己要学会创造，要学会享受生活！

女人40不要亏待了自己

女人40不要亏待了自己，要懂得"及时行乐"——买一瓶香水，用芬芳宠爱自己；来个纯香沐浴，享受沐浴的快感；来个别致的发夹，放纵一点小贪欲……

女人40如金
——40岁女人进退取舍的人生博弈

包希尔·戴尔是一位几乎失明的女人，但是她的生活却并不像我们所想象的那样糟糕。因为她始终坚信，不论是谁，只要她来到了这个世界上，就是合理的。用她的话说，她相信有所谓的命运，但是她更相信快乐。因为她自己就是一个在厨房的洗碗槽里也能寻求到快乐的人。

包希尔·戴尔的眼睛处在几近失明状态很长时间了。她在自己所写的名为《我要看》的一本书中这样写道："我只有一只眼睛，而且还被严重的外伤给遮住，仅仅在眼睛的左方留有一个小孔，所以每当我要看书的时候，我必须把书拿起来靠在脸上，并且用力扭转我的眼珠从左方的洞孔向外看。"但是，她拒绝别人的同情，也不希望别人认为她与一般人有什么不一样。

当包希尔·戴尔还是一个小孩子的时候，她想要和其他的小孩子一起玩踢石子的游戏，但是她的眼睛却看不到地上所画的标记，因此无法加入他们，于是，她就等到其他的小孩子都回家去了之后，趴在他们玩耍的场地上，沿着地上所画的标记，用她的眼睛贴着它们看，并且，把场地上所有相关的事物都默记在心里，之后不久，她就变成踢石子游戏的高手了。她一般都是在家里读书的，首先，她将书本拿去放大影印，再用手将它们拿到眼睛前面，并且几乎是贴到她的眼睛上，以致她的睫毛都碰到了书本，就是在这种情况下，她还获得了两个学位，一个是明尼苏达大学的美术学士，另一个是哥伦比亚大学的美术硕士。

到了1943年，她已52岁了，也就在那个时候发生了奇迹。她在一家诊所动了一次眼部手术，没想到却使她的眼睛能够看到比原先所能看到远40倍的距离。尤其是当她在厨房做事的时候，她发现即使在洗碗槽内清洗碗碟，也会有令人心情激荡的情景出现。她又继续写道："当我在洗碗的时候，我一面洗一面玩弄着白色绒毛似的肥皂水，我用手在里面搅动，然后用手捧起了一堆细小的肥皂泡

328

泡，把它们拿得高高地对着光看，在那些小小的泡泡里面，我看到了鲜艳夺目好似彩虹般的光彩。"

当从洗碗槽上方的窗户向外看的时候，包希尔·戴尔还看到了一群灰黑色的麻雀，正在下着大雪的空中飞翔。她发现自己在观赏肥皂泡泡与麻雀时的心情，是那么的愉快与忘我。因此，她在书的结语中写道："我轻声地对自己说，亲爱的上帝，我们的天父，感谢你，非常非常的感谢你！"

也许，你都应该为自己感到羞耻，因为在你人生已度过的日子里，你一直是生活在一个美好的乐园里，但是，你却好像是瞎子一样，没有去好好地欣赏它，也没有好好地去享受它。

如果你想要不再忧虑，而好好地生活的话，那么，你就要按照下面所说的方式去做，那就是在生活中要常去想一些美好的事物，而不要去想一些恼人烦心的事物：买一瓶香水，用芬芳宠爱自己；来个纯香沐浴，享受沐浴的快感；来个别致的发夹，放纵一点小贪欲；或是练瑜伽功、跳健身操；或是赤脚走在鹅卵石的台阶上，享受细碎砂石爱抚、摩搓脚底的感觉；周末的黄昏，挽着另一半出门，找家菜好气氛佳的餐厅大啖美食；约上知己朋友，去酒吧，听音乐品醇美的红酒；走到网络，把心情变成优美的文字。

其实享乐的方式还有很多，个个都是多彩多姿，只看你如何选择了，但只要你选择了，你的心情，就会奇迹般地回升，第二天又会是一个全新的开始。

比如周末的时候去享受大自然的乐趣。周末，约三五个好友去登山，驾车远离市区，天高气爽，心情会格外地好。一周工作后，人已经很疲劳，但回到大自然，和好友谈笑风生，偶尔再放纵一下，索性一不做二不休，脱掉高跟鞋，把鞋拽在手上爬山，一路上虽然惹人注目，但其中的惬意自在你心中。

再比如享受网络乐趣。曾几何时，随着网络的普及，聊天可以

女人40如金——40岁女人进退取舍的人生博弈

助你打字速度突飞猛进,享受敲落键盘的快感。如果你觉得聊天没有意思,还可以下到论坛看帖,帖子可能会让你看得眼花缭乱,但你总能找到自己感兴趣的帖子,也尝试着去跟在后边发表个建议什么的,或许你能在网络中找到在现实中无法找到的默契,网络谁也不认识谁,但可以选择适合自己口味的帖去跟帖。一来二去,其中乐趣不言而喻。在这个自由自在的世界里,你总能找到一片欣赏的天地。

所以,作为一个40岁的女人,一个现代化生活下的女人,做一个活在当下的"享乐主义者"是很容易的,只看你有没有这份情趣,有没有这份心境了,享乐是40岁女人的特权,你必须活在当下,好好享受眼前的每一天吧!

第十五章

放下懵懂，成就40岁的睿智
——女人40要懂人情世故

女人40应该以成熟的处世方式对待身边的人和事情，你应该抹去二三十岁时的锐气，要顺应人情世故的规则——女人40，要掌握委婉含蓄的说话艺术；女人40，要懂得弹性做人，该坚持原则时，绝不动摇，需要变通时，也能灵活处理。

丢掉30岁的羞涩，敢于说"不"

女人40岁要学会拒绝，是做回自我的需要。

23岁的大学生丽洁对别人的要求从来不拒绝。一天，她的姨母进城，让她管一餐午饭。姨母进了一家豪华的餐馆，点了一大堆价格不菲的菜。丽洁虽囊中羞涩，却不好意思说"不"。吃罢午饭，丽洁付过钱，已是身无分文了。姨母笑道："孩子，你的心肠太好，可你也太傻了！我问你，你是学语言的，你知道世上什么词最难说？"丽洁一脸茫然。姨母说："是'不'字，我知道你的钱不多，我一直等你说'不'字，可是你始终没说。你要想做个堂堂正正的人，就必须学会说'不'字，学会拒绝。"

许多女人就不善于"拒绝"，不好意思说"不"，结果到头来吃亏的还是自己。喜剧大师卓别林曾说：学会说"不"吧！那你的生活将会美好得多。拒绝是一门学问，有些时候，我们本想拒绝，心里很不乐意，但却点了头，碍于一时的情面，给自己留下长久的不快。

想做个有求必应的"好好小姐"并不容易，人们的要求永无止境，往往是合理的、悖理的并存。如果当面你不好意思说"不"，轻易承诺了自己无法履行的职责，将会带给自己更大的困扰和沟通上的难度。

女人40岁要学会拒绝，是做回自我的需要。生活中会遇到许多请求、许多诱惑，只有拒绝才会体现每个人的不同。不是要彰显个性才拒绝，拒绝是为了正确地塑造自己。一是有些事情不合乎自己的生活准则，二是有些事情会消耗太多的时间，时间对于每个人又是非常有限的。拒绝一些事情，也就是为了做另外一些更加有意义的事情，也就是对事物取舍的一种判断。生活就是在不断的判断、取舍中进行的，要学习就要舍弃休息娱乐，要成功就要舍弃安逸，要修身养性就要舍弃世俗的诱惑，如此等等。

有些女人在拒绝对方时，因感到不好意思而不敢据实言明，致使对方摸不清自己的意思，而产生许多不必要的误会。当你语意暧昧地回答："这件事似乎很难做得到吧！"原来是拒绝的意思，然而却可能被认为你同意了，如果你没有做到，反而会被埋怨你没有信守承诺。

有时开口拒绝对方不是件容易的事，往往在心中演练 N 次该怎么说，一旦面对对方又下不了决心，总是无法启齿。这个时候，肢体语言就派上用场了。一般而言，摇头代表否定，别人一看你摇头，就会明白你的意思，之后你就不用再多说了。另外，微笑中断也是一种暗示，当面带笑容的谈话，突然中断笑容，便暗示无法认同和拒绝。类似的肢体语言还包括采取身体倾斜的姿势，目光游移不定、频频看表、心不在焉……但切忌伤了对方自尊心。

当你不好正面拒绝时，只好采取迂回的战术，转移话题也好，另有理由也可，主要是善于利用语气的转折，温和而坚持，但也不致撕破脸。比如，先向对方表示同情，或给予赞美，然后再提出理由，加以拒绝。由于先前对方在心理上已因为你的同情使两人的距离拉近，所以对于你的拒绝也较能以"可以体会"的态度接受。

如果是你已经承诺的事，还一拖再拖是不明智的，这里的一拖再拖指的是：暂不给予答复，也就是说，当对方提出要求后你迟迟没有答应，只是一再表示要研究研究或考虑考虑，那么聪明的对方马上就能了解你是不太愿意答应的。其实，有能力帮助他人不是一件坏事，当别人拜托你为他分担事情的时候，表示他对你的信任，只是自己由于某些理由无法相助罢了。但无论如何，仍要以谦虚的态度，别急着拒绝对方，仔细听完对方的要求后，如果真的没法帮忙，也别忘了说声"非常抱歉"。

因为拒绝是很难堪的事，所以你应该要学会拒绝的艺术。不要立刻拒绝，不要轻易拒绝，不要生气拒绝，不要随便拒绝，不要无情拒绝，不要傲慢拒绝。例如部属要求安装冷气，至少你可以给他一台电风扇；朋友希望你送她一盆玫瑰花，至少你可以送她一盆蔷薇；能够有替代、有出路、有帮助地拒绝，必能获得对方的谅解。

如果真是不得不拒绝的时候，你也要注意维护对方的尊严。例如语言要婉转、态度要和善，最好脸带微笑，让对方了解你的真诚，你的善意。

40岁女人要想获得真诚和永久的友谊，得到别人的肯定，接受与拒绝一样重要，生活中，拒绝别人、遭人拒绝是件很普通的事，因为满足每个人每件事是不现实的，不要害怕拒绝会失去友谊和朋友，或许有些人将不会理解你，而使你失去了这份友谊，同样对他而言，也会失去你这位朋友，他如果不在乎，你又何苦在意呢？

必要时要懂得"兜圈子"

生活中如果没有委婉含蓄，就没有艺术可言。

第十五章 放下懵懂，成就40岁的睿智——女人40要懂人情世故

生活中，很多人都喜欢个性率直的女人，个性率直固然是一种优良的品质，但如果不管在什么情况下，都是竹筒倒豆子，则可能会影响到人际关系，在给自己增加不必要的麻烦的同时，也会伤害到他人。如果你要想避免不愉快的事情发生，就需要在一些特定的场合讲究说话的技巧，例如采取委婉含蓄的说话方式，故意说一些与本意相似或者相关的话题，以达到目的。

事实上，在中国的文化传统中，委婉含蓄具有一种十分独特的魅力。仔细观察，你会发现，不管是在时装设计上，还是在戏剧故事里，都极具委婉含蓄的魅力。而在语言艺术方面，含蓄是必不可少的。甚至可以说，生活中如果没有委婉含蓄，就没有艺术可言。

40岁女人需要掌握为人处世的技巧，需要掌握委婉含蓄的说话艺术，学会把话绕着说，这样才能避免险滩暗礁，也才能够一帆风顺。而委婉含蓄的语言，更容易被别人接受，也更能表现出对别人的尊敬，达到有效交流、沟通思想的目的。在社交中，当你很想表达一种内心的愿望，但又难以启齿时，不妨使用委婉含蓄的表达方法，绕着弯说话。它有时要比口若悬河更能达到正确表达的目的，从而收到令人满意的效果。

在一个周日下午，韩晓正准备出门去商场购物，丈夫的一个朋友却按响了门铃。虽然丈夫不在家，但韩晓也不能拒人门外。结果呢，那位朋友在和韩晓聊了足足一个小时之后，还没有要离开的意思。

韩晓看着越来越晚的时间，很是着急，因为她需要购买的东西很多，而且还要准备一家人的晚餐。无奈之下，韩晓心生一计，对这位朋友说："我们家的仙人掌开花了，挺漂亮的，我带你到院子里看看怎么样？"朋友欣然而起，于是韩晓陪他到院子里欣赏开了花的仙人掌。看完后，韩晓趁机问朋友说："你还进去再坐坐吗？"这时，朋友看了看时间，恍然大悟地说："不了，都已经耽误这么长

时间了,下次有时间我再来拜访。"

试想:如果韩晓直截了当地告诉朋友说自己要去商场购物,朋友在感到尴尬的同时,可能也会在心底有些恼怒地告诉自己说以后绝对不能再来了。这样一来,双方之间的感情必将受到影响。其实,在生活中,谁都会遇到这样的亲戚或者朋友,以及这类无聊、无奈的事情。这时,你需要做的不是懊恼和愤怒,更不应该实话实说,而应该讲究一点高超的说话技巧,让对方"自觉",如此一来,才会不伤人自尊。

含蓄有时能帮助40岁的女人避免尴尬。巧妙地运用委婉含蓄的语言,看起来似乎说得轻描淡写,但实际上却说出了关键问题的所在。丘吉尔说过的一句话最让人难忘:"英国在许多战役中都是注定要被打败的,除了最后一仗。"这既表明了英国的力量,也表明了委婉含蓄的力量。

而在人际交往中,处处需要含蓄委婉的交谈。例如,常常使用一些游移其词的手法,则会给人以风趣之感。举个例子来讲,有人谈及某人相貌丑陋时,不会直接说"长得丑",而用"长得困难点"、"长得有些对不起观众"这样的话来代替;谈到某人对一个人、一件事有不满情绪时,说他对此人此事不"感冒"等等。这都是在委婉含蓄地表达事情的本意。

所以说,在人际交往的过程中,40岁女人一定要懂得学会委婉含蓄的说话技巧,懂得"兜圈子",即有意绕开中心话题和基本意图,采用外围战术,从相关的事物、道理谈起,却常常能够收到较为理想的交际效果。

那么,在什么情况下需要你采取"兜圈子"的说话方式呢?

1. 顾及情面,不便直说。

中国人是很讲究颜面的,当需要顾及对方情面的时候,有些话不妨兜着说。比如婆媳之间、恋人之间、两亲家之间等,都是刚刚建立起来的情感宝塔，基础欠牢固，交往中双方都比较谨慎、敏感，言语中稍有差错，都会带来不快或产生误解、造成矛盾。

2. 出于礼仪，需要绕弯说。

中国人在讲究情面的同时，也很注重礼仪。人们在言语交际中，十分注意话语的贴切、得体。私人场合、知己朋友，说话可以直来直去，即使说错了，也无伤大雅。在公共场合，对一般关系的人，特别是晚辈对长辈，下级对上级，对待外宾，说话就要特别讲究方式、分寸。为了不失礼仪，说话就常需委婉含蓄。

3. 当对方难以承受某种意思时。

某个意思，直接挑明，估计对方一时难以接受，一旦对方明确表示不同意，再要改变态度，就困难多了。在这种情况下，为了强调事理，征服对方，就可把基本观点、结论性的话先藏在一边，而从有关的事物、道理、情感说起。待到事理通畅、明白，再稍加点拨，自能化难为易，达到说服对方的目的。

委婉含蓄就是不直接说出本意，而用隐晦的方式表达，或不把意思完全表达出来，让接受者自己去体会。委婉含蓄是不直接说，和直白是对立的，而且这种方式极容易让对方接受，并对40岁的你产生好感！

听人说话要听"弦外之音"

中国的语言艺术很高深，也很微妙，研究交际中的对话也是一种很有趣的享受。如果你能够听出弦外之音，并能巧妙地回应，那你就是一个社交高手。

在与人交谈的过程中，有很多人总是不明白对方的意思，听不懂对方的暗示，换言之，也就是听不懂对方的弦外之音，搞不清对方的真正心理。

有一些人，他们总是"话里有话"，如果你不仔细琢磨或者是理解错误，就很难弄清楚他真正想要做什么，进而也就会形成一些误解。例如，有些人总是喜欢说一些与他的真正意思相反的话，看见商品的价格昂贵，质量却一般时就会说："你们的商品不错嘛，质优价廉。"但是语气中却流露出一丝不屑，此时，销售员如果把这句话理解成是客户对自己商品的赞美，就大错特错了。

还有一些人，他的一句话中可能包含着多种意思，究竟哪一种才是他想要表达的真正含义呢？这就要求你有一定的领悟能力，能够从话语的复杂意思中领悟到他想要表达的真正意思，这样才会了解对方的内心，赢得对方的好感，并进而使他对你产生信赖。事实上，对于认真心细、领悟力强的人而言，听懂弦外之音应该不是一件很困难的事情。

生活中，你可能经常会遇到这样的事情：比如与领导接触多了，你会发现领导的话很值得揣摩。例如，刚到公司不久，领导找你谈话："你到公司还没多久，工作成绩不错，以后有什么打算呢？"这句话中就含有领导的特殊意图，他可能就是在考察你的工作心态。你若坦率地说出自己的理想志向，他会以为你过于幼稚、缺乏城府，你大谈自己的事业理想，他可能会认为你只是把公司当成一种跳板。所以，一定要"三思而后说"。

又如你是一名女销售员，应该常常听到客户说这么一句"我再考虑一下"，其实它包含多层意思。可能是客户真的想要认真地考虑一下到底是买还是不买，也或者是他们认为价格方面不太合理，还有可能是认为眼前的商品对自己来说并没有太大的使用价值，再有可能是怕伤彼此双方的面子，委婉地提出拒绝。

可以看出，只是一句简单的话，在不同的情境之下用不同的语气说出来，其中的含义就有可能不同。所以，你要想把握对方的弦外之音，需要做的就是要努力根据对方的交谈内容、声音大小、语速快慢、表情神态、肢体语言、具体语境来分析，对方不同的表现中会暗含着不同的意思。因此，交谈的过程中，很有必要努力发现对方的每一个细微的表情和动作变化，进而洞察出他们真正的心理。

1. 炫耀的背后

如果一个人不停地炫耀自己的历史或者显示自己的博学，其实他的内心是在期待你的表扬和夸奖。所以，此时你不妨夸奖他一下，这样肯定可以获得他的好感。

2. 说是非的用意

在生活中，你要切记少论他人是非。如果一个人在你的面前不停地讲述另外一个人的是非，你千万不要打断他，也不要随声附和。因为他真正的心理不是打击他所说的那个人，而是在挑拨你和他的关系。须知，来说是非者，便是是非人。

3. 听出真意

与人相处，你肯定听过不少讽刺、挖苦、嘲笑之类的特殊话语。此时，你不要去反驳或者一味地生气，最好拿出自己的宰相度量，就当成是没有听见，免得和对方发生不必要的冲突。这样做是避免再发生这类事情的最好方法。

没有人喜欢"对牛弹琴"。在与对方交流的过程中，如果你善解人意，能够揣摩出对方的意思，听得懂对方的弦外之音，那么，这样的女人，恐怕没有人不喜欢。

人到中年要懂得"弹性"做人

原则这个东西,是人的骨头,但宁折不弯,会被折断。所以,女人40要学会弹性做人,这是用一种艺术的方式来处理人与人之间的关系。

1. 女人40要懂得弹性中生存。

对40岁女人而言,宁折不弯是一种气节,弯曲是一种智慧。

在加拿大有一条南北走向的山谷。山谷没有什么特别之处,唯一能引人注意的是它的西坡长满松、柏、女贞等树,而东坡却只有雪松。这一奇异景色之谜,许多人不知所以,然而揭开这个谜的,竟是一对夫妇。那是一个冬天,这对夫妇的婚姻濒于破裂,为了找回昔日的爱情,他们打算做一次浪漫之旅,如果能找回就继续生活,否则就友好分手。他们来到这个山谷的时候,下起了大雪,他们望着满天飞舞的大雪,发现由于特殊的风向,东坡的雪总比西坡的大且密。不一会儿,雪松上就落了厚厚的一层雪。不过当雪积到一定程度,雪松那富有弹性的枝丫就会向下弯曲,直到雪从枝上滑落。这样反复地积,反复地弯,反复地落,雪松完好无损。可其他的树,却因没有这个本领,树枝被压断了。妻子发现了这一景观,对丈夫说:"东坡肯定也长过杂树,只是不会弯曲才被大雪摧毁了。"两人一下突然明白了什么,拥抱在了一起。

生活中,40岁女人承受着来自各方面的压力,日积月累终将让你难以承受。这时候，我们只有像雪松那样弯下身来，释下重负，才能够重新挺立，避免压断的结局。弯曲，并不是低头或失败，而是一种弹性的生存方式，是一种生活的艺术。

2. 女人40面具不可摘

人们都已习惯在下班回家后摘下面具，因为面对亲人不必"伪装"。

其实人生来就有一副"伪善"的面孔，若单纯地以真面目示人，以真实心态想法对待人，恐怕效果会让人大失所望。生活有生活的规则，戴着面具做人，反而能保持人与人之间的良好关系。

摘下面具固然多几分坦然，但是对自己并不利。竞争日益激烈的社会中，40岁女人如果还像二三十岁时那样完全以真实的目的去参与社会的竞争的话，结果是不堪想象的。真实的面目与利益的获取本身存在着极大的冲突，谁都愿意回到没有竞争的理想国度中去，可是那样的社会不能发展。所以，戴好你的面具，经常为它除去尘埃理好妆容，让岁月把它雕琢成一个精美的面具，你的人际关系就会如同百花开在芳园。

3. 女人40礼数不可少

做人首先要懂礼数，会说话，又能领会别人的意图；会做事，能利己利人。人们都认为礼多人不怪，无礼肯定要得罪人。现代社会，人与人之间的关系网远比蜘蛛网来得细密。40岁女人在这样的社会中发展，礼数正是进退的招牌。

礼数周到，能显出40岁女人的修养。没有人喜欢和那些做事没有分寸、说话随便的人打交道。那样的人大家都认为他们"没前途"，因为他们的行为方式，已经让人对他们产生了排斥心理。人总是愿意和自己意见相近的人沟通，那样沟通起来比较方便。做事也要和能与自己想到一起的人合作，那样能提高效率。

礼数周到，让人感到40岁女人心态的成熟。礼数分寸把握得好，能拉近陌生人间的距离，又能拒人千里之外，但是不得罪人，礼数的巧妙就在这里。

善于为你周围的人打圆场

在别人遭遇尴尬的时候，在合适的时间出现，用合适的方式圆圆场，体现了一个女人的机智和处世水平。

如果现实生活中你是这样一个女人：善于为你周围的人解围、打圆场，那么，你就可以获得别人更多的赏识和信任，提升自己的人缘魅力。女人在生活中会遇到很多这样的情况，比如：自己的上司处于尴尬局面，自己的朋友和别人争吵不休，这时候你就需要为他们解围、打圆场，使他们不至陷于尴尬之境，使事情出现转机。

一般女人在通常情况下，都希望上司能帮助自己解围，其实，对于领导和下属而言，工作上的支持是相互的，处于工作矛盾焦点中的上司，同样也希望自己的下属能在关键时刻为自己解围。

作为上司，在下属面前一般都爱面子，尤其在女下属面前。如果在公共场合遭遇尴尬，那是件非常令人沮丧的事。这个时候，作为下属的你就要站出来，帮上司打个圆场，缓和一下尴尬气氛，上司就会对你这样的下属心存感激。相反，如果上司遭遇尴尬时，你不帮助上司解围，只想着自己摆脱干系，那么你在这个上司手下工作的时间也就不会太长了。

某电器公司因为产生售后问题引起了很多人的投诉，很多记者闻讯到该公司采访。记者在公司门口遇到了经理秘书，便向她询问情况。可是经理秘书害怕自己承担责任，就对记者说："我们经理正在办公室，这个问题你们还是直接采访他比较好！"这下可好，记者们像汹涌的浪潮般闯入了经理办公室，经理躲也躲不开，只好硬着头皮一个人应付记者们的狂轰滥炸。

事后，经理得知秘书不仅没有提前向自己汇报情况，还将责任全部推到自己身上，非常生气，不久就将这位女秘书解雇了。这件事应该引起我们深思，记者因售后问题采访，这对于公司所有员工及领导来说本来就不是什么好事。此时，领导最需要的就是下属能挺身而出，甘当马前卒，替自己演好"双簧戏"。而对于下属来说，此时不仅要面对记者讲明问题的原因，还要极力维护领导的面子和威信，而不应该将责任推到领导身上。事情做好后，领导自然心中有数，即使不会有明显的表示，也会在适当的时候给下属一定的"好处"。若下属因怕担责任或没有眼色，将领导弄得很尴尬，领导不发火才叫怪呢！也许最后，下属的工作也得丢了。

当你的朋友或身边的人与别人聊天发生口舌争执时，你夹在中间的滋味是比较尴尬的。作为争论的局外人，你应该善于随机应变地打圆场，让他们彼此的矛盾得以化解。

不过，在打圆场时也要注意一个问题，就是不偏不倚，要让双方都觉得你没有任何的偏向。否则，你的圆场恐怕就是火上浇油，还不如不说。

刘女士是一家馄饨馆的老板。一次，一位年轻女孩等了半天才占上位置，要了一份自己爱吃的馄饨。很快馄饨就端了上来，她想先尝一口汤。可是，汤的味道刺激了她的呼吸道，随着"啊嚏"一声，她的唾沫和着汤同时喷在了对面一位顾客的身上和碗里。这可惹火了这位顾客，他"呼"地一下站了起来吼道："你怎么乱打喷嚏！"

年轻女孩也被自己的不雅之举惊呆了，赶紧向对方赔礼道歉。

待自己缓过神来后，马上对着老板刘女士喊道："我告诉你不要放辣椒的，你干吗在里边放辣椒？你赔我的饭钱，我还要赔人家的饭钱呢！"刘女士马上问伙计，伙计也很委屈，他明明就没有放辣椒。结果顾客、刘女士及周围的群众都开始七嘴八舌，闹得沸沸扬扬。最后刘女士感到这不是个事，就赶紧打圆场，对着厨房大手一挥："算啦！再下两碗馄饨，钞票都免啦，只要大家和气才能生财嘛！"

两位顾客这才平静下来表示接受。此后，他们还和刘女士成了朋友。有时候，当双方都挺尴尬之时，如果你从旁边巧妙地为双方打个圆场，那么凝滞的气氛就会变得轻松。

有些时候，争执双方的观点明显不一致时，就不能"和稀泥"了。如果你能巧妙地将双方的分歧点分解为事物的两个方面，让分歧在各自的方面都显得正确，这必定是一个上策。

实际上，女人在聊天争论中，需要灵活应变地打圆场的事往往很多。有时要为自己的过失打圆场，有时要为上司的过失打圆场，有时要为他人的争吵打圆场。做好了，谁都好；做不好，不仅不能息事宁人，还可能火上浇油，扩大事态。

所以女人在打圆场时，作为圆场之人一定要用理解的心情，找出尴尬者陷入僵局的原因，想出好的圆场办法，最终达到"你好我好大家好"，硝烟开头，和气收场的目的。

女人40要学点"变色龙"的本领

女人40要懂得见什么人说什么话。

会说话的女人之所以受人欢迎，是因为她能够根据不同的情况、不同的地点、不同的人物，变换自己说话的语气和方式，通俗一点说，就是有"变色龙"的本领。如果你以说教的口气同你的老师说话，如果你以傲慢的态度同长辈说话，如果你以咄咄逼人的言辞同上级说话，那么你注定是不会受欢迎的。

女人40，要学会见什么人说什么话。《红楼梦》里的王熙凤就是典型的代表人物，她非常善于察言观色，见风使舵，经常是对方还没有说出口，她便已经猜到了；若是对方刚说，她就已经办妥了。这样的例子数不胜数，在林黛玉刚进贾府时，王夫人问："是不是拿料子给黛玉做衣裳呀？"凤姐答："我早都预备好了。"也许，她根本没有预备什么衣料，但是王夫人就点头相信了。这还是比较平常的察言观色，就是对同一件事，她也能一下子来个一百八十度的大转弯，却说得入情入理，让人听了欢喜。

邢夫人要讨老太太身边的鸳鸯，便先来找凤姐商量，说老爷想讨鸳鸯做妾，凤姐一听，脱口说："别去碰这个钉子。老太太离了鸳鸯，饭也吃不成了，何况说老爷放着身子不保养，官儿也不好生做。"反而劝告邢夫人，"明放着不中用，反招出没意思来，太太别恼，我是不敢去的。"

凤姐先是如此说，觉得这件事根本就行不通，但是邢夫人却听不进去，非常不高兴，冷笑道："大家子三房四妾都使得，这么个花白胡子的……"意思说要个妾有什么不可以，老太太也未必好驳回，你倒说起不是来了。

凤姐见邢夫人心性大发，知道都是刚才那番话惹的。于是立即改口，赔笑道："太太这话说得极是，我才活了多大，知道什么轻重，想来父母跟前，别说一个丫头，就是那么大的活宝贝，不给老爷给谁。"这一番话说得邢夫人又欢喜起来，同样是讨鸳鸯这件事，一正一反的两番说辞，同出于凤姐之口，居然都通情达理，动听入耳，这种机变之速真是能够让人叹为观止。

作为一个40岁的女人，要想在生活中吃得开，人缘好，就要学习凤姐这种"变色龙"本领。除了看清说话对象，根据说话对象的不同情况来确定自己说话的方向，同时还要注意观察周围的情况，避免说出不合时宜的话来。

女人40，说话应酬游刃有余

人到了中年，必须参加一些应酬场合，这是适应现实人情的需要。在应酬场合，说话办事要学会见机行事，察言观色。

女人40岁要练好你的嘴皮子功夫，一则你要机敏体察交谈者的心理，二则你说出口的话要让人听来耳顺，心里也舒服。

40岁的刘红和丈夫老李一起参加一个饭局，那是个丈夫单位管理层的碰头会，目的是以沟通情感为主，顺便谈谈工作。席间有一位领导问老李，由谁来做公司新批的项目最合适。老李不好意思毛遂自荐，此时刘红在旁边，接了句："哦，您说的是××项目吗？老李在家里经常思考这件事情，还让我帮助找过相关资料，他好像说只要提前规划好，按照季节准备料，根据工程的特点，施工的时候按照进度让质检人员提前参与，工期能缩短到3个月。"

领导一听有点出乎意料，但是发现刘红说得的确有道理，于是说："行啊，老李，没看出来你回家了还想着工作的事情。"领导跟老李又细细谈了项目,最后同意让老李来做这个项目。夫妇俩高兴极了,一起给领导敬酒的时候,领导说:"老李啊,你有个贤内助,这个项目肯定能顺利完成。"

假如老李听到领导让自己推荐适合的人后,毛遂自荐的话,领导势必会再三思索,甚至有可能再去询问其他的人,老李是否适合做这个项目。刘红的话正好直接深入到解决问题的方法上去,紧紧抓住了领导的视野。领导也因刘红的话产生了一些疑虑:究竟是不是像刘红说的那样呢?这个时候老李再把细节讲清楚,打消了领导存有的疑虑。刘红的一席话,不但让老李顺利地拿下了项目,还让他得到了赏识。

有的男人不喜欢交际,有的男人不擅长交际,这些男人在交际场合显得拘谨,容易说错话,引起别人的误会。这个时候,如果女人能抓住机会帮助老公巧妙地掩盖过去,或者纠正错误,代替老公说出心中真实的意思,能够免除许多不快。女人在交际中占有得天独厚的优势,如果女人代替老公道歉或者帮助老公解释后,大家都不会和女人计较的。

丽妍的老公是个科技工作者,平时不爱说话。一次,老公完成了一个科研成果,表彰大会后,同事们都要求他请客吃饭。丽妍的老公心里高兴,就答应了。

大家酒至半酣,有同事乘兴说起这个科研成果真是难度非常大,能完成的人实在是英雄。丽妍的老公谦虚了一下:"什么英雄啊,主要是以前做这个科研项目的人太粗心,没有多方寻找材料,真是些笨蛋。"在场的同事中,恰好有几位以前也做过这个项目,听到丽妍的老公这么说,脸上都有些不好看。

丽妍马上意识到老公说错了话,赶紧举杯说:"你们瞧他又来自嘲了,他可从来说的都是反话,其实他心里佩服你们佩服得厉害。他总是说爱迪生是个天才的大笨蛋。他也想笨一回给我看看,这回真实现了,终于能向你们看齐了。"

大家听完后,就把刚才的不快抛到九霄云外去了。丽妍的老公也立即反应过来,赶紧举杯称是。

如果当时丽妍不站出来帮助老公掩盖错话,可能会闹得许多人心里不舒服。他们会想:得了这点成果就开始沾沾自喜了?要是让他自己做,恐怕别说成果了,还不知道要在实验室再泡几年呢。丽妍正是抓住了听者的心理,在不损害老公颜面的前提下,采用反其道而行之的办法,逆向解释了在老公心里"笨蛋"的具体含义,拿老公作为"嘲弄"的对象。

我们再来看看,如果丽妍这么说会怎样:"开玩笑的开玩笑的,他在家里经常说,要不是以前那么多同事都试验过,我得试验到什么时候才知道那些材料不能用呢?他得到这个成果,都是大家觉得他太笨了,让给他的。"这是赔罪式的脱身法,说出来后,大家可能不再与她老公计较,但是损伤了老公的颜面。虽然是帮助他摆脱了僵局,但老公听到后一定会很难受。如果老公心情不好,听完这些话即使明白自己刚才过激了,也很难堆起笑脸来承认。

另外,你还可以将戏谑用到说话中来,活跃气氛;也可以将幽默引进来,增强趣味;将反讽用到说话中来,增强语言的效果。40岁女人要善于运用语言这个交际工具,为你的生活服务。